EN FINIR AVEC LES **IDÉES FAUSSES** SUR **LE MONDE VIVANT**

ISBN : 978-2-7082-5430-5

www.editionsatelier.com

EN FINIR AVEC LES **IDÉES FAUSSES** SUR

LE MONDE VIVANT

MARC MORTELMANS

PRÉFACE DE
MARC-ANDRÉ SELOSSE

LES EDITIONS DE L'ATELIER

*Pour nos frères et sœurs
du vivant.*

SOMMAIRE

PRÉFACE

Des idées reçues aux idées ciselées

Je referme en soupirant un livre qui explique comment les arbres communiquent entre eux et s'entraident en forêt... Ils émettent dans l'air des signaux d'alerte quand ils sont agressés, qui permettent aux voisins de se prémunir de ces attaques ; ils nourrissent collectivement des champignons du sol qui colonisent leurs racines et les aident à aller chercher des ressources minérales : parfois même, un arbre en nourrit un autre par le biais de champignons partagés !

Hélas, les recherches actuelles (mes recherches aussi) nuancent ces narrations. Les signaux d'alertes aériens sont d'abord destinés à mettre l'arbre émetteur lui-même en alerte, en activant ses banches et ses feuilles les plus proches : l'arbre se murmure à lui-même, et ses voisins entendent parfois... Quant aux champignons du sol, ils aident, en effet, les plantes à se nourrir et ils s'associent aux racines de plusieurs arbres à la fois, grâce à leurs filaments microscopiques qui peuvent parcourir des dizaines de centimètres... mais ce sont plutôt eux qui imposent une coopération entre les arbres qu'ils relient. Parfois même, des petites plantes de sous-bois, trop à l'ombre pour faire leur photosynthèse, exploitent des champignons partagés avec les arbres voisins pour se nourrir – indirectement, elles parasitent les arbres par le biais des champignons.

La réalité, ce sont les troncs qui vous le crient : entre arbres règne une compétition impitoyable, pour la lumière par les troncs et les branches, pour l'accès aux champignons nourrisseurs par les racines. Ces troncs colossaux et coûteux (qui empêchent l'arbre de produire des graines tant qu'il est jeune) inscrivent dans le paysage (la forêt) une réalité de compétition. Triste réalité ? Non ! Il y a quand même cet incroyable partenariat nutritif avec des champignons, quels que soient les risques ! Il y a donc un pouvoir du microscopique ! Il y a aussi cette prodigieuse architecture compétitive de l'arbre qui fait sa forme – un colosse aux « pieds » garnis de champignons. Je soupire encore : une description un peu plus scientifique de l'arbre pourrait quand même faire une belle narration.

Ouvrons un autre livre, vite ! Tiens, justement, celui que vous tenez entre les mains : une belle narration teintée de science, c'est justement ce que réussit Marc Mortelmans, infatigable conteur du vivant, dans les pages qui suivent.

Mais pourquoi tant d'idées reçues, et partout ? D'abord, nous sommes vivants et du coup, nous pensons pouvoir bien connaître ou deviner le vivant : mais, souvent, on le voit comme nous sans saisir ce qui est propre aux autres vivants. Par exemple, nous intuitons la forêt comme une société humaine en coopération, sans y voir une course effrénée vers la lumière, qui tue les plus petits. Eh oui, nous approchons le vivant avec anthropomorphisme.

Nous ne sommes pas toujours aidés par les imaginaires qui nous entourent. Ceux issus de notre enfance sont teintés d'idées reçues et de narrations simplistes plus issues des temps anciens que de l'actualité scientifique. À l'école, aucune ambition de faire approcher le vivant aux élèves du primaire, une pauvre heure hebdomadaire au collège et, en première et en terminale, les sciences du vivant sont en option ! Pour alourdir le fardeau, dans l'actualité, certains ouvrages racontent de belles histoires sans avoir fait provision des données récentes de la science, allant juste au-devant des idées reçues. Peut-être même qu'en les flattant, ils se vendent mieux...

Il est temps de passer aux pages suivantes. Là, les idées sont ciselées par de longues observations naturalistes, une belle connaissance des données scientifiques et, surtout, un art de la narration : vous renverserez vos idées reçues sans douleur. On croît tous connaître la nature, oui, mais les pages qui suivent sont encore plus subtiles et passionnantes... Ciselées.

Marc-André Selosse[1]

---

1. Professeur du Muséum national d'Histoire naturelle et de l'Institut universitaire de France ; auteur de *Nature et préjugés : convier l'humanité dans l'histoire naturelle* (Arles, Actes Sud, 2024).

INTRODUCTION

« Je ne pallierai pas l'absence
C'est tout l'bien que je me souhaite
De rappeler ton élégance aux gens
De faire tout pour que ça reste vivant, vivant,
Vivant… »
Ben Mazué, « Vivant », 2014.

Dans la maison du vivant, chaque brique est une espèce. Plus on retire de briques, moins la maison est solide. Nous en avons presque toutes et tous conscience aujourd'hui. Nous sommes averti·es. Mais est-ce qu'un humain averti en vaut 8 milliards ? Qui est vraiment prêt·e à changer ses habitudes ? À lever le petit doigt, la main, les yeux, la tête ou le pied ? Comme disait un ami chilien, « *¡Del dicho al hecho hay un largo trecho!* » (« De ce qu'on dit à ce qu'on fait, il y a une sacrée trotte ! »).

Qui s'émerveille encore, hors du chewing-gum télévisuel et de l'arène des réseaux sociaux, du vol d'un bourdon ou d'un oiseau ? D'un insecte capable de courir sur l'eau (mieux que Jésus !) ou d'un gecko qui chasse – à l'envers – sur un plafond lisse (mieux que Spiderman !) ? D'un bourgeon qui s'ouvre ou d'une petite pieuvre qui couve ses œufs pendant quatre ans et demi (record du monde)[1] ? Qui, au-delà de l'arbre qui tombe, entend la forêt qui pousse[2] ? Qui respire à pleins poumons l'odeur de l'humus ou celle du sol après la pluie[3] ? Qui songe

---

1. Une femelle *Graneledone boreopacifica* a été observée dans le canyon de Monterey (Californie) par 1 397 mètres de fond, couvant ses œufs pendant cinquante-trois mois, soit quatre ans et demi. C'est la plus longue période d'incubation observée dans le règne animal.

2. En référence à la citation souvent reprise de Georg Wilhelm Friedrich Hegel : « Écouter la forêt qui pousse plutôt que l'arbre qui tombe. »

3. Le *pétrichor* est un liquide huileux sécrété par certaines plantes. Il est absorbé par les sols pendant les périodes sèches. Il imbibe les graines de plantes en période de germination, ce qui permet aux végétaux de mieux supporter la sécheresse. Il est en partie responsable de l'odeur

aux milliards de bactéries de son colocataire microbiote ? Qui a parfois une pensée pour le destin ou le parcours d'un grain de blé, d'une plante, d'une poule, d'un veau ou d'un cochon VIVANT que ce microbiote aide à dégrader ? L'humain est un fulgurant fonceur amnésique. Il refoule. « Le bruit court qu'il court à sa perte [4] » persiflait malicieusement Raymond Devos. Ce coureur a marché sur la Lune et exploré la plupart des recoins les plus inaccessibles de la planète. Mais il a oublié d'où il vient, il sait de moins en moins où il va et préfère ne pas trop y penser.

Homo festinans (du latin *festino*, « se hâter, courir »), alias *Homo economicus*, n'a que faire de ses frères et sœurs du vivant aujourd'hui. Nous avons réalisé l'injonction biblique « Croissez et multipliez ! » (Genèse, 1-28). Et son corollaire cartésien : « Nous rendre comme maîtres et possesseurs de la nature. [5] »

À tel point que les machines que nous avons créées se retournent contre nous, même dans les films de science-fiction. « L'humain est le cancer de la Terre » selon l'agent Smith [6], le vilain glitch informatique de *Matrix*. Pour lui, l'humain est comme une tumeur cancéreuse, qui consiste en une multiplication anarchique de cellules malades, hors de toute mesure, de tout contrôle. Un cancer qui rend la Terre malade. Ce thème

---

de terre mouillée. Le terme vient de l'anglais *petrichor*, forgé en 1964 par deux Australiens, la chimiste Isabel Joy Bear et le minéralogiste Roderick G. Thomas, à partir du grec *pétra* (« pierre ») et *ikhṓr* (« fluide, sang »). Dans la mythologie grecque, l'*ichor* est le sang des dieux.

4. Raymond Devos, « Où courent-ils ? », 1999.

5. René Descartes, *Le Discours de la méthode*, 1637.

6. La réplique entière : « Chaque mammifère de cette planète développe instinctivement un équilibre naturel avec son environnement. Mais pas pour vous, les humains. Vous arrivez quelque part et vous vous multipliez et multipliez jusqu'à épuiser toutes les ressources naturelles. Et la seule façon de survivre est d'aller coloniser une autre région. Il existe d'autres organismes sur cette planète qui suivent le même modèle. Savez-vous ce que c'est ? Les virus. Les êtres humains sont une maladie. Un cancer de cette planète. »

récurrent de la pop culture et le succès des films racontent peut-être quelque chose de notre sentiment de culpabilité. En tout cas, cet humain accaparé et pressé ne voit plus (trop) le paysage autour de lui. Victor Hugo l'avait déjà constaté en 1870, dans ses *Carnets* :

> « C'est une triste chose de songer que la nature parle et que le genre humain n'écoute pas. »

Encore une citation qui revient très souvent dans la bouche des défenseurs et défenseuses du vivant, soit dit en passant. Là encore, cette récurrence raconte quelque chose.

Écouter, regarder, chercher, comprendre, apprendre, partager… Qui prend ce temps aujourd'hui ? Pourtant ce sont les préludes de l'action. Un autre Victor, Victor Noël, ce jeune naturaliste, grand militant de la cause du vivant, m'a confié une autre vérité qui claque[7] :

> « Aujourd'hui, je ne comprends pas qu'on prétende se dire passionné du monde vivant sans automatiquement être militant ! Et tout faire pour le défendre, partout et à chaque fois qu'on peut, de son propre jardin à chacun de ses gestes quotidiens. »

Et j'ajouterais : le faire comme Victor Noël, plus par l'exemple, moins par le discours, la posture et le petit *like* pas cher qui donne bonne conscience à peu de frais.

Capable de reconnaître 1 000 logos, mais pas 5 arbres !

Dans mes activités, je suis frappé par la méconnaissance du vivant. Des enfants à leurs parents, des élèves à leurs professeur·es, des citoyen·nes aux politiques, des agriculteurs intensifs aux éleveurs industriels, de mes confrères journalistes à leur lectorat et public…

C'est le syndrome des « 1 000 marques et logos reconnus *vs* l'impossibilité d'identifier 5 arbres dans une forêt ou 5 poissons

---

7. S02E05,6,7 et 8 « Sur les chemins du vivant », *Combats*, 2022, disponible en ligne sur : https://bit.ly/VN1_prez_CBT.

dans une rivière». Ce constat frappant est issu d'une étude menée en 2014 par Discover the Forest, l'US Forest Service et l'Ad Council, et repris en France par Cyril Dion notamment.

Or, comment sauver ce dont on ignore l'existence et, *a fortiori*, les modes de vie ? Comment prendre soin de ce qu'on ne parvient même pas à nommer ? Ce n'est pas qu'on ne veut pas ! C'est surtout qu'on ne sait pas. Et surtout qu'on ne veut pas savoir.

« On aime ce qui nous a émerveillé.
On protège ce qu'on aime. »

Le commandant Cousteau répétait souvent ces phrases. Aussi critiquables qu'aient été sa vie et son œuvre, son constat et sa recette sont la base de mon métier, le pilier central de ma mission : réconcilier par l'émerveillement. On n'attrape pas les mouches (et encore moins les humains) avec du vinaigre. Le vivant recèle tellement de trésors que cette mission paraît facile !

Malgré tout, là encore, il y a loin de la coupe aux lèvres, de l'émerveillement à la réaction concrète. Quel pourcentage d'entre nous (j'en fais partie) change vraiment ses pratiques ? Qui a choisi que ses économies à la banque ne financent plus les activités climaticides ? Qui se soucie des déchets qu'il produit ? De leur volume ? De leur recyclage ? Qui cesse d'utiliser tous ces produits en *-cides* toxiques (herbicides, fongicides ou insecticides) ? Qui prend des mesures pour que son chat ravage moins la petite faune ? Qui cesse de tailler ses haies au printemps, période de nidification des oiseaux ? Qui a ménagé une partie non tondue, non exploitée, non chassée, rendue au sauvage dans son jardin, sa propriété ou sa forêt ? Qui a réduit ou cessé sa consommation de viande ? Qui prend moins l'avion ? Qui donne de son temps, de son argent, de son énergie pour le vivant sauvage, dans les centres de soins de la faune sauvage par exemple ? Quels gilets jaunes, oranges ou rouges se soulèveront pour exiger l'abolition de la chasse à courre, de la vénerie sous terre ou de la corrida, qui consistent à ériger la torture d'un être vivant en amusement ou en spectacle ?

Dans mes moments de désespoir, j'ai plus l'impression de distraire que d'être utile. Mais comme dirait l'autre :

> « Il n'est pas nécessaire d'espérer pour entreprendre, ni de réussir pour persévérer. »

Devinette : qu'est-ce qui fait « dissoner » nos choix ?

C'est un cancer de la pensée dont nous souffrons tous et toutes.
C'est une des responsables du paradoxe observé chez celles et ceux qui se disent pour la protection des dauphins mais qui achètent le poisson pris dans les filets qui les tuent.
C'est aussi une des responsables du paradoxe observé chez celles et ceux qui mettent des graines à disposition des oiseaux des jardins tout en ne faisant rien pour réduire la prédation de leurs chats qui les exterminent.
C'est un biais cognitif typique de notre époque et de notre société.
C'est du déni voire de la colère occasionnée lorsque quelqu'un·e ou quelque chose contredit nos croyances avec des preuves irréfutables.
C'est souvent l'une des origines des idées fausses de cet ouvrage.
Vous avez trouvé ? C'est la dissonance cognitive, et elle est en chacun et chacune de nous.

De l'importance de balayer devant sa porte

Ce livre rassemble les plus importantes pépites découvertes au cours de ma vie de vulgarisateur. Si je dis « pépites », c'est qu'elles sont souvent découvertes dans une gangue d'approximations, d'erreurs voire de mensonges. Et surtout que personne ne se méprenne : ce livre est d'abord une compilation de mes propres erreurs. Je ne donne de leçons à personne. J'ai moi-même commis et relayé beaucoup des erreurs ou des approximations mises à plat et rectifiées dans cet ouvrage. Malgré toute l'attention et les relectures dont il a fait l'objet, il se peut même qu'il en reste ici[8].

Puissent toutefois ces pages rendre à ces pépites l'éclat de leur vérité... et leur pouvoir de faire bouger NOS lignes ! Puissent ces informations non pas vous distraire mais vous convaincre ! Puisse ce livre être un petit manuel pour enfin mieux (re)connaître le vivant. J'espère qu'il vous aidera à mieux le comprendre, et aussi à mieux le raconter. Plus qu'un manuel d'autodéfense, un petit aide-mémoire, un guide pour partager ces informations avec vos proches, vos collègues, vos voisin·es et même avec des inconnus.

Pas un jour sans apprendre.

Et pas un jour sans partager.

Pas un jour sans un pas en avant, une action concrète.

Nous sommes d'abord ce que nous faisons.

Bonne lecture !

8. Dans ce cas, pourriez-vous me les signaler avant de me pendre haut et court ?

I. LES DOGMES

« J'ai rencontré Dieu en prison,
il y était pour escroquerie. »
Anonyme

1. *« La nature est bien faite »*

Dans les sciences et dans l'art, la prétendue « perfection de la nature » est célébrée partout, depuis des millénaires. Comment ne pas s'émouvoir en observant lesdites « proportions divines » des volutes d'un coquillage ou d'une plante ?

Contrairement à une idée reçue tenace, la spirale logarithmique de la coquille des nautiles (des cousins des pieuvres qui se déplacent en mobile home) ne repose pas sur le nombre d'or[1] qui fascinait tant Platon. Mais c'est le cas de l'arrangement des graines de tournesol, des pétales de rose, des écailles d'un cône de pin ou des vertigineuses spirales des bourgeons floraux du chou romanesco. Ces dispositions sont agencées selon la suite de Fibonacci, dont chaque terme résulte de l'addition des deux précédents : 1, 2, 3, 5, 8, 13, 21, 34, 55, etc.

On retrouve ce motif partout dans le monde vivant. Des branches sur certains arbres aux cornes des bouquetins en passant par les spirales des galaxies. On trouve également une « géométrie sacrée » dans les virus ou les microbes, qui reposent sur des formes très spéciales. Les choux romanesco sont, quant à eux, l'exemple d'une spirale fractale : le même motif est reproduit à différentes échelles, ce qui consacre l'union du micro avec la macro, de l'infiniment petit avec l'infiniment grand.

---

1. Le nombre d'or est la proportion qui résout l'équation suivante : $a + b/a = a/b$. Si $b = 1$, alors $a = 1{,}62$.

Les volutes fractales du chou romanesco.

Beauté divine

Le corps humain n'est pas en reste : longtemps considéré comme une preuve de la perfection, il a été placé au sommet de la pyramide du monde vivant **(#44)**. En 1802, le révérend William Paley, un théologien anglican, érige l'architecture de l'œil en exemple de cette perfection incommensurable pour développer son argument de l'existence d'un « Grand Horloger » (Dieu). Dans son livre *Théologie naturelle ou Preuve de l'existence et des attributs de la divinité, tirées des apparences de la nature*, en 1804, Paley explique que l'observation attentive d'une montre met en évidence la minutie avec laquelle chaque pièce semble avoir été usinée pour fonctionner en harmonie avec sa voisine. La construction paraît si cohérente qu'elle ne peut être, d'après lui, que le fruit d'un brillant horloger. Et dans la nature, il en va de même : l'harmonie est telle qu'elle ne peut être que le résultat d'un concepteur suprême : un « Grand Horloger ». Pour William Paley, les êtres vivants sont si parfaits qu'ils ne peuvent avoir été créés que par Dieu (ce sont d'ailleurs des « créatures »).

L'argument est repris jusqu'à aujourd'hui dans la culture occidentale. L'exemple le plus consternant est celui des créationnistes, notamment états-uniens, qui évoquent un *intelligent design*, un « dessein intelligent ». Selon eux, certaines caractéristiques de l'Univers ou lois du monde vivant, telle la sélection naturelle, sont mieux expliquées par une cause « intelligente » que par des processus non voulus par une entité supérieure. Nous ne sommes pas en reste en France où nous avons aussi eu nos champions du « raisonnement panglossien » **(#encadré)**, en témoigne le raisonnement de Jacques-Henri Bernardin de Saint Pierre :

> « Le melon a été divisé en tranches par la nature afin d'être mangé en famille. La citrouille, étant plus grosse, peut-être mangée avec les voisins[2]. »

« Pourquoi l'humain a-t-il un nez ?
Pour y poser des lunettes ! »
Le raisonnement panglossien

Le raisonnement panglossien (ou effet Pangloss) est un raisonnement faux et trompeur consistant à raisonner à l'envers, la conséquence expliquant la cause, souvent farfelue. Exemple : les melons ont été créés pour être faciles à trancher et à partager. Il tire son nom de Pangloss, « philosophe » et précepteur de Candide, dans *Candide ou l'Optimisme* de Voltaire (1759), qui affirme que « tout arrive pour une raison ».
L'ingénieur, vulgarisateur, zététicien et grand sceptique Richard Monvoisin en parle très bien[3]. Il démonte avec délectation beaucoup de ces fausses vérités, il en va ainsi des 6 morts dues à la malédiction d'Ötzi la momie préhistorique, ou encore de Paul le poulpe, l'oracle d'Oberhausen de la coupe d'Europe 2008 et de la coupe du monde 2010 de football masculin, qui avait « su » déterminer 12 des 14 résultats de matches qui lui avaient été demandés.

2. Jacques Henri Bernardin de Saint-Pierre, *Étude de la nature*, XI, 1784.
3. Richard Monvoisin, « Effet Pangloss : les dangers des raisonnements à rebours », *Cortecs*, 12 avril 2011.

À propos de paris : « 100 % des gagnants ont tenté leur chance » nous exhorte la Française des Jeux, mais elle oublie, fort à propos, de préciser que 100 % des perdants aussi ! Le raisonnement panglossien – que nous avons toutes et tous commis ou défendu un jour ou l'autre ! – consiste, comme le dit Richard Monvoisin, à « extraire un résultat extraordinaire de sa souche statistique et [à] le brandir comme un étendard[4] ». C'est le sport national des complotistes et plus généralement de toutes les personnes qui sont fatiguées de réfléchir.

Tout ce qui est bizarre et qui ne rentre pas dans les cases est qualifié d'« aberration », de « monstruosité » ou d'« accident du vivant ». D'« exceptions qui n'altèrent pas la règle », comme l'expliquent Annabelle Kremer-Lecointre et Guillaume Lecointre dans *Démystifier le vivant*[5], un ouvrage de référence auquel je renvoie tous ceux et celles qui voudraient aller plus loin.

Les exemples de bugs abondent pourtant…

Pourtant, le vivant est loin d'être « parfait ». Dès qu'on les regarde de plus près, les structures et les processus ne sont pas toujours optimaux. Le corps humain regorge d'exemples. Dans l'œil humain, cher à William Paley, la lumière traverse la cornée à l'avant et atteint la rétine au fond de l'œil, où siègent des cellules photosensibles. Excitées par les photons (particules lumineuses), ces cellules envoient un signal électrique le long du nerf optique vers le cerveau. Or le câblage neuronal des cônes (vision des couleurs) et des bâtonnets (perception du mouvement et vision de nuit) est mal agencé ! Il s'interpose entre la source de lumière et les cellules photoréceptrices : il les recouvre et les gêne donc en partie. Pour ne rien arranger, le point de

---

4. *Ibid.*
5. Annabelle Kremer-Lecointre et Guillaume Lecointre, *Démystifier le vivant*, illustré par Arnaud Rafaelian Paris, Belin Éducation, 2023.

départ du nerf optique est responsable d'un « point aveugle » sur la rétine : il ne peut pas y avoir de cellules photoréceptrices à cet endroit.

Et des bugs, il y en a plein d'autres, à l'instar de la crosse aortique qui sort du cœur par le haut avant d'effectuer un virage à 180 degrés vers le bas (alors qu'elle aurait pu directement sortir par en bas !) ou, chez les hommes, de la prostate qui ne cesse de grandir, notamment après 50 ans, au point de rendre la miction urinaire difficile voire de provoquer des cancers (en France, le cancer de la prostate est le deuxième cancer le plus fréquent chez les hommes de plus de 55 ans, après le cancer du côlon[6]).

Certains de ces bugs, dits « vestigiaux », sont hérités de nos lointains ancêtres. C'est le cas de la chair de poule (ou « horripilation »), qui est la survivance du réflexe d'érection des poils lorsque le corps est confronté au froid. Ce réflexe servait à emmagasiner de l'air sous la fourrure et ainsi augmenter l'isolation thermique. Mais vu notre faible pilosité actuelle, ce réflexe est devenu totalement inutile. Autre bug vestigial, le hoquet ! Ce dernier, qui n'est toutefois pas le propre de l'humain (les chats aussi peuvent l'avoir, par exemple), est provoqué par un mauvais agencement d'un ensemble de muscles (gorge, cou, thorax) et du diaphragme. Ce câblage non optimal est un héritage de nos très lointains ancêtres aquatiques, chez qui les organes respiratoires (les branchies) étaient près de la tête. Au cours du temps, les organes respiratoires ont évolué, entraînant notamment une migration vers le centre du corps : les nerfs ont suivi mais sans changer de point d'émergence !

---

6. Institut national du cancer, « Panorama des cancers en France. Édition 2023 », juillet 2023.

Le vivant n'est pas parfait : il EST

La double conclusion d'Annabelle Kremer-Lecointre et Guillaume Lecointre dans *Démystifier le vivant* le résume parfaitement :

> « La mort est la règle et la survie l'exception. [...] Ces exemples nous montrent que si les corps montrent des "défauts" de performance, cela est souvent dû à l'histoire. Les êtres vivants ont une histoire, et cette histoire a quelque chose de chaotique. Par ailleurs, on ne refait pas un corps complexe en faisant table rase du passé. Le bagage historique est aussi contraignant : les organismes et les populations font ce qu'ils peuvent avec ce dont ils ont hérité, et il en meurt plus qu'il n'en survit. [...] "Parfait" n'est pas scientifique. »

La nature n'est ni « bien faite », ni « mal faite » **(#2)**, elle « EST » ! La sacraliser, la féminiser, y voir un modèle toujours harmonieux et une source d'inspiration systématique n'a aucun sens. Et s'il faut protéger le vivant et en prendre soin, c'est pour des raisons de bon sens, des raisons de survie, des raisons pratiques, qu'il soit parfait ou imparfait. Car protéger le vivant, lui laisser sa place, c'est aussi (et surtout) nous protéger. Toutes les crises sanitaires, du covid au sida en passant par les perturbateurs endocriniens, le démontrent. Et ce soin, cette bienveillance ne commencent pas par des décisions politiques. Ils commencent dans nos têtes, nos tripes et nos jardins.

2. *« La nature est mal faite »*

« Un coup de dés [évolutif] jamais n'abolira le hasard[7] »

A contrario de l'idée fausse précédente, j'entends aussi parfois dire que « la nature est quand même mal faite ». Cela arrive, par

---

7. Les littéraires auront peut-être reconnu la référence à « Un coup de dés jamais n'abolira le hasard » de Stéphane Mallarmé (1897).

exemple, pour évoquer, au sujet de certaines espèces, les cas de dits « gâchis » qui seraient, croit-on, légions. Mais, là encore, parler de « gâchis » relève de l'anthropomorphisme **(#38-42)** et d'un jugement de valeur.

D'un strict point de vue scientifique et écologique, on peut à chaque fois démontrer que les espèces montrées du doigt ont acquis ces comportements (que nous qualifions d'« excessifs », « immoraux » ou encore « inutiles ») au cours de leur chemin évolutif. Et si elles ont ces comportements, c'est parce qu'ils avantagent leur succès reproductif. Les Anglo-Saxons parlent de *fitness*, qui est, au demeurant, très difficile à traduire. En français, on le retranscrit par *valeur sélective*.

(Parenthèse à ce sujet : qu'il soit dit au moins une fois ici que les faux amis et les problèmes de traduction ne sont pas pour rien dans les idées fausses passées en revue dans ce livre. Je recommande, pour celles et ceux qui voudraient en savoir plus, l'analyse du philosophe et épistémologiste Jean-Sébastien Bolduc, qui cherche à « prendre la mesure de ce qu'une éventuelle traduction conserve, supprime et ajoute parmi les éléments conceptuels associés au terme dans sa langue anglaise d'origine. [...] Quel degré de fidélité à la langue originale est nécessaire pour que la traduction du terme soit jugée pertinente[8] ? ».)

Les processus dans le vivant ne sont pas 100 % optimaux

Mais passons en revue des exemples qui, en apparence, pourraient laisser penser que la nature « se trompe » parfois de chemin.

Premier exemple : les pontes pléthoriques de nombreux amphibiens et poissons. Le record du nombre d'œufs pondus en une seule fois appartient aux plus gros poissons osseux du monde,

---

8. Jean-Sébastien Bolduc, « Traduire la notion de fitness en français », *Bulletin d'histoire et d'épistémologie des sciences de la vie*, 2012/1, 19, 2012, p. 69.

les *Mola mola* ou poissons-lunes, de placides bâfreurs de méduses qui peuvent peser plus de 2 tonnes et pondre plus de 350 millions d'œufs en une seule ponte. Pourquoi autant ? Parce que cette « stratégie » permet à quelques-uns des rejetons d'atteindre le stade adulte et de perpétuer l'espèce.

Autre exemple : lors des *arribadas* (« ponte collective » de tortues), sur la plage d'Ostional au Costa Rica à Tortuguero, jusqu'à 170 000 tortues olivâtres[9] femelles viennent en quelques jours pondre leurs œufs. La plage est à certains moments couverte de tortues ! Les femelles sont si nombreuses que certaines détruisent en creusant leur nid celui des voisines ou de celles qui ont pondu avant elles[10]. Les populations humaines locales peuvent d'ailleurs, exceptionnellement, récupérer les œufs des premières pontes de cette espèce protégée, pour les revendre ou les consommer, œufs qui seraient, de toute façon, détruits.

Un dernier exemple : dans les prairies alpines du Tibet, pullulent des chenilles de papillons nocturnes, les bombyx *Lachana alpherakii*, qui ont un comportement défensif particulier. En cas de danger, par exemple une vibration anormale autour d'elles, alors qu'elles sont en train de grignoter des plantes, ces chenilles s'enroulent et se laissent tomber au sol pour s'échapper. Généralement, ça fonctionne bien. Mais, dans ces mêmes prairies, vivent de nombreux criquets qui n'arrêtent pas de sauter en tous sens, créant de nombreuses vibrations. Les chenilles pensent que ce sont des prédateurs et se laissent tomber. Résultat : elles s'épuisent rapidement à remonter se nourrir et échouent ensuite plus souvent dans leur développement. La végétation s'en trouve

9. Les tortues olivâtres ou *Lepidochelys olivacea* sont une espèce de tortues marines. Il existe plus de 300 espèces de tortues dans le monde, dont 250 espèces aquatiques d'eau douce, 60 espèces terrestres et seulement 7 espèces marines.

10. Shaya Honarvar *et al.*, « Ecology of olive ridley sea turtles at Arribadas at Playa La Flor, Nicaragua », *Herpetologica*, vol. 72, n° 4, 2016, p. 303-308.

même parfois changée finalement du fait des criquets ! Autrement dit, le manque de discrimination des chenilles dans leur réaction les rend « mal adaptées » et finit par se retourner contre elles. Mais c'est finalement une pression de sélection de plus, il faut faire avec. Ce sont les chenilles qui sauront au mieux gérer le stress (ni trop ni pas assez) qui transmettront leurs gènes !

La nature n'est pas « mal faite ». Comme évoqué dans l'idée fausse précédente, elle EST. Les processus ne sont jamais 100 % efficaces dans le vivant, tout comme dans nos sociétés humaines.

3. *« La nature est cruelle »*

L'observatrice ou l'observateur est d'autant plus perplexe quand le supposé « gâchis » évoqué à l'idée fausse précédente lui paraît cruel et quand, par-dessus le marché, l'incohérence heurte sa sensibilité humaine.

Âmes sensibles passez votre chemin.

Exterminer les rejetons du prédécesseur

Il y a d'abord l'exemple – qui m'a beaucoup marqué – de ces mâles dominants lions ou hippopotames qui tuent les rejetons de leur prédécesseur pour s'accoupler avec les femelles de la fierté qu'ils viennent de conquérir (*fierté*, ou *pride* en anglais, est le nom usuel pour désigner un groupe de lions). Cela peut nous apparaître d'une cruauté sans nom, totalement amoral et un coûteux recommencement pour le groupe. Mais il s'agit d'une forme de sélection sexuelle où les mâles imposent leur descendance, c'est-à-dire leurs gènes. Au bout du compte, c'est profitable à la population en termes de santé et de variabilité génétique. Les qualités qui ont permis au nouveau mâle de s'imposer seront peut-être transmises (force, bonne immunité, adaptation spécifique, etc.). Le jugement moral que l'on peut porter dessus relève, une nouvelle fois, de l'anthropomorphisme pur et dur **(#38-42)**.

Caïn et Abel chez les rapaces

Dans une veine plus « biblique », il y a aussi le caïnisme des rapaces. Ce comportement décrit celui d'un grand frère, le plus fort (Caïn) et le mieux nourri d'une portée ou d'une nichée d'aigles. Il y a caïnisme quand ce Caïn finit par tuer son cadet (Abel) en lui ôtant littéralement les proies de la bouche. Il ne pense qu'à sa gueule, ici à son bec. Est-ce profitable à l'espèce ? Oui car Caïn sera plus fort, mieux préparé pour affronter son destin. Dans certains cas, si le fort meurt, son frère, s'il n'est pas trop souffreteux, peut aussi prendre la relève. C'est une sécurité en plus. Ils peuvent parfois être deux à l'envol : tout dépend grandement aussi de l'aptitude des parents à les nourrir et donc des ressources disponibles et des aléas climatiques[11].

Après « tuer le père », manger la mère !

Vous êtes toujours assis·e à l'énoncé de ces horreurs ? Avez-vous entendu parler de la matriphagie ? Si les parents donnent la vie, ici les petits donnent la mort. Chez certaines espèces, la matriphagie, « manger la mère », est une forme extrême de soin parental où la mère est consommée par sa progéniture afin d'augmenter la *fitness* des jeunes[12]. Ce comportement a été documenté chez des insectes, des vers nématodes, des arachnides (comme les araignées, les scorpions ou encore les acariens) et chez les cécilies (des amphibiens sans pattes en forme de vers de terre qui vivent dans le sol).

---

11. Douglas W. Mock *et al.*, « Avian siblicide », *American Scientist*, vol. 78, n° 5, 1990, p. 438-449.

12. Kil Won Kim, « L'organisation subsociale d'*Amaurobius ferox* : modèle pour l'étude des phénomènes sociaux chez les araignées ? », thèse, université Henri-Poincaré, Nancy-1, 1998.

Exemple : chez les *Stegodyphus lineatus*, des araignées des régions méditerranéennes sèches, les femelles se livrent littéralement en pâture à leurs petits. Découverte chez les araignées dans les années 1970 par l'arachnologue allemand Ernst Kullmann, la matriphagie prend ici une tournure particulière puisque le phénomène se « prépare » avant même l'éclosion des petits cannibales. Lors de l'accouplement on observe ainsi une surproduction d'enzymes digestives qui permettent aux femelles de se gaver et de faire des réserves. Cette augmentation des enzymes digestives dès le coït a entraîné un phénomène d'auto-liquéfaction des organes. Pendant les deux semaines qui suivent l'éclosion des petits, la mère régurgite ce qu'elle a stocké, mais, une fois les réserves épuisées, elle s'offre aux petits qui percent alors son abdomen. Les araignées matriphages produisent une progéniture plus saine, c'est-à-dire mieux « armée » que celle des espèces qui ne le sont pas : leur dispersion est plus efficace dans les milieux, leur taux de survie est plus élevé. Cette « stratégie » est finalement gagnante puisque les avantages pour la progéniture l'emportent sur le coût de la mort de la mère, d'autant que son matériel génétique est mieux transmis à la génération suivante, ce qui perpétue ce comportement.

Manger son amant

Il en va de même pour le cannibalisme sexuel, qu'on peut observer chez les mantes religieuses[13]. Cela a beau nous faire froid dans le dos, le fait de manger les mâles (ce n'est pas systématique) peut donner un avantage aux femelles et à leur descendance. Ce qui est beau, et fou, c'est que des mâles de certaines espèces développent des comportements d'échappement en réaction. Ces malins « survivalistes » font des cadeaux (une petite proie) ou ligotent leur femelle avant de partir. Le « bondage de survie » quoi !

---

13. Timothy Robert Birkhead *et al.*, « Sexual cannibalism in the praying mantis *Hierodula membranacea* », *Behaviour*, vol. 106, n° 1/2, 1988, p. 112-118.

Manger sa descendance

Le cannibalisme parental désigne le comportement des adultes qui dévorent une partie de leur descendance. Ce comportement, documenté chez de nombreux rongeurs, peut être adaptatif ou lié à une perturbation et concerne majoritairement les femelles. Par exemple, chez les souris grises (*Mus musculus*) lors des premiers jours suivant la mise bas, la femelle, afin d'avoir la capacité d'allaiter tous ses petits, en réduit le nombre par cannibalisme. Chez les hamsters dorés (*Mesocricetus auratus*) les cas de cannibalisme parental sont généralement liés à une perturbation extérieure. Les rongeurs maintenus en élevage ou dans des laboratoires sont susceptibles de développer ce comportement : dans la nature ces animaux sont solitaires et territoriaux, mais en captivité la femelle dévore ses petits lorsqu'elle est en présence de congénères[14].

Les pères chabots (des petits poissons en grand déclin de nos rivières) montent la garde sur leurs chapelets d'œufs suspendus dans les abris qu'ils leur ont creusés. Ces pères sont moins dévoués que *Graneledone boreopacifica*, les mères pieuvres, qui couvent leurs œufs pendant quatre ans et demi. Les pères chabots, quand ils ont faim, gobent parfois un œuf. Tu parles d'un père contre-productif dis donc ! Mais ils prennent bien soin de prélever ces œufs sur un chapelet différent à chaque fois.

Manger les enfants des voisins et manger ses frères et sœurs

Il faut distinguer ce cannibalisme parental de l'hétérocannibalisme (c'est-à-dire entre individus génétiquement différents qui se servent dans la maison du voisin) et du cannibalisme dit « sibling », (c'est-à-dire entre frères et sœurs, soit des individus issus de mêmes parents). C'est une réponse de survie à la

14. Robert W. Elwood, « Ethical implications of studies on infanticide and maternal aggression in rodents », *Animal Behaviour*, vol. 42, 5, 1991, p. 841-849.

surpopulation, à la maladie, au manque de nourriture ou à d'autres aléas. Les apiculteurs le savent : en cas de disette menaçant la survie de la ruche, les abeilles dévorent leurs propres larves et nymphes.

On le retrouve aussi entre frères et sœurs à l'intérieur même de l'utérus chez certaines espèces de requins[15] ? Chez les requins ovovivipares, la mère conserve ses œufs bien protégés dans son ventre. Les précoces nés avant les autres pratiquent parfois aussi l'oophagie (le fait de manger les œufs non éclos). Cela nous paraît odieux, mais c'est aussi une manière de nourrir les embryons, et de favoriser les plus robustes.

Chez divers grands oiseaux (dont les cigognes blanches) où l'incubation commence dès le premier œuf pondu, les poussins éclosent de manière décalée. Si les parents manquent de nourriture, ils sacrifient les plus jeunes, plus malingres et les donnent à manger aux autres. Comme dans les cas précédents, ce cannibalisme se produit seulement en période de disette. Nécessité fait loi, en somme. Cette pratique porte le nom de « cronisme » (du dieu Cronos, le roi des Titans et le père de Zeus).

Le surplus killing

Le phénomène de *surplus killing* ou *overkilling* (« abattage excessif » ou « syndrome du poulailler »), qui consiste à tuer beaucoup plus de proies que ce qui peut être mangé et emporté, paraît à première vue humaine bizarre, cruel et inutile.

C'est notamment le cas des loups dans un troupeau de brebis, des renards dans un poulailler ou des gloutons sur un troupeau de rennes. En fait, ça s'explique ainsi : dans la vie sauvage, quand des prédateurs ont la chance de tomber sur une abondance de proies,

---

15. « La reproduction : talon d'Achille des requins (2/4) », *Mécaniques du vivant*, France Culture, 2023, disponible en ligne sur : https://www.radiofrance.fr/franceculture/podcasts/mecaniques-du-vivant/reproduction-le-talon-d-achille-des-requins-1862594.

ils en tuent autant que possible car ils ne savent pas de quoi demain sera fait. La facilité des tueries, dans le cas des brebis, des poules ou des rennes les excitent encore plus et les incitent à tuer. En outre, notons que ces animaux domestiqués sont des *sitting ducks*, des « proies faciles » pour les prédateurs sauvages, habitués à une résistance et à une robustesse bien supérieures.

Dans tous ces exemples, nous réagissons par rapport aux individus et à leur sort, alors que dans un contexte évolutif, il faut raisonner au niveau de l'espèce. Tout ceci n'exclut pas, évidemment, que les individus des proies concernées « souffrent » d'une façon ou d'une autre !

4. *« La nature a horreur du vide »*

On aurait pu mettre beaucoup d'autres formules dans cette entrée : « La nature reprend le dessus », « La nature se venge », etc. Ou encore « La vie, c'est 3,5 milliards d'années de recherche et de développement ». En voilà une phrase qui claque ! La première fois que je l'ai entendue, c'était dans la bouche de Tarik Chekchak[16], un apôtre du biomimétisme, cette science qui consiste à copier les inventions du vivant pour résoudre nos casse-têtes humains.

Parlons un peu de cette tendance si répandue et si poétique à personnifier « Dame Nature » ! Quand la Nature, la Vie, l'Évolution (avec des majuscules) deviennent les sujets des verbes, les scientifiques dégainent et se fâchent tout rouge. Quand il est question du vivant, l'anthropomorphisme, est l'une des pires

---

16. « Les règles de la colocation planétaires avec Tarik Chekchak (écologue, IFS) », *Baleine sous Gravillon*, 2020, disponible en ligne sur : https://bit.ly/chekchak2_BSG.

fautes. Pourtant, on le croise partout, y compris dans la bouche et les écrits de nos plus gros calibres scientifiques... et aussi dans les miens.

Le bug originel : donner une intentionnalité à la nature !

Ces formulations veulent à la fois être claires et jouer joue sur l'émotion, l'attachement. Cette comparaison n'est donc pas faite sans raison. Celles et ceux qui l'emploient, dont votre serviteur multirécidiviste, veulent susciter l'empathie en plus de la compréhension de la nature et du vivant.

Un des problèmes de ce genre d'expressions et de personnifications, comme *Dame Nature* ou *Mère Nature*, c'est qu'elles prêtent une intentionnalité à la nature. Or, cette dernière est un mélange de hasard et de lois physico-chimiques, tout à fait dépourvu d'un quelconque but ! Pour reprendre l'expression d'Annabelle Kremer-Lecointre et Guillaume Lecointre :

> « Ce n'est, bien sûr, pas la nature qui est intelligente, mais l'humain ou le scientifique qui l'observe[17]. »

« *Beauty (and intelligence) is in the eye of the beholder* » (« La beauté (et l'intelligence) est dans l'œil de la personne qui regarde ») concluent malicieusement nos amis anglo-saxons avec ce beau dicton.

Ne pas confondre fin et moyens, communication et science !

Annabelle Kremer-Lecointre et Guillaume Lecointre (encore eux !) nous encouragent à ne pas mélanger communication et science :

---

17. Annabelle Kremer-Lecointre et Guillaume Lecointre, *Démystifier le vivant*, *op. cit.*, p. 8. Toujours dans cet ouvrage Annabelle Kremer-Lecointre et Guillaume Lecointre nous invitent à réfléchir sur (et à dézinguer) 36 métaphores typiques des sciences du vivant, qui sont fausses (certaines plus que d'autres d'ailleurs). Je les invite, au cas où ils liraient ces lignes, à ne pas trop m'en vouloir pour les avoir souvent cités.

« La communication est construite pour remporter l'assentiment des personnes auxquelles elle s'adresse. Pour cela, elle va tenter de faire écho à ce qu'elles connaissent déjà et à leurs valeurs. Dire à des entrepreneurs "La vie, c'est 3,5 milliards d'années de recherche et développement", c'est envoyer un clin d'œil aux départements "R & D" des entreprises [...]. C'est le B.A.-BA de la publicité. Par contraste, la science est construite pour faire comprendre rationnellement. [...] Elle mobilise chez sa cible un effort de curiosité et un autre de réflexion, de soi vers l'extérieur. Il faut que celles et ceux à qui elle s'adresse consentent à ces efforts. Ceci explique pourquoi la science propose et ne saurait s'imposer. Elle attend passivement que vous ayez une curiosité à son égard[18]. »

Dix leçons inspirantes du vivant

Dans les pages qui suivent le chapitre dédié à cette personnification abusive de la vie et de la nature, l'autrice et l'auteur de *Démystifier le vivant* déconstruisent plus ou moins sévèrement chacun des préceptes du biomimétisme, sur le fond et sur la forme. J'en rappelle ici la quintessence :

- **Recycler les déchets en ressources,** comme les scarabées bousiers, qui utilisent les bouses à la fois comme garde-manger et comme nurserie.
- **Utiliser les matériaux avec parcimonie**, comme les abeilles dont les alvéoles sont un exemple d'utilisation la plus optimale possible d'un matériau cher à produire. Chaque gramme de cire provient de l'énergie tirée de 10 grammes de miel mâchouillé.
- **Ne pas épuiser les ressources non renouvelables,** comme les dromadaires avec leur bosse, de graisse, et non d'eau.
- **Ne pas polluer son environnement immédiat,** comme les blaireaux qui construisent des petites toilettes sauvages à proximité de leurs terriers.
- **Se diversifier et coopérer pour exploiter au mieux les ressources,** comme les suricates qui ont des sentinelles.

18. *Ibid.*, p. 16.

- **Capter et utiliser l'énergie avec efficacité,** comme les termites qui construisent des termitières climatisées et orientées nord-sud pour gérer au mieux la chaleur du soleil.
- **Optimiser plutôt que maximiser,** comme les lapins qui pratiquent la caecotrophie en ré-ingérant leurs crottes, qui contiennent encore tout plein de bonnes choses.
- **Maintenir l'équilibre avec le reste du vivant,** comme les loups qui dispersent les hardes de cervidés par « l'écologie de la peur », ce qui évite aux forêts d'être ratiboisées et permet à d'autres espèces d'y prospérer.
- **Se nourrir d'informations, les partager,** comme les corvidés, qui sont à la fois des chipies et des voisins coopératifs.
- **Se fournir localement,** comme les bernard-l'hermite, qui échangent leurs coquilles à la queue leu leu !

5. *« Les espèces vont s'adapter au dérèglement climatique »*

Si le dérèglement climatique préoccupe l'humanité, c'est surtout pour elle-même. Mais une partie s'inquiète aussi de son impact sur le reste du vivant : ne va-t-il pas amplifier et accélérer le déclin de la biodiversité déjà bien avancé ? Sans compter que l'on commence, enfin, à comprendre que nous allons avoir besoin de tout le vivant, et pas que des arbres.

Trois grands types de changements touchent les espèces

1. Des changements dans les calendriers de reproduction ou de floraison/fructification. Exemple : les vendanges ou des récoltes de plus en plus précoces.
2. Des changements corporels dont l'évolution de la taille. Exemple : la taille moyenne des ours polaires a commencé à diminuer avec la fonte accélérée de la banquise.
3. Un déplacement des populations vers le nord et en altitude. Ainsi de 1985 à 2016, 37 % des sites de toundra arctique, suivis

par images satellitaires, montrent un verdissement, c'est-à-dire une progression des graminées et des arbustes qui colonisent ces zones auparavant à végétation très rase à base de mousses et de lichens[19]. Toutes les espèces n'ont d'ailleurs pas cette capacité de migrer.

On entend souvent dire que « les espèces vont s'adapter au dérèglement climatique ». Sous-entendu, il n'y a pas trop de souci à se faire pour le vivant non-humain… comme d'habitude. Cet argument est en grande partie faux, mais pas complètement, ce qui le rend difficile à contrer. De plus, il s'appuie sur l'un des fondements de la théorie de l'évolution : les espèces évoluent et s'adaptent aux changements de leur environnement.

Méthode Coué

Le 27 mai 2022, le journal *Sud-Ouest* titrait :

> « *Les animaux s'adaptent au dérèglement climatique plus vite que prévu, selon une étude.* À la surprise générale, l'évolution des animaux sauvages a été en moyenne deux à quatre fois plus rapide ces dernières décennies que ce qui était soupçonné. »

On est tout de suite rassurés avec cette tramontane d'optimisme qui souffle. « La nature est bien faite décidément » **(#1)** ! L'article cite et s'appuie sur une publication scientifique de la prestigieuse revue *Science* parue en 2022[20] : des garanties scientifiques en béton !

Une autre étude, de 2019, tout aussi sérieuse (revue *Nature*, 65 scientifiques !) a un titre très éloquent qui tempère les ardeurs :

> « *Les réponses adaptatives des animaux au changement climatique sont très probablement insuffisantes*[21] »

---

19. Logan T. Berner *et al.*, « Summer warming explains widespread but not uniform greening in the arctic tundra biome », *Nature Communications*, 2020.

20. Timothée Bonnet *et al.*, « Genetic variance in fitness indicates rapid contemporary adaptive evolution in wild animals », *Science*, 376, 1012-1016, 2022.

21. Viktoriia Radchuk *et al.*, « Adaptive responses of animals to climate change are most likely insufficient », *Nat Commun*, 10(1):3109, 2019.

Mais elle n'est pas citée en contrepoint de la précédente dans l'article de presse de *Sud-Ouest!* On retrouve là les mêmes travers que ceux observés pendant l'épidémie de covid, avec des choix partiaux dans les références scientifiques citées. On s'appuie sur la science mais en ne retenant que ce qui va dans le sens de l'a priori général.

Cette étude de *Nature* s'est concentrée sur les oiseaux : on observe, dans les régions tempérées, où la hausse moyenne des températures s'accentue, un décalage croissant des calendriers de reproduction vers des dates plus précoces. Mais, toutes les espèces ne réagissent pas et le rythme de modification de calendrier ne réussit pas à suivre celui de l'environnement imposé par le dérèglement climatique. Les espèces étudiées ne deviennent pas plus adaptées ou moins mal adaptées au fur et à mesure que les températures moyennes augmentent. Certaines réponses des oiseaux s'avèrent même avoir des effets négatifs sur leur succès reproductif. Et encore, nombre des espèces analysées ici sont des espèces communes (pie bavarde, mésanges bleue et charbonnière), qui sont en général plus adaptables que les autres. Il reste à établir comment réagissent les espèces rares ou menacées aux exigences écologiques souvent plus spécifiques et étroites !

Ne soyons pas a priori si confiant·es en la capacité d'adaptation des non-humains au dérèglement climatique.

Des corps plus petits pour éviter la surchauffe ? Pas de miracle ici non plus...

Parmi les changements induits par le dérèglement climatique, celui du « rétrécissement des espèces animales » a aussi été largement médiatisé : le choix de ce terme, traduit de l'anglais *shrinking body size*, n'a d'ailleurs rien de neutre. C'est beaucoup plus spectaculaire et frappant que de parler de « réduction de la taille moyenne » !

On sait depuis longtemps que plus on monte en latitude (vers les pôles), plus les animaux endothermes (« à sang chaud ») d'une espèce donnée ont tendance à être de plus en plus grands : les rouges-gorges du Nord sont sensiblement plus grands que ceux du Sud. On appelle cette tendance la « règle de Bergmann » (en référence au biologiste Carl Bergmann qui l'a proposée en 1847) et elle s'explique par une meilleure capacité à réguler leur température, à conserver la chaleur corporelle : les individus plus grands, sous un climat froid, conservent mieux la chaleur produite par leur corps (grâce à un meilleur rapport volume/surface). Les « plus gros » sont favorisés. Inversement, les individus plus petits, sous un climat se réchauffant, perdent plus facilement la chaleur corporelle et évitent ainsi la « surchauffe », mortelle si elle dépasse un certain seuil. En clair, les loups de l'arctique sont trois à quatre fois plus gros que leurs cousins des déserts !

Or, effectivement, depuis un demi-siècle, on a observé divers cas d'évolution de la taille des espèces avec la hausse de températures[22]. Ceci a par exemple été bien documenté sur des moutons de Soay (race semi-domestique) et des cerfs élaphes sur des îles écossaises : leur masse corporelle a diminué de manière significative[23]. À nouveau, les médias se sont donc emparés d'un fait scientifique pour le transformer en solution miracle : la bonne réponse salvatrice des animaux qui se débrouillent très bien !

Mais, la réalité ne semble, une fois de plus, pas si simple. Une étude de 2019 annonce ainsi :

> « Pas de preuve que des températures plus chaudes soient associées à des tailles corporelles plus petites[24]. »

---

22. Jennifer A. Sheridan et David Bickford, « Shrinking body size as an ecological response to climate change », *Nature Climate Change*, 2011.

23. Eric Post, Nils Chr. Stenseth, Rolf Langvatn et Jean-Marc Fromentin, « Global climate change and phenotypic variation among red deer cohorts », *The Royal Society*, 1997.

24. Adam M. Sipielski *et al.*, « No evidence that warmer temperatures are associated with selection for smaller body sizes », *Proc. R. Soc. B*, 286:2019, 1332, 2019.

À partir d'une analyse transversale de 39 études, les scientifiques concluent :

> « Nous n'avons trouvé aucune preuve que les environnements plus chauds étaient associés à une sélection en faveur de tailles plus petites. Au lieu de cela, la sélection favorise systématiquement les individus plus gros et ne varie pas selon la température. Ces tendances étaient similaires chez les ectothermes (animaux à sang froid) et les endothermes[25]. »

Autrement dit, le déclin observé de la taille corporelle chez certaines espèces n'est pas une réponse adaptative aux pressions de sélection exercées par le climat. Aïe.

En France, on a montré que les jeunes oiseaux étaient plus petits lors des années très chaudes mais seulement en région méditerranéenne. L'augmentation des températures amplifierait l'aridité, ce qui ferait baisser la production végétale et donc celle des insectes, nourriture de base de nombreux oiseaux en période d'élevage des jeunes. Donc, le « rétrécissement » n'aurait rien d'une adaptation mais serait un effet collatéral du dérèglement climatique. Cette tendance présente même une menace pour le bon fonctionnement des écosystèmes en réduisant l'offre alimentaire !

L'exode vers la montagne, plus fraîche, a aussi ses limites...

L'adaptation par l'exode progressif des populations vers les pôles ou vers des altitudes plus élevées est une tendance largement observée et cartographiée chez de nombreux êtres vivants : papillons, poissons marins, oiseaux, et végétaux.

Les arbres sont particulièrement étudiés de ce point de vue. Ainsi, on sait que le hêtre, essence forestière associée à un climat optimal frais et humide, a commencé à monter en altitude et à disparaître progressivement de stations de plaines devenues inhospitalières. Ce repli est très progressif car les arbres en général ont une grande longévité et, individuellement, une forte

---

25. *Ibid.*

capacité de résilience face aux canicules et sécheresses. Mais la mortalité augmente inéluctablement et le potentiel de compétition s'affaiblit quand les conditions climatiques s'aggravent. Des modélisations, à partir de la répartition et de la tendance actuelles, prédisent que d'ici le milieu ou la fin du XXIe siècle, l'aire de répartition du hêtre aura considérablement régressé en France par rapport à aujourd'hui : il serait alors confiné dans le seul quart nord-est et dans les régions de montagne[26] !

On tend à croire ainsi que partout les arbres ont d'ores et déjà entamé ce repli en altitude. Une étude de 2022 montre que ce n'est pas le cas, au moins dans les montagnes de Crète[27]. Sur cette île méditerranéenne semi-aride, la température moyenne annuelle à la limite supérieure des forêts a augmenté de 0,81 degré Celsius entre 1945 et 2015, tandis que les précipitations moyennes annuelles ont baissé de 170 millimètres. En soixante-dix ans, pourtant, aucun déplacement de la limite forestière n'a pu être mis en évidence. Cela pourrait s'expliquer par l'absence d'effet d'abri (montagnes très rocheuses et dénudées) et par la baisse de l'humidité.

On s'imagine souvent que toutes les espèces ne se trouvant pas dans leur optimum climatique vont activement se déplacer et ainsi « s'en sortir » sans encombre. La réalité est toute autre car les obstacles sont très, très nombreux. Ainsi, la fragmentation croissante des populations induite par la progression exponentielle de l'urbanisation, des infrastructures et de l'agriculture obère nettement cette possibilité. Les êtres vivants n'ont plus la libre circulation : l'humain a colonisé la majeure partie des espaces naturels dans les régions tempérées. La montée

---

26. Frédérik Saltre, « Modélisation de la dispersion à grande échelle : évolution de l'aire de répartition passée et future du hêtre commun (*Fagus sylvatica*) en réponse aux changements climatiques », thèse, université Montpellier 2, 2010.

27. Mirela Beloiu *et al.*, « No treeline shift despite climate change over the last 70 years », *Forest Ecosystems*, vol. 9, 2022.

en altitude a ses limites : les espèces ne pourront pas aller au-delà des sommets compte tenu du rythme soutenu du réchauffement.

Limites incompressibles

Quel que soit le type d'adaptation mobilisé par les espèces, il y a deux limites incompressibles : le temps et l'imprévisibilité des changements.

D'abord, le temps nécessaire pour qu'elles se mettent en place, parce qu'il faut toujours un minimum de générations successives subissant la même pression de sélection pour qu'une adaptation s'opère éventuellement, et parce que, surtout, les changements ne s'effectuent le plus souvent que progressivement. Or nous sommes dans une situation d'urgence où les paramètres climatiques évoluent à grande vitesse : dans de nombreux cas, l'adaptation à ces nouvelles conditions brusquement installées est impossible. Prenons l'exemple des manchots Adélie de l'Antarctique. En 2017, dans une colonie de 18 000 couples dans l'est de l'Antarctique, seuls deux poussins ont survécu : les autres sont morts de faim car le recul de la banquise oblige les parents à aller pêcher plus loin et donc ils ravitaillent moins leurs jeunes[28]. Aucune adaptation ne peut résoudre ce problème à part un changement de régime alimentaire (ou changer de site de nidification) et ça ne se fait sûrement pas en un clin d'œil !

Ensuite, comme le rapporte Luc Jacquet, le réalisateur de *La Marche de l'Empereur* (2005), le climat a tellement changé qu'il se met à pleuvoir, un événement jamais observé auparavant. Mais le duvet des poussins de manchots, très adapté à la lutte contre le froid, n'est pas imperméable : il a évolué sous un climat froid et très sec. Bilan, les jeunes sont trempés et meurent

---

28. Guillaume Lecointre et Annabelle Kremer, « 2017 : une année catastrophique pour les manchots ! », *Expéditions antarctiques*, Muséum national d'histoire naturelle, 2018.

de froid car leur plumage ne les protège plus. Là encore, la nature du plumage ne va pas changer instantanément : les manchots Adélie auront disparu avant que l'amorce d'une transformation héritable puisse éventuellement se mettre en place ! Pour que la sélection opère et génère des adaptations, il faudrait qu'il y ait encore... des individus !

Conclusion : méfions-nous de ces vessies rassurantes qui font vendre plus de papier ou génèrent plus de clics que les lanternes des scientifiques. Les espèces ne sont pas confrontées qu'au seul dérèglement climatique sur lequel nous nous concentrons. Elles doivent, en plus, affronter les effets des pollutions multiples, de la surexploitation des milieux, de leur destruction directe, de la fragmentation, etc. Autant dire que devant autant de pressions de sélection, il faudrait une adaptabilité phénoménale pour espérer s'en sortir.

6. *« L'océan est le monde du silence »*

Dans le domaine du vivant, peu d'expressions sont aussi célèbres, poétiques... et complètement fausses que celle-ci ! Elle vient du documentaire éponyme de Jacques-Yves Cousteau et de Louis Malle (alors son assistant), sorti dans les salles françaises en 1956 : *Le Monde du silence*. Le visionnage de ce film est insupportable aujourd'hui. L'équipe de Cousteau harponne des cachalots, tue un des petits par inadvertance, massacre les requins attirés par le sang, et dresse des inventaires de la vie marine à la dynamite. L'approche des documentaristes actuels a fort heureusement beaucoup évolué depuis ce film très discutable.

Pour bien comprendre la suite, il faut faire un petit détour par la physique. Dans l'eau, le son se propage près de quatre fois plus vite que dans l'air : 343 mètres par seconde contre 1 482 mètres par seconde. Plus un milieu est dense, plus les molécules sont rapprochées les unes des autres, et plus l'onde de son se propage rapidement d'une molécule à l'autre. Cette loi physique implique aussi qu'aucun son ne peut se propager dans l'espace : dans le vide de l'espace, l'onde de son n'a aucune molécule sur laquelle s'appuyer. Tous les sons de pistolet laser entendus dans les films de science-fiction sont donc impossibles. Le vrai monde du silence, pour le coup, ce n'est pas l'océan, c'est l'espace ! Bien loin d'être silencieux, l'océan est plutôt le théâtre d'un concert (ou d'une cacophonie selon les sons) quasi permanent. C'est la symphonie du vivant qui est à l'œuvre.

Commençons par les poissons. Dès 2015, le chercheur et professeur de zoologie belge Éric Parmentier, indique que sur 800 familles de poissons, au moins 120 sont capables de produire des sons. Beaucoup d'autres ont été découvertes depuis.

Éric Parmentier résume parfaitement la situation :

> « Avant, on cherchait les espèces de poissons qui émettent des sons, aujourd'hui on cherche celles qui n'en font pas.[29] »

D'ailleurs, les exemples de bavards abondent dans l'eau. Ainsi, les Romains utilisaient déjà la technique de la pêche à l'oreille (pour des poissons comme le maigre) : les pêcheurs collent leur oreille sur le fond des cales des bateaux afin de repérer les bancs de maigres, que l'on appelle parfois « grogneurs » en raison des grondements sourds que les mâles émettent à certaines occasions. La technique est encore utilisée aujourd'hui en Gironde. Les grondins sont des poissons de Méditerranée ainsi nommés en raison du bruit qu'ils émettent lorsque les pêcheurs le sortent de l'eau.

Les modalités de création du son sont variées : du tam-tam sur leur vessie natatoire (une poche de gaz qui aide les poissons à

---

29. « Rodrigue Jamin, Éric Parmentier : une vie à écouter "gueuler" les poissons », *Soirmag*, 2020.

ajuster leur flottabilité), aux dents qui grincent, en passant par des nageoires frottées contre le ventre ou le dos, en mode xylophone ou guitare[30].

Un son est caractérisé par 3 valeurs

1. Sa fréquence, exprimée en hertz (Hz, nombre de vibrations par seconde). L'oreille humaine perçoit les sons de 20 (graves) à 20 000 (aigus) hertz. En dessous de 20 hertz, on parle d'« infrasons » (canal de communication des éléphants) et au-delà de 20 kilohertz, d'« ultrasons » (canal des chauves-souris).
2. Sa durée.
3. Son intensité, en décibels (dB), indique si le son est faible, moyen ou fort. Au-delà de 191 décibels, le son s'appelle une « onde de choc ».

Allons voir du côté des mammifères maintenant : les baleines bleues et les cachalots produisent des sifflements pouvant atteindre 188 décibels. Seuls les cachalots émettent des clics pour communiquer et chasser. Chaque clic peut atteindre 230 décibels à 1 mètre. C'est assez fort pour étourdir des proies ou tuer un humain... en théorie. Ça n'est jamais arrivé.

Les cachalots détiennent donc le record animal du son le plus puissant. Mais d'autres animaux marins font beaucoup de bruit aussi. Dans le genre petit mais costaud, il y a les crevettes-pistolet de l'espèce *Synalpheus pinkfloydi*, Leur pince rose claque à la vitesse d'une balle de fusil, et crée un phénomène de cavitation. Il s'agit de la création, puis de l'éclatement brutal, de bulle de vapeur sans qu'il y ait une élévation de température.

30. S01E01, *Petit poisson deviendra podcast*, 2021, disponible en ligne sur : https://bit.ly/sons_poissons_PPDP.

Lorsque la bulle éclate, l'onde de choc atteint 210 décibels, et tue tous les petits poissons à proximité[31].

Les activités humaines sont venues s'ajouter à ce concert. Dans le monde, le bruit de fond océanique a considérablement augmenté en un siècle, aux sons sous-marins naturels comme les vagues déferlantes, la pluie, les volcans sous-marins, et la vie marine s'ajoutent des causes anthropiques liées au trafic maritime, à la prospection sous-marine, aux sonars et autres technologies. Ces sons sont une perturbation de plus pour les habitants de l'océan. Chaque année, des cétacés s'échouent à cause de ce vacarme qui brouille les communications entre individus, interfère lors de la recherche de nourriture, provoque des dégâts physiques comme des lésions au niveau du système auditif ou des accidents de décompression[32]. Ces perturbations ne gênent pas que les cétacés, puisque de récentes études montrent que les poissons, seiches, calamars et plancton sont aussi impactés[33].

Conclusion : ce n'est pas parce que nous n'entendons pas, ne voyons pas ou ne sentons pas que ça n'existe pas. Le son est important pour tout le vivant.

---

31. Michel Versluis *et al.*, « How snapping shrimp snap : through cavitating bubbles », *Science*, 289, 2114-2117, 2000.

32. Stacy L. DeRuiter, Brandon L Southall, John Calambokidis *et al.*, « First direct measurements of behavioural responses by Cuvier's beaked whales to mid-frequency active sonar », *Bio Lett*, 2013.

33. IFAW, « Bruit des océans : baissez le volume. Rapport sur la pollution sonore des océans », juin 2008 ; Michel André, « La pollution acoustique marine : enjeux et solutions dans un contexte global », *Le développement durable à découvert*, Paris, CNRS Éditions, 2013, disponible en ligne sur : http://books.openedition.org/editionscnrs/10777.

7. *« Les dinosaures ont disparu »*

Les dinosaures sont divisés en deux grands groupes : les ornithischiens et les saurischiens. Dans celui des saurischiens est apparue une innovation révolutionnaire : la plume. On sait aujourd'hui que nombre des grands dinosaures carnivores du Crétacé avaient le corps plus ou moins couvert de plumes ! Elles apportaient à ces êtres vivants au sang chaud une isolation thermique bienvenue avec les dérèglements climatiques, et il est possible que le plumage ait eu d'autres fonctions comme pour les oiseaux modernes. Qu'il s'agisse de communication visuelle, de mimétisme, de camouflage ou même de reproduction, les plumes ne servent pas seulement à se protéger ou à voler. Certains d'entre eux ont secondairement acquis la capacité de voler, les plumes leur apportant alors un « plus » inattendu au départ. En biologie, un tel recyclage s'appelle une « exaptation ».

Une foule de petits dinosaures à plumes ont ainsi commencé à conquérir de nombreuses nouvelles niches avec, par exemple, les surprenants microraptors qui avaient les quatre membres transformés en « ailes ». Les premiers de ces dinosaures volants ont longtemps été les archéoptéryx (l'« aile ancienne »). Ces petits dinosaures de 60 centimètres ont vécu la fin du Jurassique, il y a 150 millions d'années environ, dans un environnement alors insulaire, qui se trouvait dans l'actuelle Allemagne. Ce n'était pas encore un vol battu comme les oiseaux actuels, ils ne pouvaient guère faire plus que planer, et se propulser avec leurs ailes.

Un nouveau groupe commence ainsi à prospérer dès le Crétacé, celui des oiseaux, avec l'émergence de plusieurs rameaux qui se sont éteints sans laisser de descendance.

Quand on dit « les dinosaures ont disparu », c'est un abus de langage. Il y a bien eu une extinction de masse à la fin de l'ère secondaire, à la suite d'une collision de la Terre avec une météorite géante au large du Mexique, d'une période volcanique terrifiante et de grands changements géodynamiques. Des groupes entiers ont disparu sans laisser de descendants (comme les ammonites, ces céphalopodes logés dans une coquille en spirale). Mais, parmi les dinosaures, un groupe de saurischiens est passé à travers les cendres volcaniques et les gouttes de lave, celle des théropodes à plumes devenus des oiseaux. Donc il faudrait dire : « Les dinosaures non-aviens (non-oiseaux) ont disparu. »

Autre idée fausse très répandue : croire que les dinosaures ont disparu parce que c'était la fin de l'ère secondaire, comme si la fin était annoncée. C'est l'inverse : on a choisi cet évènement comme borne de fin de l'ère secondaire **(#25)** !

Grandes extinctions de masse : quand la Terre fait table rase !

Les grandes ères géologiques sont entrecoupées et délimitées par cinq grandes extinctions de masse. De fait, il y en a eu beaucoup plus dans l'histoire de la vie. Mais il y en a cinq majeures, qui ont éradiqué, en peu de temps sur toute la planète, plus de 75 % des espèces (parfois 95 % dans les océans et ou sur la terre ferme[34]). Il y a un avant et un après une grande extinction de masse. Les fossiles ne sont plus les mêmes avant et après. Chacune, de la première grande crise à la fin de l'Ordovicien-Silurien à la dernière grande crise du Crétacé-Paléogène, en passant par celles du Dévonien, du Permien-Trias et du Trias-Jurassique a radicalement changé la donne.
La cinquième et, à ce jour, dernière, extinction de masse s'est produite il y a 66 millions d'années, à la fin du Crétacé[35].

34. Robert Watson, ancien patron du groupe de spécialistes de l'ONU sur la biodiversité, dans une déclaration à l'AFP en 2019 : « In each of the five previous mass extinctions, we lost about 75 percent of species. If you accumulate species loss over the last 500 years, we have lost two percent at most », disponible en ligne sur : https://www.france24.com/en/20190501-saving-nature-key-human-wellbeing-un-biodiversity-chief.

35. Nous serions actuellement dans la sixième, mais les avis divergent pour dire si elle est équivalente.

Elle entraîne la disparition de la majeure partie des espèces terrestres (dont les dinosaures non-aviens), et de trois quarts des espèces marines. Les causes en sont plurielles (régression marine, volcans et météorite). Mais, après elle, le champ est libre pour les mammifères, entre autres !

8. « *Certaines espèces sont des fossiles vivants* »

Fossile vivant, relique vivante. Il y a un parfum de sensationnel dans ces beaux oxymores. Ces expressions sont vendeuses : voir de ses yeux un être vivant rescapé du fond des temps, qui n'en n'aurait pas envie ? *Fossile vivant* est erronée à plus d'un titre[36]. Un fossile vivant ça n'existe pas.

Un cas d'école : les cœlacanthes

Pour comprendre l'incohérence de cette métaphore et exposer les idées fausses qu'elle véhicule, voyons l'exemple des cœlacanthes.

En préambule, une expérience : tapez « cœlacanthe » sur un moteur de recherche et regardez les titres des articles proposés. Voici un petit florilège : « Poisson fossile centenaire », « Fossile vivant qui évolue toujours », « Poisson fossile des abysses », « Poisson préhistorique », « Le plus vieux poisson du monde ».

Il faut dire que l'observation du premier cœlacanthe vivant, en décembre 1938, a été un évènement très médiatisé. Ce jour-là, le chalutier *Nerine* rentre au port de East Harbour en Afrique du Sud avec sa cargaison. Intrigué par un gros « poisson » qu'il ne connaît pas, le capitaine Hendrik Goosen appelle la conservatrice du petit musée local d'histoire naturelle, Marjorie Courtenay-Latimer. Elle

36. Annabelle Kremer-Lecointre et Guillaume Lecointre, *Démystifier le vivant, op. cit.*

tombe en arrêt devant l'étrange « poisson », qu'elle reconnaît immédiatement comme appartenant à un groupe de « poissons » connus... mais uniquement sous forme de fossiles ! Le spécimen ne peut être conservé, mais il est naturalisé. On le baptise « *Latimeria chalumnae* » (*Latimeria* en l'honneur de Miss Latimer dont le flair scientifique a permis de détecter cette espèce, *chalumnae* en référence à la rivière Chalumna : le poisson avait été capturé au large de l'estuaire de cette rivière).

Il faut attendre 1952 pour qu'un nouveau spécimen soit capturé au large des Comores. D'autres suivent. En 1988, un cœlacanthe est photographié pour la première fois dans son habitat naturel à 180 mètres de profondeur. En 1997-1998, une seconde espèce, *Latimeria menadoensis*, est identifiée en Indonésie près de l'île de Sulawesi. Depuis, on a accumulé beaucoup d'informations sur ces deux espèces et de nouveaux sites ont été découverts, notamment au large de la Tanzanie. Grâce à des sous-marins de poche, on a pu observer jusqu'à quinze de ces animaux. On a même réussi à faire des prélèvements permettant d'analyser leur ADN, comme on le fait avec les cétacés.

Dès la capture du premier spécimen, le spécialiste appelé pour confirmer la découverte, James Leonard Brierley Smith, déclare :

> « Je n'aurais pas été plus étonné si j'avais vu un dinosaure marcher dans la rue[37]. »

Le ton était donné et la porte grande ouverte pour que les cœlacanthes se voient accolée l'appellation « fossile vivant » !

Outre ces premières réflexions, plusieurs caractéristiques ont suscité, à tort, cette appellation :
– D'abord, ils appartiennent au groupe des actinistiens dont on connaît beaucoup de représentants fossiles datés entre -400 et -70 millions d'années. On croyait ce groupe complètement éteint car on ne connaît aucun fossile au-delà de cette date. Cette lacune temporelle a fait croire qu'ils avaient survécu

---

37. Cité par le Muséum national d'histoire naturelle dans l'article de Gaël Clément et Guillaume Lecointre, « Cœlacanthe ».

depuis cette période ! Mais absence de fossiles ne signifie pas forcément disparition d'un groupe : les aléas de la fossilisation ou la raréfaction des espèces peuvent faire qu'aucun spécimen fossile depuis -70 millions d'années n'ait été trouvé.

– Ensuite, on a pu les rapprocher de formes fossiles de la fin du Jurassique, soit -150 millions d'années. Ceci a suscité l'idée qu'ils n'avaient pas changé et étaient restés figés dans le temps. Les paléontologues utilisent parfois un terme pour qualifier des groupes présents depuis très longtemps et dont les représentants sont restés en apparence inchangés : *panchroniques* (« qui traversent le temps »). Pourtant, on sait très bien que les groupes naturels immuables n'existent pas : les espèces évoluent en permanence. C'est une des propriétés du vivant. Une espèce donnée est la somme de multiples caractères et l'évolution se fait en mosaïque : certains caractères évoluent beaucoup et d'autres peu ou pas. Donc, dire que les cœlacanthes n'ont pas évolué est une erreur.

Le rapprochement avec des formes fossiles lointaines a beaucoup joué dans cette attribution du label « fossile vivant ». Mais il ne s'agit là que d'une vague ressemblance. On oublie que les caractères externes morphologiques ne dépendent que de 5 % du génome total. Tout le reste (caractères physiologiques, comportementaux, de développement, etc.) « ne se voit pas » directement. Le génome lui-même ne cesse d'évoluer. Des espèces jumelles actuelles (très proches et quasi indiscernables) ont des génomes parfois très divergents. De plus, on compare avec des fossiles dont on ne connaît au plus que les squelettes !

Des cousins découverts en Asie à Manado Tua

La découverte d'une seconde espèce de cœlacanthes, *Latimeria menadoensis*, apporte un autre argument contre cette vision de fossile vivant[38]. En effet, les analyses génétiques comparatives

38. Les *Latimeria menadoensis* (« cœlacanthes de Manado » ou « cœlacanthes indonésiens ») ont été découverts en 1997 près de l'île de

démontrent que ces deux espèces ont dû diverger à partir d'un ancêtre commun entre -30 et -40 millions d'années[39]. Preuve remarquable qu'un groupe ne cesse d'évoluer et donc de se transformer. Et pourtant, ces deux espèces se ressemblent beaucoup et ne diffèrent extérieurement que par la coloration générale : bleu acier chez *Latimeria. chalumnae* et gris brunâtre chez *Latimeria menadoensis*. On pense que l'ancêtre commun des *Latimeria* devait être réparti tout au long des côtes d'Afrique et d'Eurasie avant la collision de l'Inde avec l'Eurasie il y a environ 50 millions d'années : de grands estuaires vaseux se sont formés, et ont isolé ainsi des populations les unes des autres, créant des conditions favorables à la divergence.

Il se trouve que le groupe des actinistiens, auquel appartiennent les cœlacanthes, a émergé très tôt dans l'histoire de l'évolution des vertébrés : ils se situent à la base dans la branche du buisson du vivant qui contient les tétrapodes (les vertébrés à « quatre pattes » : amphibiens, squamates, tortues, crocodiles, oiseaux, mammifères). De ce fait, on a tendance à les qualifier de « primitifs » et d'assimiler cela à un état jugé inférieur, qui n'aurait pas bénéficié des « progrès de l'évolution » (autre idée fausse). Mais il y a ici une confusion : les scientifiques utilisent effectivement le terme *primitif* au sens de « premier », « apparaissant au début d'un groupe » et pas au sens de « rudimentaire, sauvage, grossier » qu'on peut parfois accorder au mot dans le langage courant.

Les cœlacanthes se distinguent par de nombreux caractères dérivés propres très originaux comme une nageoire dorsale

---

Manado Tua (dans la mer de Sulawesi aussi appelée « mer de Célèbes » en français), d'après laquelle elle a été nommée. Ces cousins ont été décrits scientifiquement en 1999.

39. Jun G. Inoue, « The mitochondrial genome of indonesian coelacanth *Latimeria menadoensis* (Sarcopterygii, Coelacanthiformes) and divergence time estimation between the two coelacanths », *Gene*, vol. 349, 2005, p. 227-235.

antérieure armée de grosses épines creuses et une grosse nageoire caudale avec un petit lobe médian qui prolonge la colonne vertébrale. D'autre part, ils diffèrent de tous les autres « poissons » et sont dotés d'un poumon (comme les dipneustes, qui eux, en ont deux !). Les cœlacanthes ont aussi des nageoires qui ressemblent presque à des pattes ! Ils sont, de fait, à la base du groupe des sarcoptérygiens (« nageoires charnues »), au sein de laquelle sont apparus longtemps après... les mammifères.

Cet exemple des cœlacanthes illustre à quel point il faut éviter d'avoir une vision figée de certaines espèces et, plus largement, du vivant. Elle nous empêche de considérer ces espèces telles qu'elles sont réellement. Insidieusement, elle permet à des modes de pensée imprégnés de conservatisme religieux de s'incruster. Elle privilégie une forme idéale, non avouée, celle de l'espèce humaine, placée implicitement tout en haut de l'évolution, au sommet de l'arbre du vivant ! On juge les degrés d'évolution des autres espèces à l'aune de cette référence idéalisée et ne retenant que les caractères qui nous arrangent **(#44)**.

Quelques autres espèces qui *semblent* avoir traversé le temps sans changer de forme

Les blattes et les cafards → Pas la peine de les présenter, on les connaît trop bien... ou pas assez si on élargit à l'ensemble des espèces (plus de 4 000 !) dont la majorité vit, non pas près des humains, mais dans les forêts tropicales humides, dans la pénombre des sous-bois ! Les lointains cousins éteints de ces insectes figuraient parmi les animaux les plus abondants dans les forêts humides du Carbonifère (entre -360 et -290 millions d'années). Des groupes de blattes ont commencé à développer des comportements sociaux associant adultes et jeunes en croissance qui ont probablement contribué à l'émergence d'un groupe : celui des termites !

Les nautiles → Ces mollusques céphalopodes se démarquant par leur coquille enroulée en spirale et cloisonnée. Ils ont presque une centaine de tentacules dépourvus de ventouses. Ils sont les seuls représentants d'un très ancien groupe, parent de celui des ammonites, ces autres céphalopodes à coquilles enroulées en spirale qui ont dominé les mers de l'ère secondaire et disparu complètement en même temps que la plupart des dinosaures vers -66 millions d'années.

Les chimères ou « requins-fantômes » → Ces cousines des requins et des raies (les « poissons cartilagineux ») vivent dans les abysses. Avec leurs grands yeux à pupille argentée, leur museau arrondi et leur grosse tête suivie d'un corps effilé se terminant par une queue en forme de fouet, elles méritent leur nom de chimères[40]. La nageoire dorsale porte un aiguillon venimeux ! Elles n'ont pas les dents des requins mais des plaques dentaires broyeuses issues de la fusion des dents. Contrairement aux requins qui ondulent pour nager, elles nagent un peu comme des oiseaux, en battant des nageoires !

Les prêles → Ces végétaux (27 espèces actuelles) sont des parents des fougères. Plusieurs espèces communes vivent chez nous dans des milieux humides. Elles sont reconnaissables à leurs tiges articulées (on peut les séparer en morceaux) qui portent des étages de rameaux eux-mêmes articulés. Cet aspect leur a valu le surnom de « queue-de-cheval », ce qui a donné leur nom latin *Equisetum* (*equus*, « cheval »). Ce groupe était très représenté au Carbonifère avec des formes gigantesques : elles faisaient partie des « forêts houillères » dont l'accumulation des restes a donné naissance au charbon **(#43)**.

Le *Ginkgo biloba* → Cet arbre est l'unique rescapé actuel d'un groupe de plantes qui a précédé les plantes à fleurs et les conifères. Il est très florissant depuis -270 millions d'années. Les premiers ginkgos fossiles datent de 200 millions d'années. On pense qu'ils attiraient ainsi les grands herbivores de l'époque, c'est-à-dire les dinosaures : en les consommant, ces derniers participaient sans doute à leur dispersion, via leurs excréments.

40. Dans la mythologie grecque, la Chimère est une créature fantastique malfaisante, moitié lion et moitié chèvre, qui avait la queue d'un serpent et pouvait aussi cracher du feu. Une *chimère* désigne plus généralement un animal fabuleux et composite.

9. « Le parasitisme est un fléau pour le vivant »

Il faut être deux pour s'aimer. Et il faut être deux pour qu'il y ait un parasite. Une espèce parasite et une espèce hôte, un squatteur et un squatté, un ver solitaire et un intestin, un coucou et un rouge-gorge. Pour être catalogué « parasite », il faut infliger des dégâts. Sinon on bascule dans l'équipe des « commensaux », comme les souris et les cafards, qui nous dégoûtent mais ne nous causent, en général, aucun dommage direct.

Presque une espèce animale sur deux est un parasite. Les types et les cycles des parasites sont très divers et souvent d'une redoutable complexité et roublardise (aïe ! encore une remarque anthropomorphique, pardonnez-moi)[41]. Certaines espèces sont parasites à temps complet et d'autres à temps partiel. Certaines espèces ne font que nous voler un peu de sang, comme les punaises des lits et les femelles moustiques, des mères attentionnées, qui y trouvent une source de protéines pour leurs œufs, les mâles se nourrissant surtout du nectar des fleurs. D'autres provoquent des dégâts plus graves comme les ténias (ou « vers solitaires »). D'autres, enfin, finissent par tuer leurs hôtes ; dans ce cas on les appelle « espèces parasitoïdes », c'est le cas de larves de guêpes qui se nourrissent de chenilles.

Le cleptoparasitisme

Les parasites qui sont des voleurs, des pique-assiettes, sont appelés des « cleptoparasites ». Ces espèces se nourrissent aux dépens de provisions de proies ou même des larves des autres.

Chez les mammifères, un des cas les plus connus est celui des hyènes tachetées, des lions et d'autres grands prédateurs

41. Pierre Kerner, *Moi parasite*, Paris, Belin, 2018, les détaille avec brio.

comme les léopards ou les guépards[42]. Ils se volent mutuellement les proies capturées. Les guépards sont très souvent les dindons de cette farce. C'est une question de rapports de force et d'opportunisme ; les troupes de hyènes ou de lions ont ainsi souvent l'avantage du collectif. En réponse, les léopards hissent leurs proies en haut d'un arbre pour éviter de se faire piquer leur déjeuner. C'est de bonne guerre ! Et une bonne illustration des principes d'action-réaction, de problème-résolution qui sont à l'œuvre **(#encadré)**.

Des oiseaux sont les champions de ce type de vol au sens, de brigandage, en plein vol souvent. Les maîtres en la matière sont les labbes, aussi appelés « stercoraires », des grands oiseaux marins. Ils pourchassent les autres oiseaux marins, telles les sternes et les mouettes, qui reviennent de la pêche jusqu'à ce qu'elles lâchent leur butin (un poisson en général), et le cueillent en plein vol. Leur nom *stercoraire* vient d'ailleurs de la croyance ancienne qu'ils récupèrent les excréments des oiseaux pourchassés (le latin *sterco* signifie « excrément »).

Certaines araignées sont aussi des voleuses. Ce sont souvent des mâles qui squattent la toile de leur femelle ou qui viennent leur faire des offrandes dérobées chez d'autres, les coquins...

Le parasitisme de couvée : les espèces « coucou »

Les parasites n'en ont pas qu'après la nourriture. Certaines espèces, comme les coucous, confient à d'autres oiseaux (comme les rouges-gorges, les accenteurs, les rousserolles, etc.) le soin d'élever leurs jeunes. Cela s'appelle le « parasitisme de couvée ». Ainsi, les poussins des coucous éclosent avant ceux de ses hôtes, dégagent les œufs (ou même les oisillons) et se

---

42. Les guépards sont les mammifères le plus rapides sur terre, mais leurs griffes sont émoussées et peu rétractiles. Les léopards sont moins rapides mais leurs griffes sont acérées et rétractiles : ils peuvent monter aux arbres. Chacun sa botte secrète.

font engraisser au point de devenir jusqu'à dix fois plus gros que leurs parents adoptifs.

Sur les mille espèces d'abeilles sauvages de France, 1 sur 5 est une « abeille coucou » ! De manière surprenante, beaucoup d'abeilles sauvages ont ainsi leur espèce d'« abeille coucou ». Elles font exactement la même chose que les coucous dans les nids des autres : elles pondent leurs œufs dans le nid des « abeilles coucous », les laissant ensuite effectuer le travail à leur place. Puis, elles (ou leur progéniture) tuent les enfants des « abeilles coucous », en les mangeant ! Il s'en passe des choses dans nos jardins[43].

Bref, chaque espèce a son lot de parasites qui lui est dédié et même les parasites peuvent à leur tour être parasités. C'est une histoire qui roule depuis l'aube de la vie. Les parasites sont partout. Ce n'est ni bien ni mal, ni beau ni moche, ni vertueux ni condamnable. De la même manière que le vivant a besoin, entre autres, de prédateurs et de proies pour la régulation des populations, il a besoin de parasites. Les parasites obligent leurs hôtes à être plus adaptatifs, c'est une réponse du vivant au même titre que l'entraide ou la concurrence **(#22)**. Cette évolution permanente des caractères adaptatifs est partout dans le vivant et porte le surnom d'« hypothèse de la Reine rouge » **(#encadré)**.

L'hypothèse de la Reine rouge
ou « course aux armements » du vivant

En biologie de l'évolution, l'hypothèse de la Reine rouge est proposée en 1973 par Leigh van Valen. Je la résume souvent avec l'aphorisme anglais « *you snooze you lose !* » (littéralement « si tu dors plus longtemps, tu as perdu », autrement dit « les absents ont toujours tort »). En gros : si tu restes sur tes acquis, tu stagnes et tu disparais ; pour survivre il faut toujours être prêt

43. Série « L'abeille » (5 épisodes) de *Mécaniques du vivant*, France Culture, 2023, disponible en ligne sur : https://www.radiofrance.fr/franceculture/podcasts/serie-mecaniques-du-vivant-saison-4-l-abeille.

à bouger, changer, s'adapter. Une espèce co-évolue en permanence avec celles qui l'entourent et interagissent avec elle. Chacune impose une pression de sélection sur l'autre.
Cette hypothèse tire son nom d'un épisode du livre de Lewis Carroll *De l'autre côté du miroir* (second volet d'*Alice au pays des merveilles*). Alice et la Reine rouge se lancent dans une course effrénée. Alice fait remarquer qu'elles semblent aller moins vite que le paysage autour d'elles. La reine lui explique alors :

> « Ici, vois-tu, on est obligé de courir tant qu'on peut pour rester au même endroit. Si on veut aller ailleurs, il faut courir au moins deux fois plus vite que ça ! »

De cette façon, si la sélection naturelle favorise, par exemple, les prédateurs les plus rapides, elle favorisera aussi les proies les plus rapides, de sorte qu'un pseudo-équilibre sera rétabli pour un temps. Une proie trop parfaite ou un prédateur trop parfait finirait par éliminer son antagoniste. Une espèce disparaîtrait et une autre pourrait apparaître, à cause d'une combinaison de causes complexes.
Toutes ces raisons, ces avancées évolutives qui s'annulent, font que l'hypothèse de la Reine rouge est aussi surnommée « paradoxe de l'évolution ».

Le lierre, un parasite ? Non, un aimant à eau et un très bon allié anti-canicule !

Le lierre (*Hedera helix*) est une liane arborescente à feuilles persistantes, de la famille des araliacées. Depuis l'Antiquité, il est considéré comme un bourreau des arbres. Il sucerait la sève de son arbre hôte. Mais c'est faux ! Le lierre se sert des arbres comme d'un support et le protège ! Il s'accroche à lui par des crampons mais ne lui vole pas sa sève. Il puise toute sa nourriture dans le sol, par ses propres racines.

Le lierre n'a aucun intérêt à étrangler et tuer l'arbre qui lui permet de grimper vers la lumière. Au contraire, il le protège des intempéries, de la pollution, du froid, du vent et du soleil[44]. Il

44. « Les plantes mal aimées mais tellement utiles », *Baleine sous Gravillon*, 2021, disponible en ligne sur : https://bit.ly/Lierre1_BSG.

vit en général une centaine d'années, mais il peut atteindre 1 000 ans si le support s'y prête. Quand son hôte meurt, il ne lui survit que tant que le bois mort reste debout. Ces arbres morts sont une manne pour le vivant autour, tout comme le lierre, dont les bienfaits sont innombrables.

Les bienfaits du lierre

- **Il sert d'abri et de lieu d'hibernation** à plus de 700 espèces dont les précieux auxiliaires de culture, utiles au potager et au verger **(#57)**.
- **Il fleurit à l'automne** quand la plupart des autres plantes ont terminé leur floraison. Ce sont les abeilles qui sont contentes, surtout la collète du lierre qui lui est en grande partie inféodée[45].
- Il fructifie en plein hiver ; c'est alors une source de nourriture pour beaucoup d'animaux, dont les oiseaux, à une période où les fruits sauvages commencent à être rares.
- **Il a une action chimique inhibitrice** contre les champignons, les bactéries et les parasites pouvant s'attaquer à son arbre hôte.
- Ses feuilles, une fois tombées, **apportent des minéraux** au pied de l'arbre hôte et **servent d'engrais** qui favorise la croissance des végétaux autour.
- **En ville, le lierre est un dépolluant de l'atmosphère**. Il fixe les poussières et assainit l'air que nous respirons. Le lierre est indicateur d'un excès de matière organique végétale dans le sol, et donc d'une carence en matière organique animale. Si vous êtes envahis par du lierre, étalez du fumier animal afin de limiter son extension[46].

45. Série « L'Abeille » *Mécaniques du vivant*, France Culture, 2023, disponible en ligne sur : https://www.radiofrance.fr/franceculture/podcasts/serie-mecaniques-du-vivant-saison-4-l-abeille.

46. Pour aller plus loin, vous pouvez lire les n° 106 et 107 du journal *La Hulotte*.

Le lierre peut démarrer sa photosynthèse[47] avec très peu de lumière. Il évolue donc parfaitement à l'ombre, en dessous des arbres, dans la première phase de sa vie. Et ce n'est pas un hasard si, souvent, là où il y a du lierre, les arbres restent bien verts.

Ce mécanisme est fascinant, il permet de comprendre comment les plantes arrivent à vivre et même à recharger les sols en eau, même sans pluie : les feuilles sont, pour ainsi dire, des « aimants à eau ».

Quand une feuille fait la photosynthèse, elle fabrique des molécules de matière organique. Elle transforme l'énergie lumineuse en énergie chimique. C'est un processus anabolique. Fabriquer de la matière et transformer de l'énergie nécessite un refroidissement pour bien fonctionner. C'est l'évapotranspiration (qui se déroule à la surface des feuilles) qui est responsable de ce refroidissement, rafraîchissant ainsi l'air autour des arbres. C'est pourquoi il faut en planter un maximum en ville (et aussi pour bénéficier de leur ombre !). Le fait que la feuille soit ainsi relativement plus fraîche que l'air, par exemple pendant une canicule, va faire condenser le peu de vapeur d'eau que l'air contient sur elle. Cette eau ruisselle et hydrate la plante, qui la transpire ensuite pour se refroidir encore, ce qui perpétue ce mécanisme. Cette eau extraite de l'air crée ainsi un petit effet d'aspiration, puisqu'on retire de la matière à l'air. Cela donne naissance à un mini-courant d'air, qui à l'échelle d'un bosquet peut aller jusqu'à 10 kilomètres par heure ! Sur une surface de 1 mètre carré de feuilles, c'est environ 10 000 mètres cubes d'air qui circulent verticalement chaque heure, ce qui peut donner jusqu'à 4 millimètres d'eau par jour, soit l'équivalent d'un gros orage tous les 10 jours !

Que devient toute cette eau ? Après avoir coulé le long de la plante, elle est partagée tout autour par les petits filaments du réseau de champignons, qui la rend ainsi disponible pour les

---

47. Pour la définition de la *photosynthèse*, **#note 25, p. 173**.

plantes tout autour. Une partie de cette humidité descend dans la terre pour alimenter les aquifères, la maintenir prête à absorber la pluie, de la même manière qu'une éponge humide absorbe l'eau plus vite, et in fine faire jaillir des sources !

En somme, la combinaison « arbre + lierre » est un aimant à eau. Lorsqu'on plante, en ville comme en champ, il faut une sous-couche de lierre ou d'herbes en dessous des arbres pour maximiser ce processus de fixation d'humidité, qui réduit ainsi drastiquement les besoins de pluies ou d'irrigation.

Bonus : le lierre permet de faire d'excellents sirops pour la toux, et des lessives naturelles bios[48] !

C'est pourquoi mon cœur saigne quand je vois que des personnes pourtant bien intentionnées mais si mal renseignées coupent les lianes de lierre en forêt. Des études ont montré que les parcelles avec lierre étaient plus productives que les parcelles sans ! Il n'y a aucune raison de couper le lierre ! Ceux et celles qui le font, pensant bien faire, commettent une tragique erreur que le vivant paie cher. D'une manière générale, l'humain devrait toujours bien réfléchir avant d'intervenir, car le vivant n'a besoin, en général que d'une chose : que nous lui fichions la paix !

---

48. Pour aller plus loin, vous pouvez consulter les travaux d'Hervé Coves et la chaine YouTube *Les racines de la souveraineté* : https://www.youtube.com/channel/UCrYwS7nPwposC4Es4pz1DTg.

II. LES DÉFINITIONS ET CLASSIFICATIONS

« Au fond, est-ce que ranger
ça ne revient pas un peu à foutre le bordel
dans son désordre ? »
Philippe Geluck

10. « Il y a deux règnes dans le vivant : l'animal et le végétal »

... Si on pouvait toujours tout catégoriser, expliquer, résumer facilement, ça serait tellement plus simple. Dès l'Antiquité grecque et jusqu'à Darwin, en passant par les grands classificateurs des Lumières, on a limité la conception du vivant à deux règnes : celui de l'animal et celui du végétal. Mais tout ça, c'est faux.

Six ou sept règnes ?

Depuis la fin du XIXe siècle et à la suite des travaux de Haeckel **(#11)**, un consensus s'était établi autour de la présence de trois règnes : les animaux, les végétaux et les protistes. Les protistes regroupaient alors de nombreux organismes unicellulaires dépourvus de tissus, comme les bactéries, les champignons et les algues unicellulaires et les protozoaires (des organismes hétérotrophes, qui sont incapables de synthétiser eux-mêmes leurs composants et qui recourent donc à des sources externes de matières organiques).

Un siècle plus tard, et après de nombreux soubresauts sans lendemain, le développement des méthodes de séquençage de l'ADN et l'avènement de la classification phylogénétique, appuyée sur les relations de parenté des organismes et le partage de caractéristiques dérivées, sont venus dépoussiérer sans nuance cette vision du vivant.

Ce sont trois « domaines » qui sont désormais considérés, à partir des travaux pionniers de Carl Woese et ses collègues en 1990[1] : les bactéries, les archées (anciennement appelées

---

1. Carl R. Woese, Otto Kandler, Mark L. Wheelis, « Towards a natural system of organisms : proposal for the domains archaea, bacteria, and eucarya », *Proc. Natl. Acad. Sci. USA*, vol. 87, n° 12, juin 1990, p. 4576-4579.

« archéobactéries ») et les eucaryotes (organismes unicellulaires et pluricellulaires dotés d'un noyau). Cette vision des trois branches du buisson du vivant est notamment popularisée par Guillaume Lecointre et Hervé Le Guyader dans leur *Classification phylogénétique du vivant* en 2016[2].

Notons que sur ces questions de classification, les recherches sont nombreuses et en constante évolution, avec des nuances parfois subtiles et difficiles à distinguer. Pour faire simple : tout le monde n'est jamais complètement d'accord, et il est difficile de s'y retrouver. Ce qu'il faut retenir, c'est surtout l'évolution des conceptions sur le sujet, et l'ouverture à des classifications moins anthropocentrées.

Après la notion de « règne », celle d'« empire » contre-attaque !

De fait, la notion même de règne est aujourd'hui dépassée ! Elle n'est en tout cas plus le plus haut niveau de classification des êtres vivants. Dans les classifications les plus récentes, elle occupe le deuxième niveau de classification, après le « domaine » ou, plus généralement, l'« empire ».

Ainsi, les études de Carl Woese ainsi que celles de Guillaume Lecointre et Hervé Le Guyader citées précédemment distinguent l'empire des procaryotes (qui comprend les règnes des bactéries et des archées) et celui des eucaryotes (qui comprend cinq autres règnes, dont les plantes, les champignons et les animaux).

Mystérieuses archées : si loin, si proches !

Les archées ont longtemps été présentées comme des organismes qui vivaient dans des milieux infernaux telles les sources hydrothermales océaniques, les sources chaudes volcaniques ou

2. Guillaume Lecointre et Hervé Le Guyader, *La Classification phylogénétique du vivant*, Paris, Belin, tome 1, 4e édition, 2016.

encore les lacs salés. Mais on en a depuis découvert dans des milieux moins extrêmes : sol, eau de mer, marécage, bouche, microbiote... et même le nombril humain ! Elles sont en fait l'un des groupes d'organismes les plus abondants, après les plantes et les bactéries (qui constituent à elles seules 95 % de la biomasse de tout ce qui vit sur Terre).

En 2015, des scientifiques ont identifié les « archées d'Asgård », baptisées en référence au domaine des dieux de la mythologie nordique. En effet, on les a trouvées enfouies dans les sédiments d'une source hydrothermale entre le Groenland et la Norvège, nommée le « château de Loki[3] ». Les recherches auraient découvert que ces archées d'Asgård contiendraient le secret de nos origines ! Elles auraient un jour acquis la capacité de déformer leur cellule, d'envelopper d'autres organismes. C'est exactement ce qu'ont fini par faire les eucaryotes (dont nous faisons partie)[4].

Il y a fort à parier que ces nouvelles découvertes, qui passionnent les spécialistes de la classification, vont considérablement modifier notre conception des relations de parenté au sein du vivant. Toutefois, leur véracité et leur exactitude ne pourront être scellées que dans des années, voire des décennies, à grand renfort de recherches supplémentaires. Elles sont néanmoins un bel exemple du changement de paradigme aujourd'hui à l'œuvre dans notre conception du vivant, et de la « science en marche ».

---

3. Loki est à la fois la brute et le truand du panthéon nordique. Il peut changer de forme et de sexe. C'est le père de plusieurs monstres : le serpent Jörmungand, le loup Fenrir et la déesse des morts Hel. Il est aussi la mère du cheval d'Odin à huit jambes Sleipnir. Loki est accueilli par Odin, le patron d'Asgård, demeure des dieux Ases. Mais une fois là-haut, la jalousie de Loki cause la mort du dieu Baldr. Puni, il se libère à la fin du monde (le Ragnarök) et s'entretue avec Heimdall.

4. Lynn Margulis, *Origin of Eukaryotic Cells*, New Haven, Yale University Press, 1970 ; *Symbiosis in Cell Evolution*, New York, W. H. Freeman, 1981.

11. *« L'arbre est la meilleure représentation des liens de parenté entre les espèces »*

Depuis l'Antiquité grecque et romaine, puis avec le christianisme, dès qu'on parle de vivant, on propose d'en classer ou ordonner les espèces. Le discours religieux est intervenu pour imposer ses dogmes, souvent par la manière forte. Ces millénaires de domination du religieux sur la vie sociale et scientifique ont profondément imprégné les esprits et laissé des traces dans nos modes de pensée jusqu'à aujourd'hui, sans même que nous en ayons conscience. L'une des traductions dominantes du livre de la Genèse dit : « Dieu créa l'homme à son image. » Autrement dit, l'humain ne pouvait être que parfait. Il le crée en dernier comme un couronnement de son œuvre.

Ce discours religieux s'est toujours opposé aux capacités d'évolution et de transformation des êtres vivants puisque, selon la Bible, le vivant aurait été créé en six jours. Les espèces seraient donc immuables. Or la théorie de l'évolution, élaborée par Charles Darwin, arrive, renverse l'humain du piédestal où il s'était confortablement installé. De la même manière que notre galaxie n'est pas au centre de l'Univers, qui par définition n'en a pas puisqu'il est infini, l'église humaine n'est plus au centre du village planétaire **(#44)**.

On retrouve les traces de cette influence religieuse dominante dans les images produites par les philosophes et les scientifiques pour représenter les familles du vivant. Parmi les nombreux exemples qui ont jalonné cette histoire, deux types d'images sont très parlants à cet égard : l'échelle des êtres et l'arbre du vivant.

L'échelle des êtres

L'échelle des êtres remonte à l'Antiquité grecque où elle a été formalisée par Aristote lui-même (384-322 avant notre ère). Il s'agit d'un meuble à tiroirs superposés, chacun avec une étiquette. Reprise au Moyen Âge sous l'appellation «*scala naturae*», elle prend une forme plus scientifique et connaît son heure de gloire au XVIIIe siècle avec le biologiste suisse Charles Bonnet (1720-1793). Elle démarre avec le feu, l'air, l'eau, puis les pierres, minéraux et roches avant d'entamer ce qu'on pourrait appeler la «remontée du vivant» depuis les coraux, les plantes, les insectes, les coquillages. Pour finir avec les quadrupèdes, les singes, les orangs-outangs et, tout en haut, en majuscule contrairement aux deux précédents, l'humain. Autrement dit, ce meuble de rangement du vivant voit culminer en son sommet l'être parfait depuis les éléments les plus basiques, du plus simple au plus complexe selon la conception de l'époque.

La scala naturae *de Didacus Valades*
dans Rhetorica Christiana, *1579.*

L'arbre du vivant

La seconde image, celle de l'arbre, apparaît plus tard, un peu après le milieu du XVIIIe siècle et se généralise. L'arbre du vivant est à la fois la représentation graphique concrète et la métaphore des liens de parenté entre toutes les espèces d'êtres vivants actuelles ou ayant existé (fossiles).

L'étude de ces liens de parenté entre les espèces s'appelle la « phylogénie » (du grec *phûlo*, « tribu ou famille » et *génesis*, « genèse »), forgée par Ernst Haeckel[5], un biologiste allemand inspiré par Darwin. En généalogie classique, on cherche à répondre à la question « qui est l'ancêtre de qui ? », et on dessine des arbres généalogiques bien clairs, avec un nom par rameau. Et le résultat s'appelle un « dendrogramme ». Pour les biologistes et les paléontologues, la phylogénie cherche plutôt à savoir « qui est le plus proche parent de qui ? ». La génétique aide beaucoup. D'ailleurs beaucoup de groupes et d'espèces changent de rameau ces dernières décennies. Ces quarante dernières années les changements de classifications ont été plus nombreux que sur les deux siècles précédents. En effet des découvertes phylogénétiques bouleversent certaines certitudes. Ainsi les crocodiles sont évolutivement plus proches des oiseaux que des lézards puisque, par exemple, comme eux, ils possèdent un gésier. Les scientifiques préfèrent parler d'« arbre phylogénétique du vivant »[6].

---

5. Ernst Haeckel (1834-1919) est un biologiste, philosophe et libre penseur allemand. Il diffuse les théories de Charles Darwin en Allemagne. Il est considéré comme pionnier d'un eugénisme voué à améliorer l'existant plutôt qu'à supprimer les dits « impurs », comme chez les nazis. Sa mémoire est entachée par l'usage de dessins arrangés pour appuyer sa « théorie de la récapitulation » (un embryon passe successivement par des stades de développement d'espèces ancestrales : poisson > amphibien > reptile > oiseau > mammifère). Cette théorie a été discréditée depuis.

6. Un des ouvrages de référence en la matière est *La Classification phylogénétique du vivant* de Guillaume Lecointre et Hervé le Guyader, *op. cit.*

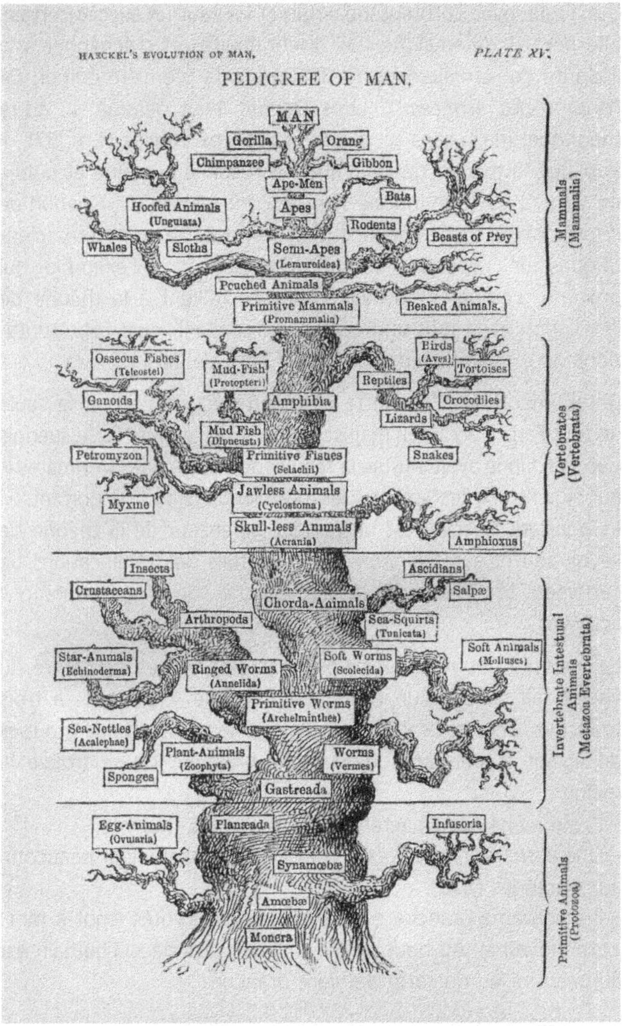

L'arbre du vivant de Ernest Haeckel
dans The Evolution of Man, *1879.*

L'analogie avec l'arbre généalogique lui vaut un succès certain. Elle permet de souligner les discontinuités et d'échapper à la linéarité de l'empilement. En 1859 dans la première édition *De l'origine des espèces*, Charles Darwin avait dessiné un arbre théorique mais sans y placer d'espèces réelles. En 1871, il applique la théorie de l'évolution à l'espèce humaine et publie un second ouvrage intitulé *The Descent of Man* (*La Filiation de l'Homme*) qui suscite beaucoup de remous. De nombreux scientifiques de l'époque, comme Haeckel dans l'exemple qui précède, s'emparent de ses écrits, se rallient à la théorie de l'évolution et la diffusent tout en proposant leurs représentations du « nouvel » ordre du vivant ainsi défini.

Détail important : l'étiquette « humain » est, là encore, la seule de tout l'arbre écrite en majuscules ! Un siècle plus tôt, le suédois Carl von Linné avait intitulé la famille de l'humain les « Primates », qui signifie modestement « les premiers, les plus importants » ! Et pourtant Haeckel est un fervent défenseur de la théorie de l'évolution et sur son arbre, l'architecture des ramifications de certaines branches est assez proche des représentations actuelles.

La majorité des représentations contemporaines de l'arbre du vivant fait partir, d'un nœud central, une « fourche » à trois branches. Chaque branche devient un des trois grands groupes du vivant actuel sans qu'on sache vraiment où se trouve la racine[7] :
- L'une mène aux « bactéries » et se ramifie très vite.
- Une autre regroupe les « archées », qui ressemblent beaucoup aux bactéries **(#10)**.
- La troisième branche est celles des eucaryotes (mot à mot : « vrai noyau »). Au bout de 3,5 milliards d'années, l'humain est au beau milieu de cette dernière branche !

7. C'est la classification présentée dans Guillaume Lecointre et Hervé le Guyader, *op. cit.*

Venons-en aux problèmes posés par cette représentation en arbre :

- Il doit représenter toute la biodiversité soit plus de deux millions d'espèces répertoriées actuelles, mais sans doute en réalité au moins dix millions[8] ! Et il faut ajouter les espèces fossiles ! Donc, pour représenter tout ça, il faut faire des choix techniques, surtout pour une représentation à plat (les cartographes connaissent bien ce problème). Et c'est là que l'image ou la métaphore de l'arbre coince un peu car, dans la majorité des arbres, il y a une orientation préférentielle : des racines d'un côté et une cime de l'autre qui donnent un axe. Or, nous avons dès le départ une trifurcation suivies d'une infinité de bifurcations successives.
- Autre inconvénient majeur de l'arbre : il a un tronc puis des grosses branches qui donnent des branches plus petites et ainsi de suite. Or, dans la phylogénie du vivant, il n'y a pas de branches majeures et pas de branches mineures.
- Dernier inconvénient de l'arbre : comme il a un sommet, on aura tendance à regarder vers celui-ci alors qu'aucune branche du vivant n'a plus de « valeur » qu'une autre. Chaque branche est un groupe qui se ramifie : c'est tout.

Malgré tous ces inconvénients, on conserve cette image comme commodité d'usage.

Le buisson du vivant

Il existe une autre image plus récente qui évite la plupart de ces biais : celle du « buisson du vivant ». Au lieu d'un arbre, on va représenter le vivant dans un buisson en boule (comme une topiaire de buis taillé), non enraciné dans le sol, s'organisant autour d'un point central (LUCA, **#encadré**) d'où partent les trois premières branches qui se ramifient. Les branches restent de taille égale. Aucune branche n'est privilégiée.

---

8. Philippe Grandcolas, Romain Garrouste et Tony Robillard, « Pourquoi on ne connaît que 20 % du vivant ? », 2020, *The Conversation*.

Une belle représentation figurative artistique en 3D est présentée au Musée des confluences à Lyon[9]. On y voit les trois branches initiales : les archées, les eucaryotes et les bactéries. Chaque branche se déploie ensuite en innombrables branches secondaires, tertiaires. Tous les rameaux terminaux au bout des branches se trouvent en surface au même niveau et correspondent aux espèces actuelles. Les branches qui s'arrêtent à l'intérieur du buisson sont celles de groupes fossiles restés sans descendance. Quelques espèces ont été placées sur cette représentation, ce qui rend cet outil pédagogique très éloquent.

9. Vous pouvez en avoir un aperçu dans cette vidéo disponible en ligne sur : https://www.youtube.com/watch?v=2zNseYDvTLU.

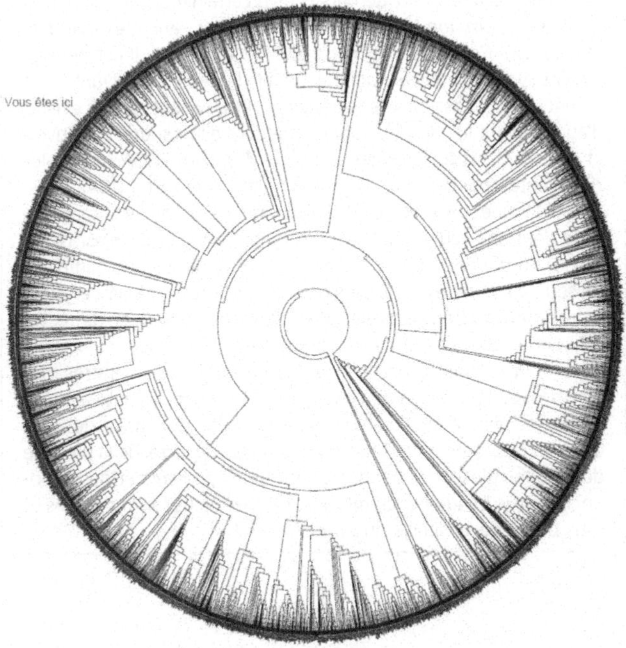

Le buisson du vivant d'après The Science of Biology
8e éd. de David E. Sadava et al.
(Sinauer Associates and W. H. Freeman), 2008.

My name is LUCA…

Le buisson du vivant représente toute l'histoire du vivant. Il commence donc au « tout début du vivant », il y a 3,5 milliards d'années, âge des plus anciennes traces de vie[10]. C'est la base du buisson.
On prend comme point de départ un·e certain·e LUCA (pour *Last Universal Common Ancestor* soit « dernier ancêtre commun universel »). Ce LUCA c'est notre ancêtre théorique. Il est généralement symbolisé par un point, le point de départ du vivant.
Attention ! Il n'est pas le « premier » être vivant ayant existé : d'autres avant lui, ou elle, ont pu émerger de la « soupe primitive » et se sont aussi transformés : on parle des « pré-LUCA » et on les représente (parfois) par un petit trait qui rejoint LUCA. Il est probable que ce trait ait d'ailleurs été déjà une arborescence mais dont une seule branche, celle ayant donné LUCA s'est maintenue. Autrement dit, LUCA était déjà sans doute assez complexe puisqu'issu d'une évolution antérieure. LUCA ressemblait certainement à une bactérie actuelle. Mais, faute de fossiles et de restes d'ADN de l'époque, on ne le saura jamais.
Tout cela a une conséquence vertigineuse : nous autres, les humains, partageons avec n'importe quelle espèce vivante actuelle ou passée un ancêtre commun. Nous sommes les cousins des vers de terre, des requins marteaux, des pommes de terre, de la bactérie de la tuberculose, des baobabs, des huîtres perlières et des diplodocus, entre beaucoup de millions d'autres. Nous faisons toutes et tous partie de la famille du vivant.

10. La Terre elle-même n'a que 4,58 milliards d'années ! La vie est-elle arrivée par des météorites ou est-elle née de la soupe primitive ? On ne sait pas.

12. « Nature, biodiversité, vivant : *c'est bonnet vert et vert bonnet* »

Ces trois mots se recoupent mais sont loin d'être synonymes. Leurs différences, fondamentales, sont très riches d'enseignements.

Nature

Nature vient du latin *natura*, « action de faire naître ; caractère naturel, nature ; organe de la génération » et du verbe *nascor*, « naître ». Attesté en français depuis le début du XIIe siècle, et après avoir un peu louvoyé, il désigne « ce qui est à naître », comme le rappelle Jean-Claude Ameisen dans ses émissions *Sur les épaules de Darwin*[11]. Le mot grec correspondant est *phusis*, « éclosion », qui a donné la *physique* !

Dans son acceptation actuelle, *nature* est un mot qui regroupe de nombreux sens et qui a mal vieilli, pour au moins deux raisons. D'abord, il désigne tout et n'importe quoi, des paysages aux espèces en passant par les processus biologiques. Ensuite, il est entaché de ce que j'appelle le « stigmate de Descartes ». Ce stigmate, il nous vient du *Discours de la méthode*, publié en 1637 :

> « [...] nous rendre comme maîtres et possesseurs de la nature[12]. »

Pour beaucoup, Descartes a été maladroit, avec cette phrase. À sa décharge, elle est souvent tirée de son contexte et mal comprise. Quoi qu'il en soit, elle a forgé notre rapport moderne à la nature.

Le principal reproche fait au mot *nature*, c'est qu'il acte l'idée que l'humain n'en ferait pas partie. D'un côté, il y aurait l'humain et de l'autre la nature. Or, philosophiquement, écologiquement,

---

11. Jean-Claude Ameisan, *Sur les épaules de Darwin*, France Inter, disponible en ligne sur : https://www.radiofrance.fr/franceinter/podcasts/sur-les-epaules-de-darwin.

12. René Descartes, *Le Discours de la méthode*, 1637.

économiquement, nous ferions un grand pas en avant en considérant que les deux sont liés. Que la santé de l'une dépend de la survie de l'autre.

Biodiversité

Les années 1980 voient l'émergence d'une nouvelle branche de la biologie consacrée à l'évaluation des impacts de l'humain sur les espèces et les écosystèmes : la biologie de la conservation. La notion de biodiversité trouve sa place au sein de cette nouvelle discipline.

En anglais, le terme *biodiversity* a été mis en exergue par le biologiste, myrmécologue (spécialiste des fourmis, *ants* en anglais) et écologue états-unien Edward Wilson, affectueusement surnommé « Ant Man » par ses pairs, pour qui il était une sorte de « nouveau Darwin », d'abord en 1986, à l'occasion d'un colloque, puis en 1988 dans le compte rendu du colloque en question[13].

L'idée était de trouver une notion novatrice pour marquer les esprits des dirigeants (et du grand public). Un mot qui porte l'urgence de favoriser la protection et la diversité de la nature. Le mot acquiert une dimension populaire et mondiale avec le sommet de la Terre de Rio de Janeiro en 1992. Côté dictionnaires, il entre dans *Le Petit Larousse* en 1994 et dans *Le Petit Robert* en 1999.

Il a fallu du temps pour que le grand public s'empare de cette notion. C'est d'ailleurs sa limite : inventée et utilisée par des spécialistes, elle peut sembler artificielle, technocratique, lointaine.

13. « Compte rendu du *National forum on BioDiversity* », [1986] 1988, d'après la E. O. Wilson Biodiversity foundation.

Allain Bougrain-Dubourg, le président de la Ligue de protection des oiseaux (LPO) le résume ainsi :

> « Après plus de trente ans, le terme de *biodiversité* n'a pas remplacé celui de *nature*. L'histoire de la protection de la nature donne sens à nos combats actuels. Si les deux notions font jeu égal, chacune a son propre public. Le terme de *biodiversité* est plus adapté aux publics déjà sensibilisés aux problématiques écologiques tandis que *nature* parle à des publics plus éloignés. Il nous revient d'utiliser à bon escient ces deux concepts désormais complémentaires[14]. »

Vivant

Vivant, c'est le petit nouveau qui bouscule les deux autres mots, comme un ratel dans la savane, comme un chien dans un jeu de quilles. Il est plus œcuménique, plus rassembleur. Popularisé par le philosophe, écrivain et naturaliste Baptiste Morizot[15], il montre – ou du moins veut montrer – qu'on fait partie d'un tout. Vivant = humain + nature. Protéger le vivant, c'est nous protéger. Dans une interview au journal *Le Monde*, Baptiste Morizot précise :

> « [C]e n'est pas un mot d'ordre ni un slogan : c'est un concept, donc une carte pour s'orienter, utile dans certains cas, inutile dans d'autres. [...]
>
> Sa première force, en situation de crise écologique, c'est qu'il met la focale sur ces entités du monde qui sont concernées par leur existence, l'ensemble des vivants de la biosphère. [...]
>
> Sa seconde force, c'est que par l'usage du singulier, en parlant du vivant et pas seulement "des" vivants, il englobe non seulement les organismes et les espèces dans leur multiplicité, mais aussi les forces évolutionnaires anciennes qui les façonnent, et

---

14. Allain Bougrain-Dubourg, président de la LPO, cité dans « Vous êtes plutôt nature ou biodiversité ? », LPO, 2022.

15. Baptiste Morizot, *Manières d'être vivant. Enquêtes sur la vie à travers nous*, Arles, Actes Sud, 2020 ; *Raviver les braises du vivant. Un front commun*, Arles/Marseille, Actes Sud/Wildproject, 2020.

> les dynamiques écologiques qui les tissent ensemble dans le présent. [...]
>
> Sa troisième force, la plus évidente, c'est qu'il échappe spontanément aux dualismes hiérarchiques de la modernité, qui opposent nature et société, environnement et humain [...][16]. »

Nature est de plus en plus remplacé par *vivant*, du moins par et chez les spécialistes. J'ai moi-même pris ce pli après qu'une des invitées de *Baleine sous Gravillon*, en l'occurrence Nelly Pons, l'autrice d'*Océan plastique*[17], a tiqué sur le premier sous-titre de mon podcast: « Le podcast nature et culture ». Aujourd'hui, le sous-titre de ma famille de podcasts (car *Baleine sous Gravillon* a désormais plusieurs petits frères: *Combats*, *Nomen*, *Petit poisson deviendra podcast* et *Mécaniques du vivant* sur France Culture) est « Les podcasts du vivant ».

Les choix de mots sont-ils des modes passagères ou des changements de paradigmes durables, préludes à des changements de comportements? Ces subtilités sont-elles, finalement, importantes? Je pense que oui; notamment en vertu de l'injonction d'Albert Camus:

> « Mal nommer un objet, c'est ajouter au malheur de ce monde[18]. »

J'ai choisi *vivant*, pour bien insister sur le respect, sur l'amour à retrouver, à retisser. Mais d'autres choix sont possibles. C'est à chacune et chacun de réfléchir à la place qu'il occupe et à celle qu'il pourrait ou devrait occuper dans le vivant, la nature ou la biodiversité, et à ce qu'il peut faire.

---

16. « Interview de Baptiste Morizot », menée par Nicolas Truong, *Le Monde*, 22 septembre 2021.

17. Nelly Pons, *Océan plastique. Enquête sur une pollution globale*, Arles, Actes Sud, 2020.

18. Cette phrase d'Albert Camus est extraite d'un texte critique de 1944, « Sur une philosophie de l'expression », paru dans la revue *Poésie 44*. Dans ce texte, Camus analyse et soutient l'idée défendue par le philosophe Brice Parrain dans son livre *Recherches sur la nature et les fonctions du langage* (Gallimard, 1942) qui traite du langage, tissé de mensonge et/ou de vérité.

13. « Espèce, race, variété, *c'est pareil* »

Une « espèce de chien », une « variété de poisson », une « race de cheval » ?

Vous avez déjà entendu ou lu ces expressions ? Biologiquement, et sémantiquement, elles n'ont aucun sens. Et sur le terrain des définitions scientifiques, l'affaire est vite démêlée :
- Les *espèces* regroupent les individus sauvages indéfiniment interféconds. Exemple : l'espèce loup gris (*Canis lupus*).
- Les *races* sont des sous-espèces d'espèces domestiquées, créées par l'humain au terme d'une sélection artificielle, et non par la sélection naturelle. On parle, par exemple, de « races de chiens », « races de chats » ou de « races de chevaux » mais pas de « races de lions » ! Tous les chiens appartiennent à la même espèce, *Canis lupus*, la même que le loup gris ! *Race* est ainsi un terme réservé à l'élevage et au commerce.
- Pour les insectes et les plantes, on parle plutôt de *variétés* (*cultivars* se dit aussi pour les plantes).

Si le temps vous presse, vous pouvez en rester là, faire une prise de jujitsu à la prochaine personne que vous entendrez pérorer sur la prétendue « race Blanche » et passer à la suite. Mais pour les curieux et curieuses, voici quelques savoureuses subtilités.

Espèce : une espèce de doute plane sur la définition

S'il est facile de distinguer *espèce*, *race* et *variété*, la définition même d'*espèce* n'est pas si aisée en biologie. Qu'est-ce qu'une *espèce* ? Paradoxalement, la réponse à cette question n'est pas si simple. D'ailleurs, Charles Darwin lui-même ne s'y est pas risqué et a toujours refusé de définir le concept central d'espèce : il avait bien raison de ne pas s'avancer car on n'a toujours pas réussi à atteindre un vrai consensus !

Le mot *espèce* vient du latin *species*, « type » ou « apparence ». En biologie, c'est l'unité de base pour différencier chaque feuille de ce qu'on appelle le « buisson du vivant » **(#11)**. Traduit dans le jargon des biologistes : *espèce* est l'unité de base de la systématique, la discipline qui étudie la diversité taxonomique et les relations évolutives entre les êtres vivants. Aujourd'hui, la systématique utilise deux disciplines complémentaires :

– La phylogénétique, une branche de la biologie et de la paléobiologie évolutive qui a pour objectif de reconstituer le buisson du vivant en comparant les caractères morphologiques et/ou génétiques et même les génomes dans leur ensemble, pour déterminer « qui est le proche parent de qui ».

– La taxonomie, qui établit des classifications formelles, hiérarchiques et met des étiquettes, qu'on appelle « taxons », en tâchant de ne considérer que les groupes naturels, comprenant un ancêtre commun et tous ses descendants (actuels ou éteints).

Il y a beaucoup de monde sur ce buisson... et beaucoup de modifications, d'espèces qui sont renommées et qui changent de place au fur et à mesure que les recherches avancent. C'est un peu comme dans les banquets du village d'Astérix, il y a beaucoup de monde et ça finit souvent en joyeuses bagarres et désaccords.

Voici toutefois la définition la plus communément admise d'*espèce :*

> « Ensemble d'individus qui peuvent se reproduire entre eux et engendrer une descendance viable et elle-même féconde. »

Mais selon les domaines d'études, l'angle d'approche, le mot *espèce* peut s'envisager autrement. Ainsi, une étude de 1997 recensait 22 définitions, dans 22 domaines, angles, concepts différents (biologique, morphologique, écologique, comportemental, etc.)[19]. Par exemple, une *espèce morphologique*

---

19. Richard L. Mayden, « A hierarchy of species concepts : the denoument in the saga of the species », dans M. F. Claridge, H. A. Dawah, M. R. Wilson, *Species : The Units of Diversity*, Londres, Chapman & Hall, 1997, p. 381-423.

regroupe des individus similaires par leur apparence, tandis qu'une *espèce écologique* réunit les organismes partageant la même niche écologique.

De l'Antiquité jusqu'au XIXe siècle, jusqu'à Darwin en fait, les scientifiques considéraient l'espèce comme une entité immuable, invariable, créée d'un claquement de doigts divin. Tout individu différent, éloigné de ce qu'on concevait comme le « modèle de base », était considéré comme un accident, une anomalie. La théorie de l'évolution de Charles Darwin, publiée en 1859 après vingt ans d'hésitations et de compilation d'observations, a atomisé ce concept fixiste, créationniste d'espèce[20].

Espèce : un concept mouvant et... évolutif

Charles Darwin démontre que les espèces évoluent, se transforment aux changements du milieu. Malgré les gesticulations des créationnistes (qui n'ont toujours pas admis la théorie de l'évolution), il est acquis aujourd'hui :
- que toutes les espèces ont un lien de parenté ;
- qu'elles sont issues d'un ancêtre commun via le processus d'évolution ;
- qu'elles continuent d'évoluer.

Elles ne sont donc pas immuables. Oui nos plus proches parents sont parmi les primates et notre lointain ancêtre commun DACU (pour « dernier ancêtre commun universel » ; *LUCA* en anglais pour *last universel common ancestor*) ressemblait à une bactérie **(#encadré de #11)**. C'est ainsi que voulez-vous !

De nouvelles espèces peuvent émerger depuis une espèce souche. Soit parce que certaines de leurs populations ont évolué isolément dans un nouvel environnement géographique où leurs différences adaptatives sont apparues à partir de mutations génétiques : les plus avantageuses sont retenues par le grand filtre de la sélection naturelle. Soit, dans le même environnement,

---

20. Charles Darwin, *De l'Origine des espèces*, 1859.

parce que certaines populations sont porteuses d'une mutation qui donne accès à de nouvelles ressources. Par exemple, les chiens sont capables, à la suite de leur contact prolongé avec l'humain, de digérer l'amidon, de finir votre hamburger et vos frites. Leurs ancêtres les loups en sont incapables. Et quand les « populations filles » deviennent trop différentes de l'« espèce mère », elles finissent par perdre leur capacité à se reproduire entre elles. Une nouvelle espèce est née.

Conclusion : toute espèce est en constante évolution. On ne s'en rend pas compte, pas plus que de l'écoulement d'un glacier. Mais les changements infinitésimaux surviennent et les différences se creusent. Par exemple, *Homo sapiens* est la seule espèce actuelle d'*Homo*. Elle est moins robuste que sa cousine *Homo neandertalensis*. Qui sait quel aspect aura *Homo* dans cinquante mille ans ? (Si nous ne brûlons pas la maison d'ici là bien sûr !)

14. « Espèces ingénieures, clé de voûte *ou* parapluie, *c'est la même chose* »

Espèces ingénieures, fondatrices, clé de voûte, taille de guêpe ou parapluie, quelles différences ?

Les espèces ingénieures : des castors aux blaireaux

En écologie, *espèce ingénieure* (*ecosystem engineer* en anglais) décrit des espèces qui changent le milieu (ou « perturbent » dans le jargon des écologues) dans lequel elles vivent par leur présence et leurs activités, et qui « bâtissent » ou « entretiennent » des milieux en général très profitables, voire indispensables, à d'autres espèces. C'est le cas de toutes les espèces qui génèrent leur propre habitat, comme les grands bâtisseurs marins, les maerls, les coraux, les hermelles, etc. Les bâtisseurs de ce calibre sont plus rares chez les vertébrés, à l'exception notable des castors, qui créent des barrages pour pouvoir maintenir l'entrée de leur hutte sous l'eau, hors de portée des prédateurs.

La disparition d'une espèce ingénieure dans son environnement provoque un déséquilibre et une réaction en cascade qui aboutit à une perte importante de biodiversité et de richesse spécifique. L'espèce humaine n'est pas considérée comme une espèce ingénieure, bien qu'elle construise et modèle la Terre selon ses envies et besoins : loin d'être profitables, nos constructions sont plutôt délétères pour le reste du vivant. En 2020, l'ensemble de nos constructions a dépassé en masse toute la biomasse du vivant **(#encadré)**.

2020, l'année où la masse anthropique a égalé et dépassé celle de la biomasse du vivant ![21]

L'humain aussi est un sacré ingénieur ! En 2020, des scientifiques[22] ont publié, dans la revue *Nature*, une étude intitulée « La masse mondiale des structures construite par l'humain dépasse toute la biomasse vivante ». En clair : la masse de tous les matériaux produits par l'humain (béton, acier, asphalte, etc. : la « masse anthropique ») est désormais égale à la masse de toute vie sur la planète (la « biomasse »).
Nous sommes au point d'équilibre, mais les humains continuent d'ajouter de nouveaux bâtiments, routes, véhicules et produits divers à un rythme qui double tous les vingt ans, conduisant à une « jungle de béton ».

---

21. Cet encadré synthétise les informations trouvées dans l'article très complet de Greg De Temmerman, « 2020, l'année où la masse de l'infrastructure humaine a dépassé celle de la biomasse présente sur Terre », *Usbek&Rica*, 2021.

22. Les mêmes que ceux qui ont calculé le poids de la biomasse des différents règnes du vivant **(#28)** : Emily Elhacham, Liad Ben-Uri, Jonathan Grozovski, Yinon M. Bar-On et Ron Milo., « Global human-made mass exceeds all living biomass », *Nature*, 588, 2020, p. 442-444.

> La masse anthropique devrait atteindre plus de deux tératonnes, soit plus du double de la masse de tous les êtres vivants (nous compris), d'ici 2040.
> L'agriculture et la déforestation ont divisé par deux la masse totale de plantes présentes sur Terre. Il ne reste que trois mille milliards d'arbres soit moins de 400 arbres par humain.
> Au début du XXe siècle, la masse anthropique produite par l'humain était égale à environ 3 % de la biomasse totale. Entretemps, la population humaine a quadruplé.
> En moyenne, pour chaque personne sur le globe, une quantité de masse anthropique supérieure à son poids corporel est produite chaque semaine. L'impact environnemental est également élevé, notamment sur la biodiversité et les réserves en eau.

Les chercheurs états-uniens qui ont défini ce concept en 1994[23] ont distingué deux catégories d'espèces ingénieures :
- Les « ingénieures autogéniques » → Les espèces qui fabriquent, sécrètent leurs propres structures, tels les coraux ou les arbres.
- Les « ingénieures allogéniques » → Les espèces qui bâtissent avec des matériaux qu'elles trouvent dans l'environnement en les faisant passer d'un état à un autre, comme les castors avec leurs barrages, les pics-verts avec leurs loges qui sont récupérées par beaucoup d'autres espèces, les vers de terre qui creusent des galeries qui aèrent le sol et dégradent la matière organique, les termites avec leurs termitières qui sont bénéfiques aux plantes autour, comme les fourmis avec leurs fourmilières et recyclages divers et comme l'humain (mais lui, c'est juste pour sa pomme).

De manière générale, les espèces ingénieures allogéniques modifient davantage leurs environnements que les espèces ingénieures autogéniques. Aussi, les espèces ingénieures invertébrées auraient un effet supérieur aux espèces ingénieures vertébrées, question de

23. Gareth Jones, John H. Lawton et Moshe Schachak, « Organisms as ecosystem engineers, *Oikos*, 69, 1994, p. 373-386.

nombre **(#28)**. Il y a par ailleurs un effet cocktail : une espèce ingénieure peut augmenter la richesse locale via une deuxième espèce ingénieure dont elle permet la présence.

Les scientifiques distinguent aussi les espèces qui transforment l'environnement pour elles-mêmes et celles qui le modifient à leur insu, mais toujours au profit ou aux dépens d'autres espèces. En effet, ces dernières jouent souvent un rôle important de « facilitation », de renaturation et de résilience écologiques, et rendent ainsi ce qu'on appelle parfois des « services écosystémiques » **(#45)**. C'est pourquoi on les considère parfois comme des indicateurs de milieux sains et de développement durable. Les castors européens, qui ont failli disparaître au début du XXe siècle en France, ont par exemple été réintroduits pour cela[24].

Quelques exemples d'espèces ingénieures

Les biorécifs d'hermelles → Situés entre Granville et le Mont-Saint-Michel, les hermelles (petits vers marins) construisent des récifs géants qui abritent de nombreuses espèces : c'est même la plus grande structure animale en Europe ! Ces crassiers d'hermelles font 3 kilomètres de large et couvrent 300 hectares, sur un mètre de hauteur. Comme leurs cousins les coraux tropicaux, ces biorécifs ou biohermes sont des oasis de vie.
Les loges des pics → Les pics noirs, les plus grands pics d'Europe, sont en expansion en France. C'est une bénédiction pour le petit peuple de la forêt. Les loges, les cavités qu'ils creusent pour nicher dans les troncs, sont récupérées par toutes sortes d'animaux, dont les petites chouettes de Tengmalm ou les pigeons colombins.
Les bulldozers et les tunneliers → Les mammifères qui creusent des terriers jouent aussi un rôle ingénieur. Les tatous géants, qui creusent en Amazonie un nouveau terrier de 5 mètres de long tous les deux jours, offrent un nouvel habitat à au moins une vingtaine

24. Baptiste Morizot développe longuement l'exemple des castors américains dans *L'Inexploré*, Marseille, Wildproject, 2023.

d'autres espèces, dont des félins, des tortues. Plus près de chez nous, il y a les blaireaux, qui ont le même rôle. Il n'est pas rare qu'une famille de renards ou de lapins occupe un terrier de blaireau, parfois en colocation ! En Afrique subsaharienne, en Afrique du Sud par exemple, ce rôle est dévolu aux oryctéropes du Cap (les « cochons de terre », ou *aardvarks* en afrikaans), de solides bulldozers de 80 kilogrammes. Leurs galeries servent aussi aux hyènes, chacals, léopards, lycaons, porcs-épics, chauves-souris, lièvres, divers reptiles et oiseaux.

Signalons que les espèces ingénieures ont parfois des effets délétères ou ambigus. Nous avons vu que c'était le cas de l'humain mais pas uniquement ! Les vers de terre, bien qu'ils soient très utiles pour aérer les sols et recycler la matière organique, s'octroient la part du lion au détriment d'espèces plus petites comme les petits arthropodes qui disposent de moins de ressources alimentaires. Autre exemple : les nids du guêpier d'Europe, creusés dans des falaises verticales ou très inclinées, sont recyclés et repris par d'autres espèces d'oiseaux (un peu comme les loges des pics) ; mais, dans certains cas, ces nids érodent et fragilisent les roches des falaises.

L'expression *espèce ingénieure*, très utilisée par les écologues, les naturalistes mais aussi par les médias et donc par une partie du grand public, pose deux problèmes principaux. D'abord, il ne faudrait pas s'imaginer que ces espèces ont conscience d'être ingénieures. L'autre problème, c'est que ce concept est trop large et s'applique à beaucoup trop d'espèces et de cas. Il ne serait donc pas assez précis pour être vraiment utile.

Les espèces fondatrices : coraux, palétuviers des mangroves, lichens...

Une *espèce fondatrice* (*foundation species* en anglais) est un autre type d'espèce ingénieure qui fonde ou a fondé un écosystème particulier, qui ne pourrait exister sans elle.

Ces espèces sont des producteurs primaires **(#23)** et souvent des espèces dominantes par leur abondance et leur influence. Elles augmentent la surface ou le volume « habitable » par d'autres espèces. On parle aussi de « facilitation écologique ».

Ce sont par exemple les coraux, les sphaignes (mousses) qui conservent l'eau dans les tourbières à sphaignes, les palétuviers des mangroves, le lichen, etc. J'ai une tendresse particulière pour les chironomes plumeux, qui ressemblent à des moustiques avec des antennes plumeuses. Leurs larves sont d'indispensables filtreuses qui nettoient les étendues d'eau stagnantes à calmes. En se nourrissant de la matière organique morte de l'eau, elles constituent la base d'une chaîne alimentaire vitale et variée.

C'est ce type d'effets bénéfiques que l'on cherche à recréer ou à accélérer avec les récifs artificiels, ou diverses techniques de génie écologique fondées sur la réintroduction ou l'introduction d'espèces fondatrices et facilitatrices. Attention cependant, si les espèces fondatrices sont souvent de bonnes pionnières, elles peuvent s'avérer invasives là où on les introduit hors de leur aire naturelle.

Les espèces clé de voûte : l'exemple emblématique des loups au Yellowstone

L'expression *espèce clé de voûte* (*keystone species* en anglais) est plus englobante que celle d'*espèce ingénieure*. La métaphore de la clé de voûte est une référence à cette pierre qui permet à toutes les autres de tenir ensemble. Si on la retire, tout s'effondre. Le concept a été inventé par l'écologue Robert T. Paine (1933-2016) lorsqu'il a découvert que, s'il retirait les étoiles de mer du genre *Pisaster* d'un petit écosystème, les gastéropodes du genre *Tegula* commençaient à se reproduire de manière excessive[25]. La présence des étoiles de mer entraînait donc des conséquences de taille !

---

25. Robert T. Paine, « The Pisaster-tegula interaction : prey patches, predator food preference, and intertidal community structure », Ecology, vol. 50, n° 6, novembre 1969, p. 950-961.

Et, en effet, une espèce clé de voûte remplit trois critères :
1. Elle permet l'abondance ou la structuration des populations d'autres espèces.
2. Elle est une ressource alimentaire indispensable.
3. Elle régule et empêche le monopole ou une trop grande dominance d'autres espèces.

Les 4 types d'espèces clé de voûte

- **Les prédateurs apicaux** → Ils sont au sommet de la chaîne alimentaire. Ils régulent les excès des consommateurs antérieurs. Sans les requins-tigres, les herbivores pourraient se multiplier et endommager les herbiers marins par exemple.
- **Les herbivores** → Ils sont indispensables à la dissémination, à la régulation et à la diversité des végétaux. Exemple : les éléphants disséminateurs de graines.
- **Les mutualistes** → Ils créent des ponts entre espèces. Exemple : les abeilles qui pollinisent les plantes. L'humanité dépend, pour ses cultures, des populations d'abeilles, qui pour se nourrir, consomment le nectar des fleurs, s'aspergent de pollen, qu'elles transportent de fleur en fleur en permettant ainsi à leur insu la fécondation des végétaux.
- **Les espèces ingénieures d'écosystème** (que nous venons de voir) → Les mangroves, les coraux, les castors, les poissons-perroquets en sont des exemples. Les espèces ingénieures ne sont donc qu'un des quatre types d'espèces clé de voûte.

Un des exemples type est celui de la réintroduction des loups dans le Parc du Yellowstone, le plus ancien parc naturel du monde, fondé en 1870[26]. Après y avoir été exterminés soixante-quinze ans auparavant, 41 spécimens (capturés au Canada) sont relâchés dans l'enceinte du parc entre 1995 et 1997.

26. Cette histoire est détaillée avec Jean-Marc Landry dans la série « Le loup », *Mécaniques du vivant*, France Culture, 2022, disponible en ligne sur : https://www.radiofrance.fr/franceculture/podcasts/serie-mecaniques-du-vivant-premiere-saison-le-loup.

En 2024, ils sont près de 200. Ils ont contribué à rétablir l'équilibre de l'écosystème, menacé par l'explosion de populations de wapitis qui abroutissaient les forêts et surpâturaient les végétaux. Cette explosion des populations de wapitis avait par un effet en cascade considérablement appauvri toute la biodiversité.

Avec la réintroduction des loups :
- Les wapitis ont cessé de proliférer. Leurs populations se sont stabilisées, passant de 19 00 à 4 000 à 10 000 selon les années[27]. Les loups les ont dispersés. On appelle ça l'« écologie de la peur » : se sentant menacés, les wapitis ont cessé de brouter les berges arborées des rivières. Des oasis de vie ont commencé à se reconstituer.
- Les coyotes, dont les populations avaient également explosé, avaient fait chuter celles des antilopes d'Amérique, des petits rongeurs et de leurs prédateurs les rapaces. La réintroduction des loups a entraîné la baisse des populations de coyotes, au profit des renards et de beaucoup d'autres espèces, dont celles déjà citées.
- Les charognards vont mieux depuis la réinsertion des loups dans le Yellowstone. Avec les providentielles charognes des loups, 12 espèces nécrophages se sont multipliées : corbeaux, pies, pygargues à tête blanche ou encore l'ours grizzly (qui, de plus, se nourrit de baies qu'il se dispute avec les wapitis).
- Les castors sont revenus sur les berges arborées avec la baisse de la pression exercée par les wapitis sur les ressources. On comptait 49 colonies en 1994, aujourd'hui il y en a près de 120. Pas encore suffisant pour permettre la réapparition des vastes zones humides. Mais ça viendra, le vivant est résilient. En attendant, la végétation basse s'est densifiée et diversifiée. Elle sert de refuge aux amphibiens, oiseaux, rongeurs et insectes. De jeunes saules commencent à pousser. Plus fragiles, les trembles,

---

27. Emmanuelle Vibert, « La réintroduction du loup gris dans le parc américain de Yellowstone est le cas d'école dont s'inspirent les adeptes européens du réensauvagement », *Géo*, 2021.

l'autre espèce de bois blanc préférée des castors, peinent à revenir.
– Les cours d'eau se repeuplent également. Privés des barrages de castors, rivières et ruisseaux avaient vu leurs débits s'accélérer, provoquant l'érosion des berges et des sols. Aujourd'hui, les débits se sont ralentis et les alluvions ont pu se redéposer à nouveau dans leur lit. Ces conditions ont permis aux poissons, amphibiens et insectes de revenir.

À titre d'exemple, on pourrait aussi citer les requins-tigres qui habitent les eaux tropicales peu profondes. Ceux-ci peuvent se nourrir de tout : poissons, dugongs, tortues, crustacés, dauphins et déchets humains. En consommant de nombreux herbivores, ils contribuent à les empêcher de surconsommer des algues ou des coraux. Ils sont donc indirectement les protecteurs des herbiers marins (les herbiers marins sont des prairies sous-marines formés de plantes à fleurs, et pas d'algues). Les poissons-perroquets, eux, ces brouteurs de corail, sont responsables d'une grande partie de la production de sable : après avoir brouté du calcaire, ils défèquent du sable ! Outre leur rôle important dans la formation du substrat, ils aident aussi à éliminer les coraux flétris, permettant ainsi à de nouveaux coraux sains de se développer.

Les espèces clé de voûte culturelles : les chênes

Une *espèce clé de voûte culturelle* est une espèce qui revêt une importance exceptionnelle pour une culture ou un peuple. Ces espèces peuvent être identifiées par leur prévalence dans la langue, les pratiques culturelles (par exemple les cérémonies), les traditions, le régime alimentaire, les médicaments, les objets matériels et l'histoire d'une communauté. Elles influencent ainsi les systèmes sociaux et la culture, et constituent un élément clé de l'identité d'une communauté. Bien que non scientifique, cette référence au concept d'espèce clé de voûte peut être utile pour la conservation de la biodiversité et la restauration écologique.

Par exemple, pour certaines tribus d'Amérindiens, les pins blancs (*Pinus strobus L.*), menacés par l'exploitation forestière sont des arbres protecteurs. Ils portent les aires des pygargues à tête blanche, une espèce sacrée pour les sociétés algonquines. D'autres tribus vénèrent les thuyas géants (*Thuja plicata*), qui fournissent du bois, de l'écorce et des racines pour divers usages tels que les canoës, les vêtements, les paniers et les cérémonies.

En France, les chênes sont une espèce clé de voûte culturelle incontournable, des tonneaux de vin aux charpentes de cathédrales en passant par la marine de jadis.

Un autre exemple d'espèce clé de voûte culturelle est celui des baobabs, dont six espèces sont endémiques de Madagascar, une autre d'Afrique et une dernière d'Australie. C'est aussi le cas des ceibas (kapokiers ou fromagers) pour les Taïnos, les Mayas et bien d'autres peuples amérindiens. Ceibas et baobabs font partie de la même famille, celle des malvacées, qui comprend aussi les hibiscus, les tilleuls et les mauves.

Les espèces taille de guêpe : des clés de voûte particulières comme les sardines et le krill

La notion d'*écosystème taille de guêpe* (*wasp-waist ecosystem* en anglais) a été proposée par le canadien Jake Rice (spécialiste des océans) en 1995 pour caractériser des milieux dans lesquels certains étages des chaînes alimentaires sont constitués d'une ou quelques espèces seulement (par extension appelées « espèces taille de guêpe »), tandis que les étages supérieurs et inférieurs sont occupés par une grande diversité d'espèces[28]. Ce goulot d'étranglement donne à ces espèces taille de guêpe, pourtant peu nombreuses, des rôles cruciaux dans la communauté. Ce sont donc aussi des communautés d'espèces clé de voûte.

---

28. Jake Rice, « Food web theory, marine food webs, and what climate change may do to northern marine fish populations », *Beamish*, 1995.

On retrouve notamment des milieux taille de guêpe dans les zones dites d'« upwelling », c'est-à-dire des zones côtières très poissonneuses en raison des remontées de nutriments des fonds marins. Ces zones sont le paradis des sardines et des anchois (les poissons les plus pêchés du monde, le plus souvent pour faire de la farine de poisson) mais aussi du krill et des copépodes (qu'on surnomme le « pain de la mer »). Si cette abondance est mise à mal, c'est l'ensemble de la chaîne alimentaire qui risque d'être impactée. La surpêche est la pire menace.

Les espèces parapluie : des tigres aux baleines

Ici, on est en présence d'un concept différent de ceux d'espèce ingénieure ou clé de voûte. Une *espèce parapluie* (*umbrella species* en anglais) ou *espèce paravent* est une espèce dont l'étendue du territoire ou de la niche écologique permet, si elle est protégée, la protection d'un grand nombre d'autres espèces[29]. Typiquement ce sont beaucoup d'espèces qui peuvent être des superstars (ces espèces dites « emblématiques » ou « porte-étendards », *flagship species* en anglais), comme les tigres, les pandas, les baleines, qui aimantent l'attention des citoyennes et citoyens du monde, et/ou des espèces ingénieures. Elles ne le sont pas toutes.

En France, une espèce parapluie est celles des piques-prunes (*Osmoderma eremita*), des scarabées. On lit parfois que leur présence a empêché la construction de l'autoroute A28, mais c'est faux : l'A28 a été inaugurée en 2005. Leur présence n'a pas empêché la construction mais l'a interrompue entre 1996 et 2002. Les piques-prunes sont des insectes typiques des boisements anciens riches en bois mort ou en décomposition, la protection de leur habitat permet de sauvegarder ces écosystèmes

29. Ce terme aurait été proposé par Russell A. Mittermeier dans « Primate conservation priorities in the neotropical region », *Proceedings in Life Sciences*, Springer, 1986.

devenus rares, et qui peuvent déboucher sur le retour d'espèces plus charismatiques comme les rapaces nocturnes.

Toutes les espèces parapluie n'étant pas systématiquement des espèces clé de voûte, l'efficacité de la conservation seulement appuyée sur des espèces parapluie a été mise en doute par certaines recherches[30]. Mais l'utilisation d'espèces charismatiques comme porte-étendards de la conservation alerte l'opinion publique et pourrait contrebalancer la surestimation du rôle écologique de certaines d'entre elles. Avec un bémol : les dix espèces considérées comme les plus « charismatiques » (tigres, lions, éléphants, girafes, léopards, pandas, guépards, ours polaires, loups gris et gorilles) sont actuellement toutes gravement menacées, avec des effectifs de population en chute constante (mis à part les pandas, qui se repeuplent légèrement). L'extinction à très court terme est possible[31].

15. *« Les virus sont des sous-produits du vivant »*

Le mot *virus*, dès le départ, véhicule un parfum de mort. Ce mot est attesté en français en 1478. Il vient du latin *virus*, « suc, humeur » et « venin, poison ». Le père de la chirurgie Ambroise Paré au XVIe siècle, sans les connaître, sans les voir, a repris ce nom et l'a popularisé.

30. Frédéric Ducarme, Gloria M. Luque et Franck Courchamp, « What are "charismatic species" for conservation biologists? », *BioSciences Master Reviews*, vol. 1, 2013.

31. Franck Courchamp, Ivan Jaric, Céline Albert, Yves Meinard, Willim J. Ripple et Guillaume Chapron, « The paradoxical extinction of the most charismatic animals », *PLoS Biol*, 2018.

Les virus, qu'est-ce que c'est ?

Les virus parasitent une cellule vivante lorsqu'ils se reproduisent. Leur forme libre, qu'on appelle le « virion », contient une molécule génétique (ARN ou ADN) qui entre dans une cellule vivante et parasite son mécanisme d'expression génétique. Ainsi il se réplique en des milliers d'autres virus. Certains scientifiques ont développé le concept de virocell pour désigner l'ensemble « virus + cellule hôte ». Cette intrusion dans la cellule finit généralement par la tuer. En plus des maladies infectieuses classiques, certains virus dits « oncogènes » rendent cancéreuses les cellules infectées. Le papillomavirus en est un exemple. Seuls remèdes à ces maladies : les vaccins et les antiviraux. C'est la face sombre des virus... Et la seule connue du grand public. Mais, même du côté des scientifiques, les virus ont longtemps été considérés comme des « sous-produits du vivant ».

Cette vision a bien changé, notamment depuis la découverte de ceux qu'on appelle les « virus géants ». Ils ont des noms étonnants : *mimivirus* mais aussi *mégavirus*, *mamavirus*, *pandoravirus*. Ces virus géants rebattent les cartes. Déjà par leur taille (400 nanomètres contre 10 à 100 nanomètres pour les petits cousins). Mais aussi par la longueur de leur génome : celui des mimivirus est constitué de 1 200 000 paires de bases, ce qui les rend deux fois plus long que le plus long génome bactérien connu ! En plus, les mimivirus sont dotés de presque toute la machinerie cellulaire. Il ne leur manque que les ribosomes, ces structures complexes constituées de protéines et d'ARN qui servent à synthétiser des protéines. Autre spécificité : les mimivirus possèdent sept gènes retrouvés dans tous les organismes vivants ! Une parenté ! En 2008, on découvre que ces virus géants peuvent eux-mêmes être infectés par des virus plus petits, les virus de virus ou « virophages ».

Les virus sont beaucoup plus complexes et divers que l'on a pu l'imaginer. Ils existent depuis l'aube des temps, quasiment depuis l'apparition de la vie. Ils ont co-évolué avec toutes les espèces. Ces petits morceaux d'ARN ou d'ADN, ces mini-génomes ambulants, réduits à leur plus simple expression, sont incapables de se reproduire sans détourner la machinerie cellulaire d'un hôte. Ils sont d'ailleurs aux frontières du vivant, ils n'en cochent pas toutes les cases **(#encadré)** !

Les quatre attributs, ou « superpouvoirs », qui définissent le vivant

Le vivant peut être défini par 4 attributs. Il est capable de :

1. S'auto-assembler, se construire.

2. Se maintenir, grandir, métaboliser, produire de la matière grâce à de l'énergie.

3. Se reproduire, en mode asexué (tout seul) ou en mode sexué (à deux avec mélange de gènes).

4. Évoluer, grâce à des mutations.

Cette définition du vivant en 4 critères est la meilleure... jusqu'à la prochaine ! Elle est limitée, imparfaite, pour la raison que le vivant n'est pas une matière aux propriétés éternelles, gravées dans le marbre. L'essence même du vivant, c'est qu'il est un processus qui change, se transforme en permanence.

D'où viennent les virus ?

Ce qui nous amène à une question vertigineuse : d'où viennent les virus ? Sont-ils des descendants des balbutiements de la vie (cette proto vie où certaines molécules ont doucement commencé à vouloir rester ensemble plutôt que d'être baladées aux quatre vents) ? Sont-ils les héritiers de ses « bulles libertines » qui se sont perpétuées en parasitant des cellules ? Ou sont-ils, à l'inverse, des descendants d'organismes parasites tellement modifiés, tellement déshabillés, tellement réduit à leur plus simple appareil qu'ils ont perdu leurs capacités à croître et à se reproduire ?

Jusqu'à aujourd'hui, les virus sont dans un entre-deux embarrassant pour l'humain qui aime les cases bien délimitées. Des arguments plaident en faveur de l'attribution d'une carte de séjour définitive dans le vivant : sur Terre, le matériel génétique le plus abondant est d'origine virale ! On a d'ailleurs montré que des séquences génétiques de virus sont essentielles, au moins aux mammifères (l'ADN, le noyau de la cellule et certaines enzymes viendraient d'eux à l'origine !). Aujourd'hui, le buisson du vivant est formé de trois branches à sa base **(#11)**. Une quatrième sera-t-elle consacrée aux virus ? Le débat est ouvert.

Le rôle essentiel et méconnu des virus

Contrairement à ce qui est couramment perçu leur rôle ne se réduit pas qu'à exterminer les humains. Pour commencer, il y a cent fois plus de virus dans nos corps que de cellules, des milliers de virus différents. 96 % sont bactériophages, ils n'infectent que des bactéries, qu'ils régulent donc. Au même titre que le « microbiote », nous avons donc un « virobiote », qu'on appelle aussi le « virome ».

Selon un nombre croissant de virologues, les virus, qui sont partout, seraient aussi des moteurs de l'évolution, rien de moins. Ils seraient ainsi la source principale de variation et de sélection, les deux piliers de l'évolution darwinienne.

Pour Samuel Alizon, un spécialiste de l'évolution des virus, comprendre et percer les mystères de la co-évolution entre les virus et les humains pourrait nous aider à mieux prévenir, au lieu de seulement chercher à guérir[32].

Mais j'ai gardé le plus incroyable pour la fin. L'ADN humain contient en majorité de séquences qui ne jouent, a priori, aucun rôle dans l'expression des gènes, donc qui n'ont, a priori, aucune utilité connue. Les scientifiques parlent de *junk DNA*

---

32. Samuel Alizon a publié *Évolution, écologie et pandémies faire dialoguer Pasteur et Darwin*, Paris, 2020.

(« ADN de rebut »). Plus étonnant encore, ces milliers de séquences contiennent des traces de virus inactifs. On estime qu'entre 40 et 80 % du génome humain seraient liés à d'anciennes contaminations virales ! Certains de ces virus ont fusionné avec le génome de nos ancêtres et collaborent depuis avec nos cellules et nos bactéries pour le plus grand bien de l'organisme.

En 2021, une équipe de chercheurs et chercheuses de Berkeley a découvert un transposon (une de ces séquences d'ADN d'origine virale qui se balade dans le génome de l'hôte) qui accélère le développement embryonnaire chez la souris. Ce bout d'ADN baladeur permet l'implantation de l'embryon du rongeur dans l'utérus. Si on élimine ce transposon, la plupart des fœtus décèdent avant la naissance[33]. Lin He, l'autrice de l'étude, explique ainsi :

> « On peut imaginer que l'ancêtre de la souris avait un développement embryonnaire plus long, mais à la suite d'une infection virale et à l'inclusion de ce transposon, l'organisme hôte a évolué pour l'incorporer et l'utiliser à son avantage[34]. »

Cela permet ainsi aux rongeurs de se développer plus rapidement. Ces avantages évolutifs considérables auraient fini par sélectionner cette forme de collaboration avec l'hôte plutôt que le tandem parasite-hôte **(#9 et #22)** !

33. Andrew Modzelewski *et al.*, « A mouse-specific retrotransposon drives a conserved Cdk2ap1 isoform essential for development », *Cell*, 184(22):5541-5558.e22, 2021.

34. Citée par Robert Sanders dans « So-called *junk DNA* plays critical role in mammalian development », *News Berkeley*, 2021.

16. *« Les champignons et lichens sont des plantes »*

Cette idée fausse est profondément enracinée – ce qui n'est pas le cas des champignons justement – dans les esprits, y compris dans le monde scientifique. On l'a longtemps cru. Ils ont longtemps été classés parmi les plantes, mais les champignons sont tout sauf des végétaux ! De fait, ils sont plus proches des animaux que des plantes.

La mycologie, la « science des champignons », a longtemps été une branche de la botanique y compris dans les laboratoires universitaires. Il faut attendre 1969 pour qu'on reconnaisse, enfin, aux champignons une place à part dans le vivant. Le botaniste et écologue Robert Harding Whittaker créé pour eux un « règne » à part, le règne fongique désigné en latin par le nom *Fungi*, à côté de celui des plantes *Plantae* **(#10)**.

Voici quelques caractéristiques qui distinguent les champignons des végétaux :
– Ils n'ont aucun des organes typiques de presque tous les végétaux : tiges, racines, feuilles. Au lieu de tout cela, ils ont un organe très particulier, le mycélium fait de filaments. Il peut couvrir dans certains cas des kilomètres carrés, en s'étalant dans le sol. Ce que nous appelons « champignon » n'est en fait que la petite partie émergée de cet iceberg.
– Aucun d'entre eux n'a de chlorophylle, le pigment vert qui permet de faire la photosynthèse. Quelques champignons tirent certes sur le verdâtre mais cette couleur provient d'autres pigments.
– De ce fait, les champignons ne sont pas autotrophes **(#23)**, tout comme les animaux encore une fois. Ils sont donc incapables de fabriquer leur nourriture tout seuls. Ils doivent se nourrir ou bien de matière organique fabriquée par d'autres êtres vivants – soit comme décomposeurs (ceux qui poussent sur les feuilles mortes en forêt) soit comme parasites (les polypores sur les écorces

d'arbres par exemple) –, ou bien sur des milieux nutritifs (comme les levures grâce auxquelles nous fabriquons nombre d'aliments).

– Les champignons stockent leurs réserves nutritives non pas sous forme d'amidon mais de glycogène : comme nous dans notre foie.

– Leurs parois renferment de la chitine, une substance que l'on retrouve dans la carapace des insectes et des crustacés. Elles ne contiennent jamais de cellulose contrairement aux végétaux.

Les champignons ne sont donc non seulement pas des végétaux mais ils « ressemblent » en bien des points plutôt aux animaux ! Vous ne regarderez plus les champignons de votre omelette du même œil. Quand je vois un arbre couvert de gros polypores, en forme de langues coulées sur le tronc (comme les amadouviers), ça m'évoque une curée de vautours en train de vider le cadavre de ses entrailles : et c'est exactement ce que fait leur mycélium qui digère le bois à l'intérieur et ne laisse qu'un tronc allégé qui a perdu les trois quarts de sa masse !

La diversité des champignons est immense : on va d'êtres unicellulaires (les levures par exemple, simples cellules) à de « gros » champignons comme certains polypores qui pèsent plusieurs kilogrammes, sans parler de leur mycélium qui peut peser des tonnes quand il couvre de grandes surfaces !

Nous haïssons les champignons qui sont très toxiques comme les amanites phalloïdes ou ceux qui vivent en parasites sur notre corps (mycoses, candidoses, etc.) mais, en même temps, nous célébrons tous les excellents comestibles et nous ne tarissons pas d'éloge sur tous les produits alimentaires que nous devons aux levures (fromages, vins, bière, cidre, pain...). Voici une collection de noms qui font saliver pour les comestibles ou frémir pour les toxiques ou pathogènes : truffes, agarics, cortinaires, moisissures (roquefort !), morilles, lactaires, bolets ou cèpes (hmmm l'omelette de mamie), tricholomes, hébélomes, polypores, pleurotes, ergot du seigle (grâce auquel on a synthétisé le LSD), girolles, etc.

Nous commençons seulement à comprendre leur importance dans tous les écosystèmes : en tant que décomposeurs ou via les mutualismes cruciaux qu'ils entretiennent avec les racines des arbres par exemple. Le XXIe siècle sera, entre autres, celui d'un lien retrouvé avec les champignons, qui offrent beaucoup de solutions à pas mal de nos problèmes[35] !

Les lichens

N'oublions pas un sous-groupe qui compte au moins 25 000 d'espèces à lui tout seul, celui des lichens.
Les lichens sont des champignons qui vivent en symbiose avec une algue verte et/ou une cyanobactérie**(#encadré de #17)**. Ce sont des êtres composites, des colocataires. Mais comme la « partie champignon » domine en volume, on les classe dans les champignons. D'ailleurs, si vous observez les lichens de près, vous verrez souvent à leur surface des sortes d'organes qui ressemblent à des champignons : ce sont les champignons du lichen qui s'expriment ainsi !

17. *« Les algues poussent dans l'eau, et les plantes sur terre »*

Il y a 80 millions d'années, des plantes à fleurs terrestres retournent au milieu marin, d'où venaient leurs très lointains ancêtres. Ce sont en particulier les zostères et les posidonies (60 espèces).

Les posidonies, filles de Poséidon en Méditerranée

La posidonie de Méditerranée (*Posidonia oceanica)*, est une plante à fleurs et à fruits, et non une algue, qui vit dans la

35. Espérons que ce lien ne sera pas celui de *The Last of Us*, où un champignon cordyceps transforme les humains en zombies. Ce cordyceps existe vraiment mais ne détourne pour l'instant que les cerveaux des insectes.

mer ! Cette espèce est endémique de la mer Méditerranée (c'est-à-dire qu'elle ne vit que là) et pousse vers 30-40 mètres, ou moins profondément dans les eaux abritées de la houle. Elle est constituée de rhizomes (des tiges rampantes) d'où partent des racines et des faisceaux de feuilles. Cette plante qui pousse très lentement est virtuellement « immortelle ». Certains herbiers, c'est-à-dire prairies sous-marines, sont plurimillénaires.

La posidonie fleurit en automne, en masse, tous les cinq à dix ans. Au printemps, les fleurs donnent des fruits, surnommés « olives de mer ». Ils flottent, sont emportés par les courants et finissent par couler plus loin et fonder un nouvel herbier. Les rhizomes réagissent à l'ensevelissement par une croissance verticale. Le fond s'élève donc. Ce tapis épais de posidonie s'appelle la « matte ». Elle est constituée de l'ensemble des rhizomes, vivant au-dessus, morts en dessous, imputrescibles. Le sédiment piégé dans cet entrelacs colmate les interstices. Cette matte s'épaissit de 10 à 100 centimètres par siècle.

La posidonie est très importante pour les milieux en Méditerranée :
- 40 % des poissons pêchés en Méditerranée le sont dans des herbiers qui pourtant ne couvriraient actuellement que 2 % des fonds de la grande bleue[36].
- Parmi les 600 espèces de poissons de Méditerranée, au moins 20 % sont présentes de manière régulière dans ces herbiers : castagnoles, saupes (herbivores), labres, rascasses, mérous, etc.
- La matière organique produite chaque année est de 2 et 3 kilogrammes de masse sèche par mètre carré, par an. Leur rendement à l'hectare dépasse celle des récifs coralliens et de la forêt amazonienne.

---

36. Jean-Vincent Vieux-Ingrassia, « *Posidonia oceanica* : une plante marine endémique », *NaturDive*, disponible en ligne sur : https://naturdive.com/actions/la-posidonie-un-reservoir-de-biodiversite/.

Les bienfaits de cette espèce ingénieure **(#14)** sont aussi variés qu'essentiels :
- production de nourriture, d'oxygène et séquestration durable de carbone ;
- stockage des sédiments et réduit la turbidité de l'eau ;
- atténuation de la houle, des courants et de l'impact des tempêtes ;
- protection des plages contre l'érosion, via les feuilles mortes amassées en « banquettes » sur les plages qui freinent les vagues ;
- formation et stabilisation des dunes en arrière des lignes de banquettes ;
- alimentation, abri, support, zone de frayère et nurserie pour la faune et la flore.

Ces herbiers, aussi précieux qu'efficaces, sont malheureusement en régression, à cause de l'ancrage des plaisanciers et des bateaux, du chalutage et de l'aménagement du littoral. Il existe toutefois une application pour les plaisanciers responsables, Donia, qui permet de savoir où jeter l'ancre sans abîmer les herbiers[37]. Pour ne rien arranger, en hiver, les mairies font souvent enlever les banquettes, pour le confort esthétique des touristes. Ces feuilles mortes sont envoyées en décharge, ce qui est contre-productif et illégal en France (arrêté du 19 juillet 1988). En cas de plainte, les mairies peuvent être condamnées.

Consciente de leur importance, l'ONU a décidé en 2022 de faire du 1er mars de chaque année la journée mondiale des herbiers marins.

Les algues sur terre

Quant aux algues, il y en a sur terre : dans les lichens, qui sont une symbiose entre un champignon (la partie visible) et des petites

---

37. En plus de l'application gratuite Donia, la société Andromède océanologie replante des herbiers (programme Repic).

algues microscopiques, ou bien dans les tapis verts sur les écorces des arbres (pleurocoques). Il faut distinguer les microalgues des macroalgues, les microscopiques (planctoniques le plus souvent) de leurs grandes sœurs visibles **(#encadré)**[38].

Oh les belles bleues, rouges, vertes et brunes !

Les algues rouges → Les plus anciens fossiles connus datent de -590 millions d'années. Ce groupe compte plus de 7 000 espèces. On peut les apercevoir lors des grandes marées, dans les parties les plus basses de l'estran, quand la mer recule beaucoup. L'espèce de nori (*Porphyra*), qui entoure les makis sushis, est une algue rouge.

Les algues vertes → Les plus anciens fossiles connus ont 850 millions d'années. Ce groupe compte 1 700 espèces. Avant de défrayer la chronique en Bretagne à cause des rejets de lisier qui favorisent leur pullulation, ce groupe a eu une importance capitale dans l'évolution du vivant, car elles partagent avec les plantes terrestres un ancêtre commun dans la « lignée verte ». La laitue de mer (*Ulva*) est un indicateur du phénomène d'eutrophisation des eaux et peut devenir invasive.

Les « algues » brunes → Elles n'ont d'algues que le nom à cause de leur ressemblance apparente ; mais elles ne sont pas du tout apparentées aux algues rouges et vertes et se situent dans un grand groupe très diversifié (les chromalvéolées) qui renferme de nombreux organismes marins planctoniques. Elles forment un ensemble très hétéroclite au nom curieux, les straménopiles, qui regroupe aussi bien des êtres microscopiques (comme les diatomées) que des algues géantes (comme les laminaires). Des formes microscopiques sont apparues il y a 700 millions d'années, et le groupe compte plus de 2 000 espèces. Les laminaires sont les plus grandes avec des espèces géantes et connues sous l'appellation de « kelp ». Une laminaire géante peut mesurer 40 mètres de haut et est équipée de « flotteurs ».

38. Plus d'informations sur le site de l'association Merci les algues : https://www.mercilesalgues.com/histoire-des-algues/.

Les algues bleues ou cyanobactéries → On compte un peu plus de 700 espèces de cyanobactéries dans les océans, les mers, les eaux douces mais aussi sur la terre ferme. Le nom d'*algues bleues* qui leur avait été attribué autrefois n'est plus du tout valide ; ce ne sont pas des *algues* mais des *bactéries* : elles peuvent former des amas faisant penser des algues dans l'eau. Quant à l'adjectif *bleu*, il renvoie à la présence chez certaines d'entre elles, d'un pigment bleu vert (la phycocyanine) en grande quantité. Certaines sont rouge foncé ou marron dont *Planktothrix rubescens* qui, quand elle prolifère dans les lacs, colore l'eau en marron rouge d'où son surnom de « sang des Bourguignons ». Parmi les autres célébrités : la spiruline des compléments alimentaires. Ce sont leurs premières représentantes qui ont oxygéné l'atmosphère, il y a 2,4 milliards d'années **(#25 et 34)**. Et ce sont aussi celles qui, en s'intégrant de manière symbiotique dans les cellules des plantes (par endosymbiose), leur ont fourni des chloroplastes (centrales d'énergie solaire).

18. *« L'orvet est un petit serpent de nos jardins »*

Voici un grand faux classique de la biodiversité dite « ordinaire ». Dans nos jardins, l'un des meilleurs exemples est celui des orvets, alias « serpents de verre ». Ce joli surnom est trompeur. En effet, les orvets ne sont pas des serpents... mais des lézards sans pattes ! Quant à *reptile*, ce nom a été banni par les scientifiques : dans la classification classique, tout comme les oiseaux, les reptiles forment une classe et ils incluent les dinosaures. Or, nous savons aujourd'hui que les oiseaux sont des dinosaures, donc des « reptiles » **(#ci-après)**. Le nom scientifique des orvets, *Anguis fragilis*, signifie « celui qui est étroit et fragile ». Leur queue se casse facilement, comme celle de leurs cousins les lézards[39]. Cette queue, qui se tortille

39. Cette aptitude à se séparer volontairement de sa queue s'appelle l'« autotomie », une sorte d'« autolargue » de la queue pour les fans de Goldorak.

une fois coupée, monopolise l'attention des prédateurs et permet (parfois) aux orvets de filer rapidement. Mieux vaut éviter de les attraper et de les manipuler car leur casser la queue ne leur rend pas service : ce moignon se régénère peu et mal. En plus cela les prive de cette botte secrète en cas de vrai danger.

Côté mœurs, les mâles se chamaillent violemment d'avril à juin. L'accouplement peut durer vingt heures, comme chez les escargots, qu'ils mangent ! Les femelles ne se reproduisent en général qu'une année sur deux. Chez les orvets, les femelles se distinguent très facilement des mâles : chaque côté de leur corps porte une bande sombre. Ces lézards sont très sociables, surtout en hiver. Leurs hibernations de masse rassemblent jusqu'à une centaine d'individus.

Les orvets s'enterrent jusqu'à 1,50 mètre pour échapper au froid et à la chaleur. Il privilégie les sols meubles, plus propices pour creuser. Ils utilisent aussi les galeries des autres (fourmilières, rongeurs, etc.). Comme pour les serpents (mais ne faisons pas de cette comparaison une habitude), c'est d'ailleurs ce mode de vie où il faut se faufiler sous terre dans des espaces étroits qui a sans doute conduit à la perte progressive des pattes.

Très grands consommateurs de vers de terre, de limaces et de larves, les orvets sont totalement inoffensifs et de très bons auxiliaires de culture et de jardinage. Ils peuvent vivre environ vingt ans, pour peu que nous autres, ses colocataires, leur laissions une petite place sans trop ravager leur habitat. Attention aussi aux pesticides et... aux chats !

Comment différencier les orvets des serpents ?

Les orvets...	Les serpents...
... ont un corps luisant	... ont un corps mat
... ont une tête aussi large que leur corps	... ont une tête plus large avec un cou plus marqué
... ont des écailles petits et rondes	... ont des écailles grandes et allongées
... ont des paupières mobiles et peuvent cligner des yeux	... n'ont pas de paupières
... peuvent se séparer de leur queue (autotomie)	... ne peuvent pas se séparer de leur queue

Le mot *reptile* n'a plus aucune valeur scientifique !

Les orvets nous donnent l'occasion de clarifier quelques bases sur les reptiles. Pour commencer, le mot *reptile*, qui a longtemps désigné toute une classe d'animaux (lézards, serpents, crocodiles, tortues), n'a plus aucune valeur scientifique !

Le terme est issu du latin *reptare*, « ramper ». Il a fini par désigner un groupe d'animaux respirant à l'air, recouverts d'écailles et dont la température dépend du milieu (ectothermes, par opposition à nous autres humains homéothermes, c'est-à-dire munis du chauffage intégré) : autrement dit, un groupe fourre-tout, non appuyé sur les parentés réelles. Dans une vieille théorie dite du « cerveau triunique » et popularisée dans les années 1970 par le médecin et neurobiologiste Paul D. MacLean, le cerveau reptilien était considéré comme le siège des instincts, des besoins primaires et des réflexes. Cette théorie est aujourd'hui obsolète.

La génétique et la classification phylogénétique du vivant ont rebattu beaucoup de cartes. Dans le jargon des biologistes, on dit des reptiles qu'ils sont « paraphylétiques » : ils partagent un ancêtre commun, mais le groupe n'inclut pas tous les descendants de ce dernier (il y manque les oiseaux !). La phylogénétique les « éclate » désormais en quatre groupes distincts :

1. Les squamates (lézards + serpents) : plus de 11 500 espèces de lézards (au sens large), serpents et amphisbènes (« lézards-vers »). Soit 95 % des « reptiles » actuels.
2. Les tortues (chéloniens) : environ 340 espèces, dont 250 espèces aquatiques (eau douce), 60 espèces terrestres et seulement 7 marines.
3. Les crocodiliens : 30 espèces de crocodiles (Asie, Afrique, Amériques), gavials (Asie), caïmans (Amérique du Sud) et alligators (Amérique du Nord et Chine).
4. Les rhynchocéphales : 1 seule espèce actuelle, les tuataras en Nouvelle-Zélande, dont le naturel était contemporain des premiers dinosaures, et qui est donc une des espèces qui se voient souvent qualifiées de « fossiles vivants » **(#8)**. Aujourd'hui, les tuataras sont considérés comme les plus proches parents des squamates.

Des anacondas aux varans de Komodo : un groupe très diversifié

Les lézards et les serpents constituent donc le groupe des squamates. Peu nombreux au Mésozoïque (-252 à -66 millions d'années), ils se sont beaucoup diversifiés au Cénozoïque (-66 millions d'années à aujourd'hui). Leur vaste répartition sur tous les continents, Antarctique excepté, ainsi que la diversité de leurs adaptations écologiques attestent aujourd'hui de leur succès (venin, langue bifide qui détecte odeurs et leur direction, organe de Jacobson dans la bouche pour analyser tout ça). Fortiches les écailleux !

Certains ont colonisé le milieu aquatique (serpents marins et iguanes marins des Galapagos), tandis que d'autres vivent sous terre. D'autres encore vivent dans les arbres, certains caméléons minuscules et ternes de la taille d'un ongle vivent dans les feuilles mortes (*Brookesia*).

Et, ne chargeons ni la mule ni la barque, mais sachez, tant qu'on y est, qu'il en va de même pour le mot *poisson*. En clair, phylogénétiquement, le thon est beaucoup plus proche de l'humain que du requin !

19. « Manchot, pingouin, *c'est synonyme* »

Voilà une idée fausse qui a la vie dure. Manchots et pingouins sont des oiseaux complètement différents... malgré quelques points communs :

- Ce sont des oiseaux marins et pêcheurs.
- Ils ont un plumage à dominante noire et blanche.
- Ils ont une position au repos plus ou moins relevée à la verticale.

Ces ressemblances externes relèvent de convergences évolutives du fait de l'adaptation à un même milieu de vie, la mer. Mais c'est tout.

Comment en est-on venu à les confondre[40] ?

Les responsables de cette confusion sont les grands pingouins, une espèce qui s'est éteinte vers le milieu du XIXe siècle[41]. Ces oiseaux de la taille d'une oie vivaient en grosses colonies sur les côtes rocheuses de part et d'autre de l'Atlantique nord, jusqu'au Royaume-Uni, au large des côtes écossaises. Ils étaient connus depuis des millénaires des populations côtières : marins et insulaires les ont largement massacrés, d'autant qu'ils étaient faciles à capturer notamment parce qu'ils ne volaient pas (contrairement aux pingouins actuels), pour leur chair et leur graisse ou pour s'en servir comme appât de pêche. Le dernier grand pingouin connu est tué en Islande en 1844.

---

40. Gérard Guillot, « Pourquoi un manchot n'est pas un pingouin ? », *Espèces*, n°23, 2017.

41. William A. Montevecchi et David A. Kirk, « Great auk (*Pinguinus impennis*), version 1.0 », *Birds of the World*, Cornell Lab of Ornithology, Ithaca, 2020.

Historiquement, les Européens n'ont observé des manchots qu'au XVIe siècle avec l'exploration des mers du Sud : compte tenu de leurs ressemblances avec les grands pingouins qu'ils connaissaient bien, les marins ont donc naturellement attribué le même nom à ces nouveaux oiseaux étonnants **(#encadré)**.

Qu'est-ce qui les différencie ?

Les manchots ne vivent que dans l'hémisphère Sud. Ils ont corps massif et dodu, des pattes courtes et puissantes et un plumage très dense faisant penser superficiellement à des poils ou des écailles. Leurs ailes transformées en palettes natatoires ne peuvent plus se plier et sont devenues inaptes au vol. Ils chassent leurs proies sous l'eau (poissons, crustacés, céphalopodes), souvent en profondeur et se propulsent avec ces ailes-nageoires : Buffon les considérait d'ailleurs comme des oiseaux-poissons !

On en connaît 18 espèces (mais il y en a peut-être plus), réunies dans la famille des sphéniscidés[42]. Quelques exemples :

- La plus grande (faisant entre 20 et 45 kilogrammes), star mondiale, vedette de films à succès[43] est celle des manchots empereurs. Ils nichent en Antarctique jusqu'à 200 kilomètres des côtes, à l'intérieur des terres, dans les endroits les plus inhospitaliers de notre planète. Ils pondent un seul œuf et seuls les mâles couvent. L'élevage des jeunes demande beaucoup de temps.
- Une autre espèce proche, la deuxième plus grosse, est celle des manchots royaux. Ils nichent sur des îles au nord de l'Antarctique.

---

42. David W. Winkler, Shawn M. Billerman, et Irby J. Lovette, « Penguins (*Spheniscidae*), version 1.0 », *Birds of the World*, Cornell Lab of Ornithology, Ithaca, 2020.
43. Comme *La Marche de l'empereur* de Luc Jacquet, 2005.

– Les autres espèces sont plus petites, à l'instar des manchots Adélie (nommés d'après Adèle, l'épouse de l'explorateur Jules Dumont d'Urville, qui a le premier mis un pied français en Antarctique) qui ont la tête toute noire, et des manchots à jugulaire, et des papous avec leur sourcil blanc, ou encore des gorfous (7 espèces) au bec coloré et avec une aigrette de plumes jaune au-dessus de l'œil. Il y a aussi les manchots d'Amérique du Sud, qui ont un liseré noir autour du ventre comme les manchots du cap, de Magellan et de Humboldt. Les plus nordistes de la bande sont les manchots des Galapagos. Les plus petits sont les petits manchots bleus de Nouvelle-Zélande et d'Australie.

Les pingouins, eux, ne vivent que dans les eaux froides et tempérées de l'hémisphère Nord. Ils volent très bien avec leurs ailes courtes et pointues couvertes de plumes. Ils chassent aussi les poissons sous l'eau, mais assez près de la surface et s'aident de leurs ailes pour « voler » dans l'eau. Ils nichent sur les falaises rocheuses à la faveur de replats sur lesquels ils couvent leur œuf unique (la couvaison est assurée alternativement par les deux partenaires).

Une seule espèce actuelle porte officiellement ce nom, celles des petits pingouins (aussi appelés « pingouins tordas ») qui nichent en petit nombre sur les côtes bretonnes. Ils appartiennent à la famille des alcidés qui renferment d'autres genres comme les macareux (les petits « perroquets de mer » au bec coloré), les guillemots, les stariques et les mergules.

Penguin, le faux ami _so british_ !

La confusion entre les pingouins et les manchots est aussi entretenue par un faux ami. En effet, dans la langue de Shakespeare, qui est aussi celle de David Attenborough, le légendaire conteur des documentaires de la BBC, *manchot* se dit *penguin* ! Idem dans la majorité des langues européennes : *pinguino* en italien, *Pinguin* en allemand, *pinvin* en suédois, *pinguïn* en danois. Le premier à avoir transféré le mot *penguin* sur les manchots serait Sir Francis Drake en 1578 dans son récit de son voyage autour du monde, plus précisément quand il décrit sa traversée du détroit de Magellan[44].

En français, la forme *penguyn* (appliquée au manchot) apparaît en 1598 dans la traduction depuis le néerlandais de l'ouvrage de Willem Lodewijcksz qui relate sa navigation aux Indes orientales[45]. En 1602, *penguyn* apparaît dans un autre ouvrage français racontant l'aventure d'Olivier van Noort, premier néerlandais à faire un voyage autour du monde[46]. Enfin, en 1698, la version *pingouïn* apparaît dans le récit d'un voyage autour du monde d'un jeune explorateur français parti à l'âge de 19 ans.

De son côté, *manchot* existe en français depuis au moins le XVIe siècle pour désigner une personne privée d'un bras. C'est en 1760 dans le *Traité d'Ornithologie* de Mathurin-Jacques Brisson, que le nom est appliqué à ces oiseaux de l'hémisphère Sud. Brisson y distingue bien les deux appellations : *manchots* et *pingouins*.

---

44. Sir Francis Drake, *The World Encompassed. Voyage of 1577-1580*, London, Nicholas Bourne, 1628.
45. Willem Lodewijcksz, *Premier livre de l'histoire de la navigation aux Indes orientales, par les Hollandois, et des choses à eux advenues (1598)*, Amsterdam, Cornille Nicolas, 1609.
46. Olivier van Noort, *Description du pénible voyage fait entour de l'Univers ou globe terrestre par Olivier du Noort d'Utrecht, général des 4 navires*, Amsterdam, Cornelis Claesz, 1602.

Mais tout s'emmêle au XXe siècle :

- Le commandant Charcot publie son *Journal de l'expédition française en Antarctique* (1903-1905)[47]. Il ne cesse d'y utiliser le mot *pingouins* pour parler des *manchots*.
- Anatole France, quelques années plus tard en 1908, se sert de cette confusion, pour écrire son roman d'histoire-fiction de la France, *L'Île des pingouins*, où il écrit :

> « Le docteur J.-B. Charcot affirme au contraire que les vrais et les seuls pingouins sont ces oiseaux de l'Antarctique, que nous appelons *manchots*, et il donne pour raison qu'ils reçurent des Hollandais, parvenus, en 1598, au cap Magellan, le nom de *pinguinos*, à cause sans doute de leur graisse. Mais si les manchots s'appellent *pingouins*, comment s'appelleront désormais les pingouins ? Le docteur J.-B. Charcot ne nous le dit pas et il n'a pas l'air de s'en inquiéter le moins du monde[48]. »

- Dans les années 1960-1970, Jean Richard appelle systématiquement *pingouins* les manchots dans ses émissions sur les animaux des zoos.
- Plus près de nous, dans les années 1960-1990, le commandant Cousteau, très imprégné de la culture états-unienne, enfonce le clou et fait de même dans ses documentaires !

---

47. Jean-Baptiste Charcot, *Expédition Antarctique Française 1903-1905. Journal de l'expédition*, Paris, Masson et cie, 1908. Jean-Baptiste Charcot (1867-1936), souvent appelé « commandant Charcot », est un officier, médecin, explorateur polaire français.

48. Anatole France, « Préface », *L'Île des Pingouins*, Paris, Calmann Lévy, 1908, p. I-XV.

III. LES GRANDES LOIS

« You are the result of 3,8 billions years of evolutionary success. Act like it[1]*. »*
Banksy

1. « Tu es le résultat de 3,8 milliards d'années de réussite évolutive. Agis en conséquence. »

20. *« Les grandes lois du vivant sont aussi nombreuses qu'incompréhensibles »*

Le vivant n'est pas si impénétrable que ça. Ses grandes lois pourraient être apprises dès la petite école. Je rappelle souvent dans mes émissions ou mes articles qu'il n'y a que trois lois fondamentales qui font tourner les « mécaniques du vivant », trois grands moteurs, trois immenses principes connus de toutes les personnes qui travaillent sur le vivant. Je les ai souvent observés dans les endroits où j'ai travaillé, comme professeur de plongée ou guide d'expédition de montagne.

Principe 1. Plus il y a de diversité, plus un milieu est solide, résilient en cas de catastrophe

Exemple : une forêt primaire[2] est plus résiliente, plus vigoureuse qu'un champ de sapins. Si un ravageur ou une épidémie survient, les endroits où il y a très peu d'espèces sont rapidement anéantis. Le vivant en bonne santé, c'est-à-dire diversifié, se répare tout seul.

De nombreuses études scientifiques confirment ces intuitions et observations de terrain[3]. Cette première loi trouve un prolongement dans une définition de la synergie que j'aime beaucoup :

> « Seul on va plus vite, ensemble on va plus loin. »

---

2. Une *forêt primaire* est une forêt « qui n'a jamais connu d'intervention humaine ou qui est retournée à un état d'équilibre naturel, après au moins un siècle de régénération » (d'après la définition du *Petit Robert*, 2023).

3. Sonia Kéfi, Vincent Miele, Evie A. Wieters, Sergio A. Navarrete et Eric L. Berlow, « How structured is the entangled bank ? The surprisingly simple organization of multiplex ecological networks leads to increased persistence and resilience », *PLoS Biol*, 14(8) : e1002527, 2016.

Principe 2. Ce sont les ressources qui limitent les populations

Si les proies se raréfient, si une ressource manque, les prédateurs ou consommateurs de cette ressource se raréfient aussi, puis les prédateurs des prédateurs, dans un grand jeu de dominos (qu'on appelle « cascade trophique »). Le corollaire de cette loi, c'est que bien des espèces, dans les milieux naturels non perturbés par l'humain, ne peuvent pas pulluler indéfiniment ! C'est le cas des loups, des renards et de tant d'autres. Ces prédateurs se régulent entre eux sur un territoire. Si les populations de loups augmentent en France, c'est parce qu'il leur reste beaucoup de territoires vierges à coloniser **(#55)**.

Principe 3. Tout est interconnecté

C'est le battement d'ailes du papillon qui provoque une cascade de conséquences. Une autre métaphore courante est celle d'un mur en pierres sèches, ou du mur d'une maison : on peut retirer une brique sans que le mur ne s'écroule, mais si on en retire trop : patatras ! Cette idée reflète l'idée de la maison commune. Dans la situation actuelle d'érosion massive de la biodiversité, l'image du mur est très pertinente.

L'extraordinaire échange de maisons chez les bernard-l'hermite

Les bernard-l'hermite sont aussi appelés « pagures », du grec *pagouros* « en forme de corne », en référence à la forme du coquillage qui leur sert de maison. De fait, les bernard-l'hermite ont un abdomen oblong et mou qu'il leur faut protéger à tout prix. Ils récupèrent donc les coquilles d'autres gastéropodes morts. Cette ressource est un facteur limitant des populations de pagures.

Quand leur *tiny house* devient trop étroite, ils en cherchent une plus grande et délaissent l'ancienne. Ce ramdam attire un voisin plus petit, et ainsi de suite. Il n'est pas rare d'assister à plusieurs ré-emménagements successifs en quelques secondes ! Ce phénomène s'appelle la « chaîne de vacances » de l'anglais *vacancy chain* (ou *vacancy* signifie « vide, vacant »)[4]. Ce processus ressemble au jeu des chaises musicales. Mais ce qui est beau dans le cas des bernard-l'hermite, c'est qu'il n'y a pas de perdants, et à la fin il y a même une maison en plus ! (Au passage : ces gastéropodes sont des modèles de recyclage.)

21. *« Dans la nature, c'est la loi du plus fort, la survie du plus apte, qui prévaut »*

Dans la littérature, les médias au sens large, les soirées entre ami·es et surtout à l'endroit où toutes les opinions intelligentes et durables se forgent, à savoir au bistrot du coin, qui d'entre nous n'a jamais eu affaire à « De toute façon, dans la nature, ce sont les plus forts et les mieux adaptés qui s'en sortent le mieux » ?

La « loi du plus fort », une petite phrase récupérée dès l'origine… par Darwin lui-même !

Cette « loi du plus fort », la *survival of the fittest* en anglais (qu'on pourrait traduire littéralement par la « survie du plus apte ») est l'un des plus gros larcins de l'histoire des sciences.

Il faut ainsi rendre ce qu'on attribue à Charles Darwin (1809-1882)… à Herbert Spencer (1820-1903) ! C'est lui qui utilise le premier l'expression *survival of the fittest*, la « survie du plus apte », en 1864 dans ses *Principes de biologie*, certes après avoir

4. Ivan D. Chase, Marc Weiswburg, Theodore H. Dewitt, « The vacancy chain process : a new mechanism of resource distribution in animals with application to hermit crabs », *Animal Behaviour*, vol. 36, 5, septembre-octobre 1988, p. 1265-1274 ; Sara K. Edquist Randi D. Rotjan, « Testing vacancy chain predictions in *Pagurus longicarpus* hermit crabs. Does ecological gain and behavioral motivation match environmental context ? », *Journal of Experimental Marine Biology and Ecology*, vol. 430-431, novembre 2012, p. 78-86.

lu et en commentant *L'Origine des espèces au moyen de la sélection naturelle* de Charles Darwin (1859). Dans ce livre, Spencer, un des principaux récupérateurs des théories de Darwin (avec Francis Galton[5]), établit des parallèles entre ses propres théories économiques (le si mal nommé « darwinisme social », **#ci-après**) et celles, biologiques, de Darwin.

Alfred Russel Wallace (le cofondateur de la théorie de l'évolution) suggère ensuite à Darwin d'utiliser la nouvelle expression de Spencer comme alternative à *natural selection* (« sélection naturelle ») **(#encadré)**. Wallace pensait que *sélection naturelle* personnifiait trop la nature, et que *survie du plus apte* était moins finaliste, plus proche de leur théorie appuyée sur le hasard et surtout pas sur un choix quelconque[6]. Darwin respectait beaucoup Wallace – qui lui avait fait la frayeur de sa vie en échafaudant simultanément la même théorie que lui, ce qui avait précipité la publication *de L'Origine des espèces* ! En 1868, Darwin adopte donc l'expression *survie du plus apte* dans *De la variation des animaux et des plantes sous l'action de la domestication*. Puis, en 1869, il introduit l'expression dans la cinquième édition de *L'Origine des espèces*.

La sélection naturelle

Dans ses travaux, et particulièrement dans *L'Origine des espèces* (cette fois dès la première édition de 1859), Darwin montre que l'évolution repose sur le hasard permis par la reproduction sexuée. En effet, quand les gamètes (cellules sexuelles) sont fabriqués, des mutations fortuites peuvent apparaître. Quand les gamètes mâles rencontrent les gamètes femelles, une recombinaison, un brassage s'opère entre les génomes mâle et femelle, gage de diversité et de variation. Le résultat aboutit à une « loterie génétique », à des génomes nouveaux, différents et originaux. Beaucoup ne sont pas

5. Nicholas Wright Gillham, *A life of Sir Francis Galton : From African exploration to the birth of eugenics*, Oxford University Press, 2001.

6. Alfred Russel Wallace, « Lettre à Darwin », 1866.

viables mais certains sont mieux adaptés que d'autres, surtout en cas de survenue d'aléas, de changements. Cette diversité permet notamment, et si nécessaire, de s'adapter aux changements des milieux.

Indispensables mutations, providentiels accidents

Dans les milieux, tous les individus ne survivent pas, loin de là. Une sélection naturelle s'opère, elle régule les populations et tend à maintenir les équilibres sur le temps court (quelques générations). Mais sur le temps long (des milliers à des millions de générations), les petites mutations, apparues au hasard, peuvent s'accumuler et avantager tels ou tels mutants de telle espèce. Et c'est ainsi que bien des vilains petits canards infléchissent, finalement, le cours de leur espèce.

Plusieurs « mécaniques » contribuent au même résultat :
- Certains mâles, par chance, par hasard, survivent plus de temps. Contrairement à ceux qui n'ont pas pu se reproduire et transmettre leurs gènes, ils ont en moyenne plus de descendants.
- Certaines femelles, d'une façon ou d'une autre, sont plus « efficaces » en matière de reproduction, et génèrent une descendance plus abondante.
- Enfin, leurs descendants qui ont hérité les mêmes traits de leurs parents sont favorisés, sur le temps long, dans le grand tamis évolutif.

On est loin d'une caractéristique magique ou d'un joker. C'est le « faux rebond », le hasard qui préside à l'apparition de mutations, et qui fait que certaines sont retenues. Ce ne sont jamais les mêmes recettes, jamais les mêmes résultats : un trait peut être avantageux sous telle latitude, dans telle situation, mais non viable et létal sous d'autres. Il n'y a donc pas de « combat » à l'échelle d'une vie et encore moins de « plus fort », ni de « plus malin ». Sur le temps long, c'est le hasard qui fait son marché[7]. Voilà la conclusion de Darwin.

---

7. On parle même parfois de « bricolage évolutif » tant des caractéristiques peuvent être alambiquées, voire recyclées vers un autre usage :

Le *struggle for life* : quand Darwin s'inspire cette fois-ci de Malthus

Survival of the fittest n'est pas la seule expression de Darwin à avoir été détournée et mal comprise. C'est aussi le cas de *struggle for life* (la « lutte pour la vie). Darwin emprunte cette autre phrase à un autre. En 1838, en lisant l'*Essai sur le principe de population* (1798) du pasteur et économiste Thomas Malthus (1766-1834), il comprend que c'est surtout la limitation des ressources qui détermine la survie des individus : ces derniers doivent lutter (*struggle* en anglais) pour leur existence (*life*), ce que résume l'expression *struggle for life*, qu'il finit par employer dans la cinquième édition de *L'Origine des espèces*, en renfort de sa « sélection naturelle », par opposition avec la sélection « artificielle » des éleveurs de races d'animaux domestiques. C'est en effet en élevant lui-même des pigeons domestiques et en discutant avec des éleveurs qu'il a pu peaufiner sa théorie de l'évolution.

Après la révolution copernicienne qui replace la Terre et l'humain en banlieue de la galaxie, le grand œuvre de Darwin est le deuxième coup de boutoir qui fait tomber l'humain de son piédestal, celui où l'avaient placé les religions monothéistes depuis de nombreux siècles. l'humain retrouve sa place d'animal en banlieue du vivant.

Les trois blessures narcissiques de l'humanité selon Sigmund Freud

« Au cours des siècles, la science a infligé à l'égoïsme naïf de l'humanité deux graves démentis. La première fois, ce fut lorsqu'elle a montré que la Terre, loin d'être le centre de l'Univers, ne forme qu'une parcelle insignifiante du système cosmique dont nous

---

des nageoires qui deviennent pattes ou ailes, des plumes destinées à tenir chaud qui servent à voler, un tube de ponte qui devient un dard, etc. Ce merveilleux bricolage-recyclage s'appelle l'« exaptation ».

> pouvons à peine nous représenter la grandeur. Cette première démonstration se rattache pour nous au nom de Copernic, bien que la science alexandrine ait déjà annoncé quelque chose de semblable.
>
> Le second démenti fut infligé à l'humanité par la recherche biologique, lorsqu'elle réduisit à rien les prétentions de l'humain à une place privilégiée dans l'ordre de la création, en établissant sa descendance du règne animal et en montrant l'indestructibilité de sa nature animale. Cette dernière révolution s'est accomplie de nos jours, à la suite des travaux de Charles Darwin, de Wallace et de leurs prédécesseurs, travaux qui ont provoqué la résistance la plus acharnée des contemporains.
>
> Un troisième démenti sera infligé à la mégalomanie humaine par la recherche psychologique de nos jours qui se propose de montrer au moi qu'il n'est seulement pas maître dans sa propre maison, qu'il en est réduit à se contenter de renseignements rares et fragmentaires sur ce qui se passe, en dehors de sa conscience, dans sa vie psychique[8]. »

Mais dans le même temps, et avec le succès de Darwin, l'expression *struggle for life* fait florès. Il n'en fallait pas moins pour que de rances « intellectuels » récupèrent son intuition et la tordent vers d'autres directions, celles de leurs croyances. Or, la science repose sur le fait de dissocier les faits des croyances, les preuves vérifiables de l'opinion. C'est là que le bât blesse : dans ces interprétations subjectives, les individus sont réduits à leur force et le mot *struggle* est compris dans le sens d'un « combat » des uns contre les autres, plutôt que de celui d'une « lutte conjointe » de chacune et chacun (en tant que représentants d'une espèce donnée) pour résister aux aléas de l'existence.

---

8. Sigmund Freud, *Introduction à la psychanalyse (1915-1917)*, Paris, Payot, 1922.

L'eugénisme, un détournement erroné et nauséabond des idées de Darwin

À partir des années 1860, certains théoriciens comme Galton et Spencer envisagent d'appliquer l'expression *struggle for life*, mal comprise, aux populations humaines. La justification est toute trouvée pour éliminer les plus défavorisés. Pourquoi s'embarrasser des pauvres quand on est né riche ou qu'on pense avoir mérité de l'être devenu ? C'est l'eugénisme, une idéologie ultralibérale qui est, par-dessus le marché, qualifiée de… « darwinisme social », aux antipodes des positions humanistes de Darwin. Dans *La Filiation de l'Homme* (1871), Darwin écrit :

> « La force et la rapidité médiocres de l'humain, son dénuement en matière d'armes naturelles, sont plus que contrebalancés par ses [...] qualités sociales qui l'ont conduit à apporter de l'aide à ses semblables et à en recevoir en retour. »

Pour Darwin, la sélection naturelle conduirait ainsi moins à une compétition entre les individus qu'à un développement des « instincts sociaux », renforcés par l'éducation et la morale. Résultat : la plupart des sociétés ont choisi de prendre soin des plus fragiles. Ces propos ouvrent plus tard la voie à la théorie de l'autodomestication de l'humain. Pour certains scientifiques, comme Richard Vrangham :

> « [L'humain] s'est domestiqué lui-même sans en être conscient, petit à petit, au fil des générations et des millénaires. [L'humain] aurait ainsi sélectionné, à son insu, les individus les plus sociables au sein de leurs groupes[9]. »

Ce faisant, l'espèce humaine contrecarre à son insu la sélection naturelle en protégeant son destin !

La *loi du plus fort*, la *survie du plus apte*, la *lutte pour la vie*, sont donc des contresens scientifiques, la plupart du temps

9. « Homo sapiens s'est-il auto-domestiqué », série « Les Domestications », *Mécaniques du vivant*, France Culture, 2023, disponible en ligne sur : https://bit.ly/France-Culture-MDV.

employés à mauvais escient, pour justifier des politiques ou des décisions intéressées, appuyées sur l'exploitation d'un autre. *Nul novi sub sole.* Rien de neuf sous le soleil, dans le grand village humain.

22. *« Le grand moteur de la vie, c'est la compétition »*

Le vivant n'est que liens (ou interactions). Aucune espèce ne vit dans sa bulle, chacune interagit avec d'autres en permanence. L'une de ces interactions, surmédiatisée, dans les documentaires animaliers, c'est la prédation : « Je te mange ou tu me manges. » Mais il y en a beaucoup d'autres ! Et pour les comprendre – et les distinguer – il faut se demander pour chaque espèce : qui lui apporte un bénéfice ? qui la prive de quelque chose ? qui existe autour d'elle de manière neutre, sans rien lui apporter ou lui prendre ? En gros : qui gagne, qui perd, et qui regarde passer les trains ?

De l'inégalité parmi les sociétés du vivant : des gagnants et des perdants

Les interactions qui suivent impliquent toutes qu'une espèce l'emporte sur l'autre.

- *L'amensalisme*

Une espèce fait du mal à une autre, sans en tirer de bénéfice. Exemple : j'écrase une fourmi sans le savoir. Bilan : 1 perdant (la fourmi), 0 gagnant.

- *Le parasitisme*

Une espèce vit aux dépens des ressources d'une autre. Exemple : les vers solitaires. Bilan : 1 perdant (l'hôte), 1 gagnant (le parasite) **(#9)**.

- *La prédation*

À la différence du parasitisme, l'espèce « prédatrice » ne se contente pas de s'approprier une partie des ressources, elle prend tout, la bourse ET la vie. Exemple : les lions tuent et mangent les zèbres. Bilan : 1 gagnant (les lions), 1 perdant (les zèbres). Toute sortie est définitive. Encore que ! Trop souvent, on se concentre uniquement sur les interactions entre animaux, et on ne retient qu'un seul côté de la prédation, celui où l'une des deux parties est entièrement mangée. Mais, une fois de plus, ce serait oublier les plantes ! Les herbivores « mangent » certes l'herbe, mais ils ne la tuent pas toujours pour autant.

- *La compétition*

Deux espèces consomment les mêmes ressources sur le même territoire. Exemple : les loups et nos ancêtres ou bien des lions et des hyènes qui n'arrêtent pas de se bagarrer et de se piquer leurs proies. (Notez qu'à l'intérieur même de l'espèce *Homo sapiens* la compétition est la norme, à l'école, au travail, dans le sport...). Bilan : l'une ou l'autre espèce l'emporte, alternativement.

Commensalisme, mutualisme, symbiose : des gagnants mais rarement à 50-50 !

Les relations qui suivent reposent, quant à elles, sur la coopération et l'entraide.

- *Le commensalisme*

C'est quand il n'y en a que pour une des deux espèces, sans que l'autre en souffre[10]. L'étymologie de *commensalisme* signifie « qui partage la même table », en référence au gîte et au couvert dont bénéficient nos commensaux, nos squatteurs, le plus

10. Pierre Joseph Van Beneden, « Le commensalisme dans le règne animal », *Bulletin de l'Académie royale de Belgique*, série 2, 28, 1869, p. 621-648.

souvent détestés. Parmi les espèces commensales, on peut citer : les souris et les rats chez les mammifères ; les moineaux domestiques, les pigeons bisets, les goélands et les étourneaux sansonnet chez les oiseaux ; les mouches, les blattes chez les insectes. Bilan : 1 gagnant, 0 perdant, juste des pique-assiettes et des pigeons, le plus souvent inconscients de l'être et qui n'en souffrent pas.

▪ *Le mutualisme*

On l'appelle aussi « entraide ». Les soins que procurent les labres nettoyeurs aux autres poissons dans les océans (« Je te nettoie, tu me nourris. ») en sont un bel exemple. Les poissons viennent de loin et font la queue pour être nettoyés de leurs parasites et autres peaux mortes. Bilan : gagnant-gagnant ! Le monde vivant est riche d'exemples de mutualismes. Comme le titrait le numéro des 40 ans de la revue *Salamandre* :

> « L'union fait la vie[11]. »

L'entraide est LA grande force du vivant, bien loin de la compétition, qui existe certes, mais qui n'a pas l'importance qu'on veut bien lui donner souvent. Avec le mutualisme, nous sommes bien loin de l'image de la loi de jungle, de la loi du plus fort, pourtant tellement battue et rebattue **(#21)**. Pablo Servigne et Gauthier Chapelle ont consacré un livre à cette question en 2017, *L'Entraide. L'autre loi de la jungle*[12].

▪ *La symbiose*

C'est le plus fort degré de mutualisme. Son nom vient du grec *symbiôsis*, (*sýn*, « avec, ensemble » et *bíos*, « vie »). C'est quand une espèce ne peut pas vivre sans l'autre. Voici quelques

---

11. *Salamandre*, n° 275, avril-mai 2023. La revue a été fondée en 1983 par Julien Perrot qui avait... 11 ans. Ce qui lui a valu le surnom de « Mozart des naturalistes ». Vous pouvez l'écouter dans *Baleine sous Gravillon* : https://bit.ly/Salamandre_JP1_BSG.

12. Pablo Servigne et Gauthier Chapelle, *L'Entraide. L'autre loi de la jungle*, Paris, Les liens qui libèrent, 2017.

exemples : les polypes de corail et leur algue (les premiers offrent le gîte, la seconde participe au couvert en échange), les lichens formés par un champignon qui héberge une algue verte et même parfois un troisième larron, en l'occurrence une cyanobactérie, ou la mycorhize, cette alliance entre les champignons du sol et les racines des arbres, qui donne notamment les truffes. Là encore le marché est : « Passe-moi le sel, je te donne le sucre. » Autrement dit : les champignons transmettent les sels minéraux du sol à l'arbre, qui en retour offre aux champignons une partie des sucres qu'il fabrique, et que le champignon est incapable de synthétiser par lui-même.

Attention, même dans ces relations mutualistes, la relation peut, à tout moment, évoluer dans un sens différent : l'un des deux partenaires peut se mettre à exploiter la situation davantage en sa faveur. Un exemple typique est celui des bourdons pollinisateurs qui percent les fleurs à leur base pour accéder au nectar (on les qualifie de « tricheurs ») sans participer à la récolte du pollen puisqu'ils évitent les étamines. De même, on connaît des cas chez des lichens où le champignon prend le dessus et « dévore » l'algue ! Le mutualisme n'est donc pas forcément durable : il évolue selon les pressions de sélection.

Le botaniste et naturaliste Jean-Marie Pelt, un grand vulgarisateur autrefois vénéré du grand public et aujourd'hui critiqué par certains scientifiques, avait ainsi résumé cet équilibre entre la coopération et la compétition :

« La coopération crée, la compétition trie[13]. »

13. Jean-Marie Pelt, *La Solidarité chez les plantes, les animaux, les humains*, Paris, Fayard, 2004.

L'hypothèse Gaïa : la planète entière est une symbiose !

Dans une symbiose, chaque partenaire s'appelle un « symbionte ». On peut aussi considérer qu'un ensemble d'espèces interagissant dans un même milieu forme un « super-être ». Par exemple, nous et notre microbiote, ou bien toutes les espèces d'une forêt, d'une mare ou d'un océan, forment ce qu'on appelle des « holobiontes », c'est-à-dire des assemblages d'espèces en liens les unes avec les autres. C'est l'« hypothèse Gaïa », largement controversée, formulée il y a cinquante ans, par le chimiste britannique James Lovelock et la biologiste états-unienne Lynn Margulis. Leur hypothèse est la suivante : la Terre fonctionne comme un superorganisme, qu'ils surnomment « Gaïa », qui s'autorégule, qui maintient l'équilibre de la vie[14].

Le neutralisme, un cas à part ?

Le neutralisme, c'est-à-dire, quand deux espèces coexistent pacifiquement, sans interagir, a une place un peu à part. Mais ce neutralisme est très théorique puisqu'il y a toujours, a minima, une faible interaction. Le battement des ailes du papillon, ça vous dit forcément quelque chose !

14. James Lovelock et Lynn Margulis, « Atmospheric homeostasis by and for the biosphere : The Gaia hypothesis », *Tellus*, vol. 26, n° 1, 1974. Ils précisent : « Désormais, le mot *Gaïa* sera utilisé pour décrire la biosphère et toutes les parties de la Terre avec lesquelles elle interagit activement pour former cette hypothétique nouvelle entité avec des propriétés qui ne peuvent être prédites de la somme de ses parties. »

23. *« La vie, c'est simple : c'est manger ou être mangé »*

Ah ! On reconnaît bien celles et ceux qui ne pensent qu'avec leur ventre ! Il faut manger pour vivre et non vivre pour manger. « La vie c'est manger ou être mangé. » Oui, mais pas seulement ! On peut aussi recycler ou être recyclé. Ce qui nous intéresse ici, c'est la notion de cycle. C'est moins binaire, plus productif que « manger ou être mangé ».

Des producteurs, des consommateurs… mais aussi des recycleurs !

Les êtres vivants se nourrissent de deux manières :
- D'un côté, on a les « producteurs » (ou « autotrophes »). Ils fabriquent leur propre nourriture en utilisant l'énergie de la lumière ou l'énergie chimique. En d'autres termes, ils fabriquent des briques du vivant avec des éléments non vivants inertes. Typiquement ce sont les organismes photosynthétiques : les plantes, sans oublier les algues vertes et rouges et certains groupes de bactéries.
- De l'autre côté, on a les « consommateurs » (ou « hétérotrophes »). Ils fabriquent leurs briques à partir de celles des autres. Ils mangent d'autres organismes vivants ou leurs sous-produits. Parmi ces consommateurs, il y a des herbivores, des carnivores et des omnivores. Typiquement, ce sont les animaux, les champignons et une partie des bactéries.

Contrairement aux producteurs, les consommateurs sont un peu comme des poupées gigognes : les uns mangent les autres, qui en mangent encore d'autres, et ainsi de suite. On différencie ainsi des consommateurs primaires, secondaires, tertiaires, etc.

Un exemple ? Une algue verte (producteur) est mangée par un mollusque (consommateur primaire) qui est mangé par un chabot visqueux (consommateur secondaire) qui est mangé par un saumon royal (consommateur tertiaire).

Certains de ces consommateurs sont spécialisés dans le recyclage. On les appelle des « recycleurs » ou des « décomposeurs ». Ils recyclent les matières organiques mortes. Il y en a beaucoup dans le sol. Et c'est ainsi qu'il n'y a pas de « cul-de-sac trophique », c'est-à-dire pas d'interruption du cycle, dans un milieu sain. Sans recycleurs, pas de cycle. Tout est recyclé et les déchets des uns sont les ressources des autres **(#24)**.

Comment fonctionnent les chaînes alimentaires et les réseaux trophiques ?

On appelle « chaîne alimentaire » une série de relations alimentaires entre des organismes qui se mangent les uns les autres. La longueur d'une chaîne alimentaire se mesure au nombre de maillons qui la constituent. Chaque maillon occupe ce qu'on appelle un « niveau trophique ».

Quelques points clés :
- Les producteurs constituent la base des chaînes alimentaires. L'énergie que captent les producteurs à partir de la lumière ou des produits chimiques est ensuite transmise vers tous les autres organismes de la communauté.
- Quand l'énergie entre dans un niveau trophique, une partie est stockée sous forme de biomasse (en tant qu'élément des corps des organismes). C'est cette quantité d'énergie qui sera disponible au niveau trophique suivant, car elle seule peut être consommée.
- En règle générale, seuls 10 % de l'énergie stockée sous forme de biomasse passent dans le niveau trophique suivant.
- Il est possible qu'un organisme n'occupe pas toujours le même niveau trophique. Par exemple, les humains sont omnivores, ce qui signifie qu'ils peuvent manger à la fois des plantes et des animaux. Ils peuvent donc être considérés comme des consommateurs à la fois primaires et secondaires (voire tertiaires !).
- Au niveau d'un écosystème donné, l'ensemble des chaînes alimentaires, reliées, interconnectées entre elles, forme ce qu'on appelle un « réseau trophique ».

– À chaque niveau, l'énergie est perdue directement sous forme la chaleur, ou sous forme de déchets et de matières mortes qui vont, en bout de chaîne, aux décomposeurs. Finalement, les décomposeurs métabolisent les déchets, qui sont leurs ressources, et les remettent dans le cycle du vivant.

Des chaînes alimentaires plus longues dans les océans que sur terre !

Les chaînes alimentaires sont en général plus longues et plus complexes dans les océans que sur terre : on compte jusqu'à 9 à 10 maillons dans les océans, et moitié moins en moyenne sur terre.

Prenons deux exemples de chaînes alimentaires terrestres :
– Dans les plaines d'Afrique, en Tanzanie ou au Kenya, l'herbe est mangée par des gazelles qui sont mangées par des lions = 3 niveaux trophiques, 3 maillons.
– En France, les graines produites par des plantes sont mangées par des campagnols des champs, qui sont mangés par des belettes, elles-mêmes mangées par des buses variables, à leur tour mangées parfois par des hiboux grands-ducs d'Europe = 5 niveaux trophiques, 5 maillons.

Prenons maintenant un exemple bien complet de chaîne alimentaire marine :
– Les diatomées (une forme de phytoplancton) sont mangées par des rotifères (de minuscules animaux), qui sont eux-mêmes mangés par des copépodes (de toutes petites crevettes qu'on trouve partout et qu'on surnomme le « pain de la mer »), qui sont à leur tour mangés par du krill (de plus grosses crevettes), lui-même mangé par des sardines, qui sont ensuite mangées par des maquereaux qui sont, eux, mangés par des petits thons mangés par la suite par des requins moyens, eux-mêmes mangés par des plus gros requins, finalement mangés à leur tour par des orques = 10 niveaux trophiques, 10 maillons, soit trois fois plus que pour l'exemple « herbe-gazelle-lion » !

Que retenir de tout cela ?
Qu'il faut 10 kilogrammes de poissons sauvages pour obtenir 1 kilogramme de saumon, au prix de terribles conséquences pour les fonds sous-marins des fermes aquacoles : les déjections des saumons détruisent en effet toute la vie au fond de l'eau, à cause de l'empilement mortifère de leurs déjections. On parle alors d'« eutrophisation ». De telles concentrations d'animaux d'élevage sont par ailleurs des dangers en matière de maladies, d'autant plus transmissibles dans ces masses grouillantes. L'eutrophisation des cours d'eau touche aussi la Bretagne avec les élevages de porcs et le Jura avec les producteurs de comté et de saucisse de Morteau. Une partie des écoulements du lisier se retrouve dans les rivières et provoque un afflux d'azote qui génère la prolifération des algues et de cyanobactéries mortelles. En quarante ans, la rivière de la Loue (qui traverse les départements du Doubs et du Jura) a, par exemple, perdu 50 à 80 % de ses poissons. Les taux de nitrites y sont cinquante fois trop élevés[15].

15. Pierre-Marie Badot, François Degiorgi *et al.*, « Étude de l'état de santé des rivières karstiques en relation avec les pressions anthropiques sur leurs bassins versants », Laboratoire Chrono-Environnement de l'université de Franche Comté février 2020, disponible en ligne sur : https://www.soslrc.com/2020/06/17/lintensification-de-lagriculture-cause-n1-de-la-degradation-des-rivieres-selon-une-longue-etude-scientifique-franc-comtoise/.

Pour faire 100 grammes de thon, il faut 1 tonne de phytoplancton !

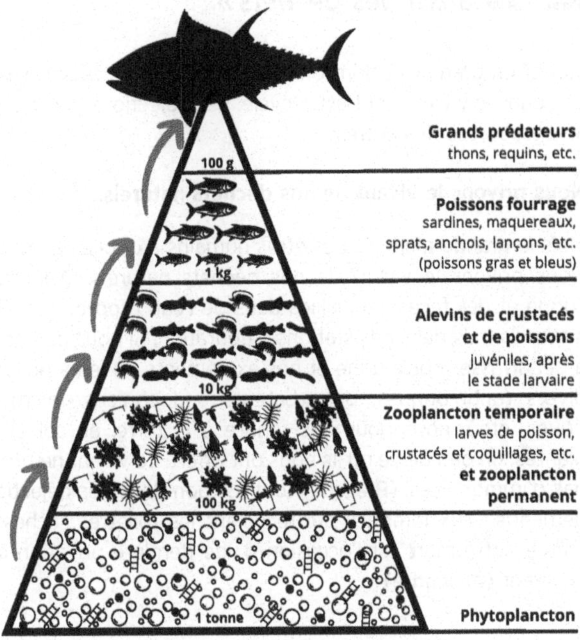

La pyramide alimentaire marine.

24. *« Le vivant non-humain produit aussi des déchets »*

La notion de déchet dont on ne saurait se débarrasser n'existe pas dans le vivant : tout est recyclé. Les déjections des uns sont les ressources des autres.

Nous privons le vivant de nos déchets naturels...

Mais la grande majorité des êtres humains a oublié ce principe. Nous privons le vivant de nos déchets naturels. D'abord de l'urine et des fèces, recueillies dans de l'eau propre, et traitées à grands frais dans des stations d'épuration. Si nous parvenions à débarrasser notre urine et nos excréments de leurs polluants divers (antibiotiques, perturbateurs endocriniens, microplastiques, etc.), nous pourrions rendre à la terre, au sol et aux plantes, un peu de ce qu'ils nous ont offert. Le vivant ne produit pas d'immondices. (Presque) tout est bon dans nos déjections : demandez aux lombrics qui recyclent les toilettes sèches. Et, même notre mort est l'occasion d'une dernière privation pour le vivant **(#encadré)** !

« Poussière, tu redeviendras poussière... »

En 2022, il y a eu 673 637 décès en France[16]. Soit un business de 2,5 milliards d'euros[17]. Mais que faire de notre corps après la mort ? L'incinérer ou l'enterrer (comme les déchets ménagers au passage) est un dernier sale coup fait au vivant.

16. Insee, « Évolution du nombre de décès entre le 1er janvier et le 31 décembre 2022 », février 2023.
17. Insee, « Indice de chiffre d'affaires – Services funéraires (NAF rév.2, niv. classe poste 96.03) », décembre 2023.

La preuve en chiffres[18] :
- En moyenne, un enterrement émet **830 kilogrammes de CO_2**, soit 10 % des émissions d'une Française ou d'un Français moyen sur un an, ou presque un aller-retour Paris-New York en avion (1 tonne de CO_2).
- De plus, les thanatopracteurs injectent **entre 6 et 10 litres de formol et autres produits** dans le corps pour qu'il soit plus présentable le jour des adieux. Plus de 3 litres se retrouvent dans les égouts et les sols.
- Une crémation équivaut à **270 kilogrammes de CO_2**, soit quatre fois moins qu'un enterrement, mais les cendres en excès sont une catastrophe pour les sols.
Conclusion : à l'heure du grand voyage, nous devons choisir entre la peste ou le choléra. Certains industriels proposent des obsèques dites « vertes » : on paie cher pour avoir un arbre sur la tombe dans un cimetière-jardin. Mais, finalement, les corps sont toujours incinérés ou enterrés. Greenwashing !
Il existe pourtant une troisième voie, saine et utile, de redevenir vraiment poussière : le compostage humain.
Mais, alors que 6 Françaises et Français sur 10 souhaitent que leur mort soit « régénérative »[19], ce retour à la terre se heurte encore aux tabous. Des techniques existent pour convertir nos corps en compost et les rendre au cycle de la vie (qui nous les a pourtant prêtés) : humusation, humification, terramation et aquamation. Aux États-Unis, c'est déjà légal dans 5 États (Washington, Colorado, Oregon, Vermont, Californie) pour environ 6 000 dollars. En Belgique, le comité consultatif de bioéthique a refusé d'autoriser cette pratique en 2021, car il a estimé que l'humusation était en conflit avec l'éthique.

---

18. Ces chiffres viennent de l'« Étude sur l'empreinte environnementale des rites funéraires » et l'« Analyse environnementale comparative du rite de la crémation et de l'inhumation en Île-de-France », Fondation Services Funéraires – Ville de Paris. Les organismes-auteurs de ces sources précisent que les données « sont représentatives d'une moyenne en Île-de-France qui est sans doute peu différente de ce que l'on obtiendrait dans l'ensemble de la France [mais qu']elles ne pourraient être extrapolées en Europe tant les pratiques y sont différentes. »

19. Selon un sondage Opinion Way de septembre 2022 de l'association Humo sapiens (qui s'est organisée en France pour faire avancer le débat et la législation sur le sujet). Le résultat est disponible en ligne sur : https://humosapiens.fr/sondage-dopinion-les-francais-et-la-terramation/.

> En clair, au XXIe siècle, à l'heure de la science triomphante et de l'intelligence artificielle, nous avons (toujours) peur d'être mangé·es par des petits vers (!). Pour les personnes indécises, ou en attendant, il est possible de faire don de son corps à la science. Mais ce n'est pas très écologique non plus : à la fin, croyez-vous que les hôpitaux humusent les corps qui ont servi la science ? Non, ils les incinèrent, bien sûr.

… et nous en produisons beaucoup d'autres

Outre ses déchets naturels, l'être humain produit aussi d'autres déchets. Ils peuvent être le fruit de son alimentation, de sa consommation, de ses déplacements.

À titre d'exemple, voici quelques chiffres clés pour prendre conscience du volume de déchets solides que les humains génèrent[20] :

- Le volume de déchets généré augmente avec la population mondiale. Entre 2016 et 2050, la production mondiale de déchets devrait augmenter de 70 % et atteindre 3,4 milliards de tonnes par an en 2050.
- Jusqu'en 2017, la Chine recevait sur son territoire 56 % de la production mondiale de déchets. Puis le pays a décidé qu'il ne serait plus la poubelle du monde. Les containers se dirigent maintenant vers les pays pauvres d'Asie et d'Afrique.
- Chaque être humain produit en moyenne 0,74 kilogramme de déchets par jour. Ce chiffre cache de fortes disparités, de 0,11 kilogramme au Lesotho à 4,50 kilogrammes aux Bermudes. Bien qu'ils ne représentent que 16 % de la population mondiale, les pays développés génèrent ainsi 34 % de déchets de la planète.

---

20. Chiffres de « What a Waste. 2.0. A Global Snapshot of Solid Waste Management to 2050 », Banque mondiale, 2018 et de Céline Deluzarche, « 10 chiffres qui montrent que le monde va crouler sous les déchets », *Futura*, 2018.

- Les déchets alimentaires ou végétaux représentent la plus grosse partie (44 %) du volume total. Le plastique arrive deuxième, avec 17 % du volume total.
- Le recyclage est encore une tendance des pays riches. Dans les pays à faible revenu, il ne concerne que 4 % des déchets, l'écrasante majorité (93 %) finissant dans des décharges.
- La collecte et le traitement des déchets génèrent 1,6 milliard de tonnes d'équivalent carbone par an, soit 5 % des émissions totales de gaz à effet de serre. Ce chiffre pourrait atteindre 2,6 milliards de tonnes en 2050, aggravant d'autant le dérèglement climatique. Ces émissions proviennent en grande partie du méthane dégagé par la décomposition des ordures dans les décharges.

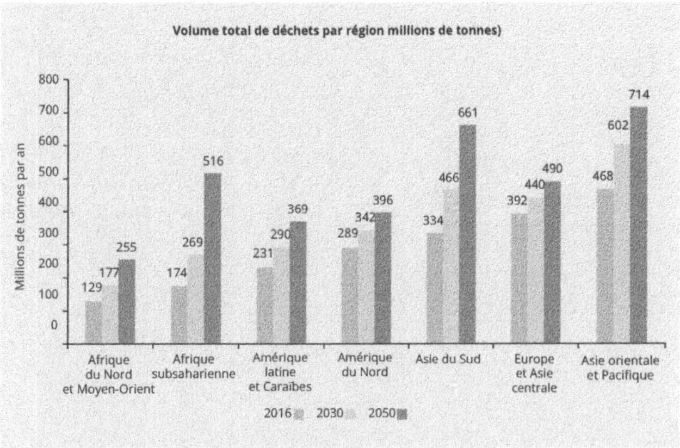

La production des déchets municipaux par région en 2016, 2030 et 2050, d'après « What a waste 2.0 » *de la Banque mondiale, 2018.*

Plus de plastique que de poissons dans les océans ?

Selon l'ONU, en 2021, ce sont 17 tonnes de plastique qui continuent d'être déversées dans les océans chaque minute, soit entre 9 et 12 millions de tonnes par an. Actuellement, les océans contiennent plus de 150 millions de tonnes de plastique. Si rien ne change radicalement, les océans devraient contenir 1 tonne de plastique pour 3 tonnes de poisson d'ici à 2025. Et, d'ici à 2050, plus de plastique que de poissons, avec 750 millions de tonnes de plastiques **(#70)**.

IV. LES REPÈRES ET ORDRES DE GRANDEURS

« You are what you know. »
CNN

25. *« Le T. rex de Jurassic Park vivait au Jurassique »*

La terre tremble, des rides circulaires se forment dans un verre d'eau… Si l'évocation de cette scène ne vous dit rien, vous n'avez pas vu ou lu *Jurassic Park.* Avec la série de livres et de films, les dinosaures sont devenus des stars mondiales, des icônes de la pop culture.

Mais, malgré les sages conseils du paléontologue Jack Horner dès le premier volet en 1993, des erreurs se sont glissées dans la saga. La plus notable concerne le titre lui-même. Le *Jurassic* de *Jurassic Park* qui ne correspond pas à la période géologique à laquelle vivaient la plupart des animaux vus dans le film ! Le *Jurassic* (« Jurassique ») correspond à une période géologique de l'ère secondaire, qui s'est étalée de -201 à -145 millions d'années. Si la majorité des grands groupes de dinosaures existait déjà au Jurassique, ce n'est pas le cas de ceux présentés dans la saga. La plupart des stars du film ont vécu au cours de la période suivante, le Crétacé, entre -145 et -66 millions d'années : et même entre -75 et -71 millions d'années pour le vélociraptor et entre -68 et -66 millions d'années pour les tricératops et les tyrannosaures rex (les « T. rex »).

Ces erreurs ne sont pas graves (c'est une fiction), mais elles sont révélatrices de l'ignorance que la plupart d'entre nous ont des âges de la Terre et des grandes dates de l'histoire du vivant et de la planète. Cette ignorance vient aussi surtout à cause de notre incapacité à appréhender le temps long, très long. Nous, *Homo sapiens*, avons tout juste 300 000 ans tandis que la Terre est vieille de 4,567 milliards d'années.

Face à cet Everest du temps long, une seule solution : fixer des repères. Les scientifiques ont ainsi conçu une échelle des temps, graduée en millions d'années, et que l'on peut chiffrer en utilisant des données géologiques (l'empilement des couches de terrains sédimentaires et leurs fossiles caractéristiques) et des données physiques (mesure de l'âge des roches). Les périodes identifiées sont séparées les unes des autres par événements ou changements majeurs, souvent des extinctions de masse par exemple.

Les quatre grands âges (« éons ») de la Terre

Les âges de la Terre sont ainsi divisés en quatre super ères, appelées des « éons ». Les trois premiers éons couvrent 4 milliards d'années et forment ce qu'on appelle le « Précambrien » (tout ce qui s'est passé avant 541 millions d'années, avant l'explosion, la grande diversification de la vie sur Terre), ne laissant qu'un petit bout du gâteau de 530 millions d'années pour notre éon actuel, le Phanérozoïque.

- *L'Hadéen (-4567 à -4000 millions d'années)*

Ce n'est pas par hasard si le nom de cet éon est une référence à Hadès, le dieu des Enfers. La Terre est alors un enfer de feu et de magma. Le noyau de la Terre se forme. La croûte commence à apparaître avec la lente baisse de la température. La Lune apparaît, sans doute à la suite d'une collision avec une énorme météorite. La fin de cet éon précède de peu l'apparition de la vie.

- *L'Archéen (-4000 millions d'années à -2500 millions d'années)*

Les océans commencent à regorger de cyanobactéries, ces « algues bleues » qui produisent un déchet très particulier, très liant : le dioxygène. Cet O_2 remplace petit à petit le CO_2 initial de l'atmosphère. Ce processus a été appelé la « Grande Oxygénation ». Vu que cet oxygène est toxique pour les voisins, ces « algues bleues » provoquent une extinction de masse. Mais « la vie trouve toujours un chemin », comme dirait le professeur Ian Malcolm dans *Jurassic Park*. Les formes de vie capables de se protéger de l'oxygène y trouvent un grand avantage : de « protection » à « exploitation », le chemin est court ! C'est ainsi que les cellules douées de la respiration trouvent leur essor.

L'oxygène passe alors du statut d'indésirable à celui d'indispensable, pour toute une catégorie d'organismes dont nous sommes ! La vie uniquement microbienne de cette époque a laissé peu de traces. Mais on a calculé que 27 % des gènes actuels viendraient de l'Archéen (du grec *arkhē*, « commencement »), notamment ceux codant des protéines impliquées dans la photosynthèse[1]. Un sacré cadeau pour la suite **(#34)**.

- *Le Protérozoïque (-2500 à -541 millions d'années)*

Du grec *protéros*, « d'avant », et *dzôon*, « animal », cette période dure presque deux milliards d'années. L'air s'enrichit toujours en oxygène et la température continue de baisser. La diversification du vivant se poursuit doucement : les êtres unicellulaires (bactéries, archées, « algues », etc.) ne sont plus seuls, les organismes pluricellulaires émergent. Le Protérozoïque s'achève avant l'explosion de vie du Cambrien, une inédite explosion de vie sous-marine, sans précédent et sans équivalent depuis.

- *Le Phanérozoïque (-541 millions d'années à aujourd'hui)*

Du grec *phaneros*, « visible » et *zôon*, « être vivant », c'est l'éon où tout s'emballe au niveau du vivant et où les archives fossiles se multiplient. La Terre change souvent de parures. À différents moments et endroits, par une extraordinaire succession de hasards, la vie sort des eaux et colonise la terre. C'est la « terrestrialisation », d'abord des plantes, puis des arthropodes, des mollusques et enfin des tétrapodes (nos aïeux à quatre pattes). Ce dernier éon est divisé en trois ères : les ères primaires, secondaire et tertiaire **(#ci-après)**.

---

1. Lauwrence A. David et Eric J. Alm, « Rapid evolutionary innovation during an Archean genetic expansion », *Nature*, 469, 2011, p. 93-96. Pour la définition de la *photosynthèse*, **#note 25, p. 173**.

La fabuleuse saga du calcul de l'âge de la planète Terre ?

Depuis le IIIe siècle avant notre ère, nous connaissons la dimension du globe terrestre (40 000 kilomètres de circonférence), et la distance Terre-Soleil (149 millions de kilomètres) depuis la seconde moitié du XVIIe siècle. Mais l'époque précise de la formation de la Terre n'est connue que depuis les années 1950 ! Une armada de scientifiques a pendant longtemps cherché à résoudre ce mystère : Halley, Buffon, Kelvin ou Darwin. Voici ce qu'ils proposèrent successivement :

- Au XVIe siècle, l'astronome Johannes Kepler propose 3993 avant notre ère.
- Au XVIIe siècle, Isaac Newton affine à 3998. En 1658, James Usher, un pasteur anglican, date la Création au 28 octobre 4004 avant notre ère.
- Dans la première moitié du XVIIIe siècle, Edmond Halley propose de calculer sur la base de l'accumulation du sel dans la mer. Il faut attendre 1899 pour que son compatriote John Joly obtienne une valeur d'environ 100 millions d'années à partir de ce principe. On s'approche mais on est toujours loin du compte !
- Toujours au XVIIIe siècle, Buffon s'y essaie à partir des vitesses de refroidissement de matières chauffées à blanc : il propose 75 000 ans.
- Au XIXe siècle, Lord Kelvin et Charles Darwin entrent dans la danse. Une bataille titanesque oppose alors la physique de Lord Kelvin, et la géologie de Charles Darwin. Kelvin propose quelques dizaines de millions d'années tandis que Darwin estime qu'il s'agit plutôt de plusieurs centaines de millions d'années. Finalement, c'est Darwin qui est le plus proche de la vérité.
- Il faut attendre les travaux de Fritz Houtermans (1953) et Clair Patterson (1956) pour établir précisément l'âge de la Terre : 4,567 milliards d'années (grâce à la radioactivité et au plomb contenu dans une météorite, en se basant sur les périodes de noyaux instables).

Primaire, secondaire, tertiaire : les trois ères de l'explosion du vivant

- *L'ère primaire ou Paléozoïque (-541 à -251 millions d'années)*

On surnomme « ère des poissons » cette ère divisée en 6 périodes :
– Au Cambrien, la vie marine se diversifie avec des coquillages, des céphalopodes ou des trilobites. On parle d'« explosion cambrienne ».
– À la fin de l'Ordovicien (-443 millions d'années), une première « crise biologique » ou grande extinction de masse **(#encadré de #7)** a lieu : presque trois quarts des espèces disparaissent à la suite d'une forte glaciation.
– Au Silurien (-443 à -416 millions d'années), les premières plantes ainsi que des arachnides et des myriapodes (les ancêtres des araignées, des scorpions et des mille-pattes) s'installent sur terre.
– Au Dévonien (-416 à -359 millions d'années), les vertébrés marins sont déjà très diversifiés, avec notamment d'énormes poissons cuirassés, les placodermes. Les cousins des cœlacanthes sont déjà là. Sur terre, la végétation se développe avec des fougères arborescentes atteignant 30 mètres de haut. À la fin du Dévonien, des vertébrés aquatiques à nageoires presque transformées en pattes commencent à grenouiller dans des milieux peu profonds en rampant.
– Une nouvelle crise marque le passage au Carbonifère (-359 à -299 millions d'années). C'est la grande époque de la luxuriance végétale qui stocke d'énormes quantités de carbone, le futur charbon ! Dans les airs, les premiers insectes volants se diversifient, comme des libellules géantes de 70 centimètres d'envergure.
– Au Permien (-299 à -251 millions d'années), le climat devient nettement plus sec ; les plantes à graines s'imposent avec notamment des conifères qui prennent le pas sur les fougères. Sur terre, les vertébrés à quatre pattes se diversifient ; dans les

océans, les requins dominent. Une méga crise, sans doute la plus importante qu'ait connue l'histoire du vivant, provoque la disparition de plus de 90 % des espèces aussi bien sur terre que dans l'eau.

- *L'ère secondaire ou Mésozoïque (-251 millions d'années à -66 millions d'années)*

C'est le début de l'« ère des reptiles », découpée en trois périodes : le Trias (-251 à -199 millions d'années), le Jurassique (jusqu'à -145 millions d'années) et le Crétacé (jusqu'à -66 millions d'années).

À cause de *Jurassic Park*, tout le monde tend à assimiler les dinosaures au Jurassique uniquement. Pourtant, les dinosaures n'ont pas tous vécu en même temps, loin de là. Si les diplodocus ont bien vécu au Jurassique, les tyrannosaures, pour ne citer que les plus emblématiques, ont vécu à la toute fin du Crétacé **(#25)** !

Mais il ne faudrait pas que les dinosaures volent la vedette aux autres stars de cette époque : les plantes à fleurs. En effet la seconde moitié de cette ère connaît un événement majeur : la révolution terrestre du Crétacé qui marque l'avènement des plantes à fleurs. Dès lors la végétation terrestre évolue et connaît une nouvelle diversification. Jusque-là les paysages étaient dominés par des fougères, des prêles et des mousses.

D'autres vertébrés se sont aussi diversifiés à cette époque. Sur terre, ce sont, par exemple, les crocodiliens et les premiers mammifères qui pointent leur museau dès le Trias. Dans les airs, les ptérosaures. Dans les mers, les plésiosaures, les ichtyosaures ou les mosasaures (rappelons que tous ces animaux ne sont pas des dinosaures : aucun dinosaure n'est devenu entièrement aquatique). Dans les océans, ce sont les ammonites et les nautiles qui batifolent.

Tous les reptiles géants ne sont pas forcément des dinosaures !

Les premiers reptiles apparaissent il y a 300 millions d'années. Ils se diversifient en nombreux groupes naturels, dont l'un donne celui des dinosaures, qui émerge il y a 200 millions d'années. Les humains et les dinosaures ne sont jamais croisés, sauf si on considère leurs représentants actuels les oiseaux **(#7)**. Les premiers hominidés sont apparus bien plus tard, il y a 7 millions d'années.
Les espèces de dinosaures découvertes à ce jour sont très variées : bipèdes ou quadrupèdes, carnivores et herbivores, à cornes, à plaques, à crêtes ou encore à plumes. Tous étaient ovipares, c'est-à-dire qu'ils se reproduisent avec des œufs.
Les pattes des « reptiles » que nous connaissons aujourd'hui, comme les lézards actuels, se situent sur les côtés du corps. Les pattes des dinosaures se situaient quant à elles sous le corps, comme chez les mammifères et les oiseaux. C'est la grande caractéristique des dinosaures.

- *L'ère tertiaire ou Cénozoïque (-65,5 millions d'années à aujourd'hui)*

On tend à la surnommer l'« ère des mammifères », notamment car elle connaît une forte diversification de ce groupe et l'apparition de formes géantes, à l'instar des *Paraceratherium*, sorte de gigantesque rhinocéros sans cornes de 15 à 20 tonnes et de plus de 7 mètres de long. Sans oublier, côté mers et océans, les cétacés qui apparaissent et se diversifient aussi. Ce sont les descendants de mammifères terrestres retournés vivre dans l'eau. Jamais contents !

Mais cet accent sur les mammifères relève une nouvelle fois de l'anthropocentrisme **(#43-48)**, dans la mesure où c'est aussi à cette période que se diversifie le groupe des primates, dont une des branches produit une espèce qui fait ensuite beaucoup parler d'elle ! Mais on pourrait tout autant appeler le Cénozoïque l'« ère des téléostéens » (poissons à nageoires rayonnées, comme les carpes et les saumons) ou l'« ère des passereaux » (l'immense majorité des oiseaux actuels) qui connaissent, eux aussi, une formidable radiation évolutive c'est-à-dire l'apparition accélérée de nouvelles espèces à partir d'un ancêtre commun et colonisant de nouvelles niches écologiques.

Après un début très chaud, cette ère est marquée par une tendance climatique vers le refroidissement général, même s'il y a des intermèdes chauds, et culmine avec les grandes glaciations. On y distingue trois périodes : Paléogène (avec Paléocène, Éocène et Oligocène), Néogène (avec Miocène et Pliocène), puis Quaternaire (Pléistocène et Holocène). L'Holocène commence il y a 11 800 ans, avec la fin du dernier épisode glaciaire et le début de la folle aventure de l'humain dit « moderne » et l'entrée dans ce qu'on appelle l'« Anthropocène » **(#43)** !

▪ *Une quatrième ère, l'ère quaternaire ?*

On distingue formellement le Quaternaire (-2,58 millions d'années à aujourd'hui) qui englobe le Pléistocène et l'Holocène. Le début du Quaternaire correspond ainsi à plusieurs changements géophysiques, mais aussi à la radiation évolutive du genre *Homo* en Afrique, puis en Eurasie. La fin du Pléistocène marque l'extinction de la mégafaune sur presque tous les continents. Pour la très sérieuse Commission Internationale de Stratigraphie, cela fait du Quaternaire une ère à part entière, mais on est en droit de trouver cette appréciation, à nouveau, anthropocentrée[2].

2. Le découpage en Paléogène, Néogène et Quaternaire, proposé par l'International Commission on Stratigraphy, est formellement admis depuis lors. Vous pouvez le consulter en ligne sur : http://www.stratigraphy.org/ICSchart/ChronostratChart2021-05French.pdf.

26. *« La rage a disparu, c'est une maladie du passé »*

Attention, là encore, le diable se cache dans les détails. Certes aucun cas de rage humaine acquise sur le territoire hexagonal n'a été rapporté depuis... 1924[3]. Merci Pasteur !

Pour autant, selon l'Organisation mondiale de la santé (OMS)[4] :
- La rage provoque encore 59 000 décès annuels dans le monde, principalement dans les zones rurales d'Asie et d'Afrique.
- Près de 40 % des victimes ont moins de 15 ans.
- Les chiens restent le principal vecteur de transmission à l'humain.
- Ces dernières décennies, moins d'un cas par an est diagnostiqué en France, tous importés (par exemple, le 12 octobre 2023, une femme, griffée par un chat sauvage au Maghreb, est décédée au CHU de Reims).

La rage peut être prévenue à 100 % par la mise en œuvre d'une procédure immédiatement après l'exposition à un animal suspect d'être enragé. Pour éviter tout risque d'importation de rage, 2 391 personnes ont reçu un traitement post-exposition en 2022[5].

En Europe, les chauves-souris peuvent être infectées par des virus de la famille des lyssavirus, différents de celui des chiens. Toute exposition à risque avec ces animaux doit conduire à une consultation antirabique. En effet, si la rage peut être prévenue par la vaccination, elle est quasi toujours mortelle une fois les premiers signes de la maladie déclarés[6].

---

3. Institut Pasteur, « Rage », octobre 2023.

4. Organisation mondiale de la santé, « Rage », septembre 2023.

5. Depuis 2018, environ 17 millions de personnes ont reçu un traitement antirabique post-exposition dans le monde (d'après Institut Pasteur, « Rage », art. cit.).

6. En 2004, une jeune États-Unienne a survécu à la rage. Elle avait été mordue sur le continent américain par une chauve-souris et n'avait reçu aucune vaccination antirabique avant, elle n'en a reçu aucune après cette exposition. Elle a subi un traitement très lourd en réanimation et

En Europe occidentale, la maladie est sous contrôle depuis le début des années 2000. La France est indemne de rage des mammifères terrestres non volants depuis 2001 bien que 3 cas de rage canine liés à des importations illégales sur le territoire aient été identifiés par le CNRR en 2008[7]. La même année, un cas de rage humaine a été confirmé par le CNRR en Guyane dû à un virus proche de ceux circulant chez les chauves-souris hématophages, « vampires », en Amérique Latine **(#encadré)**.

Par prudence, partout dans le monde il est judicieux de garder ses distances avec la faune sauvage.

Huit informations sur les chauves-souris

1. Il y a 36 espèces de chauves-souris en France. Cela représente le tiers des mammifères non marins d'Europe occidentale ! Leurs populations sont en net déclin. Bien dommage car ce sont, avec les araignées, nos meilleurs insecticides.

2. Oui, les chauves-souris peuvent se nourrir de sang : c'est le cas de 3 espèces dites « vampires » sur les 1 500 espèces connues de chauves-souris. Elles vivent en Amérique centrale et du Sud.

3. Non, les chauves-souris ne se nourrissent pas que d'insectes. Il existe deux grandes spécialisations chez les chauves-souris : des petites insectivores capables d'écholocalisation (toutes les espèces françaises) et des grosses frugivores et nectarivores incapables d'écholocalisation, qui vivent dans les pays tropicaux. D'autres, comme les murins de Daubenton chez nous, sont capables de pêcher des alevins de poissons à la surface.

4. Non, elles ne s'accrochent pas dans vos cheveux : elles n'auraient rien à y faire et sauraient très bien vous éviter dans le noir.

5. Non, elles ne pullulent surtout pas ! Contrairement aux souris, les chauves-souris ne font en général qu'un petit par an, rarement deux. Et la mortalité est élevée.

---

a survécu avec peu de séquelles. Survivre à la rage acquise reste rarissime.

7. *Bulletin d'épidémiologie et prophylaxie de la rage humaine en France*, vol. 27, 2008.

6. Non, elles ne rongent rien : ce ne sont pas des rongeurs mais des chiroptères (« qui volent avec les mains ») ! Aucune raison donc de craindre pour vos fils électriques.
7. Elles ne construisent pas non plus de nid et n'apporteront rien chez vous... sauf leur guano (accumulation des excréments) : un des meilleurs engrais naturels du monde pour votre jardin si vous avez la chance d'en avoir dans votre grenier !
8. Quant aux risques de rage, ils sont infimes. Si vous devez toucher un de ces petits mammifères, évitez de le faire à mains nues et utilisez des gants de jardin épais : outre le risque de les blesser, elles peuvent porter des pathogènes transmissibles.

27. *« Le carbone est le principal constituant du vivant »*

Non, en termes de proportions, sur Terre, c'est l'oxygène qui a la part belle[8]. Tout débute il y a 13,7 milliards d'années : Big Bang ! Depuis ce pétard primordial, l'Univers continue à se refroidir tout en continuant à s'étendre. Cet univers est presque vide, mais saupoudré d'un peu de matière quand même. Cette matière est composée d'atomes. Il y a actuellement 118 types d'atomes (ou « éléments chimiques ») différents connus sur la Terre, dont 94 qui existent à l'état naturel sur Terre. Le premier qui a été formé est l'atome d'hydrogène.

---

8. Comme souvent, il faut nuancer. Tout dépend si on s'intéresse au poids frais ou au poids sec, et si on regarde la masse ou le nombre d'atomes. En poids frais, l'eau « masque » toutes les biomolécules. Si on regarde la masse totale des atomes, c'est bien l'oxygène qui pèse le plus lourd. En poids sec (sans eau), c'est le carbone qui pèse le plus lourd. Et si on s'intéresse non pas à la masse totale de chaque atome, mais au nombre d'atomes, ce sont les atomes d'hydrogène les plus présents.Un *atome* (du grec *atomos*, « insécable ») est la brique élémentaire de la matière. Contrairement à ce que leur étymologie suggère, les atomes sont sécables, divisibles.

L'hydrogène : l'atome le plus répandu dans l'Univers

Dans l'Univers, ce sont ceux d'hydrogène (H) et d'hélium (He). Ce sont les atomes les plus légers. Ils représentent 98 % du total de tous les éléments présents dans l'Univers (74 % d'hydrogène et 24 % d'hélium)[9]. Tous les autres éléments naturels sont nés à l'intérieur des étoiles par des réactions nucléaires. Nous sommes donc bien des « poussières d'étoile ».

L'oxygène, l'atome le plus répandu sur Terre

Il faut distinguer la composition de la Terre globale, de celle de la croûte et de celle de l'atmosphère. C'est différent à chaque fois :
- La Terre globale est majoritairement composée d'oxygène (32 %) puis de fer (28 %), de silicium (17 %) et de magnésium (15 %). On trouve aussi de l'aluminium, du calcium et du nickel (chacun à hauteur d'environ 1,5 %).
- La croûte terrestre est également majoritairement composée d'oxygène (44,5 %), puis de magnésium (23 %) et de silicium (22 %). On trouve aussi du fer (5,8 %) ainsi que de l'aluminium et du calcium (chacun à hauteur d'environ 2 %).
- Dans l'atmosphère on trouve 78 % d'azote, 1 % de gaz rare, 21 % d'oxygène.

CHON ou CHNOPS ?

CHON et CHNOPS sont des acronymes très utiles pour mémoriser les atomes les plus courants dans les organismes vivants. Ces atomes sont, pour ainsi dire, les Lego de base du vivant. Si le carbone (C) est le squelette sur lequel viennent s'accrocher les autres atomes, c'est l'oxygène qui en est l'élément le plus lourd, en masse **(#tableau)**.

---

9. Observatoire de Haute-Provence, « Les éléments chimiques dans l'Univers », disponible en ligne sur : http://www.obs-hp.fr/lumiere/elements.html.

CHON signifie carbone (C), hydrogène (H), oxygène (O) et azote (N), qui constituent de loin plus de 95 % de la masse des systèmes biologiques. Dans CHNOPS, on retrouve aussi le phosphore (P) et le soufre (S), plus rares dans les organismes. Les combinaisons de ces six éléments constituent la plupart des molécules biologiques sur Terre.

Atome	Pourcentage de la masse totale des plantes	Pourcentage de la masse totale des animaux	Présent dans les...
Carbone	12 %	19 %	Glucides, lipides, acides nucléiques (ADN) et protéines.
Hydrogène	10 %	10 %	Glucides, lipides, acides nucléiques (ADN) et protéines.
Azote	1 %	4 %	Acides nucléiques (ADN), protéines, certains lipides et certains polysaccharides.
Oxygène	77 %	63 %	Glucides, lipides, acides nucléiques et protéines.
Phosphore	< 1 %	< 1 %	Lipides, acides nucléiques et protéines.
Soufre	< 1 %	< 1 %	Protéines et certains polysaccharides.

La chimie organique, « science des mariages heureux »

La chimie organique est le domaine de la chimie qui étudie les composés organiques, c'est-à-dire les composés du carbone.

Une caractéristique du carbone est l'aptitude de ses atomes à s'enchaîner les uns aux autres comme des Lego, pour former les briques et le squelette du vivant. Les savants de la fin du XVIIe siècle pensaient que les substances constitutives du vivant étaient fabriquées et liées par une mystérieuse « force vitale ». Cette intuition, comme tant d'autres en sciences, était fausse. On a découvert par la suite que les molécules organiques pouvaient très bien être synthétisées par des processus qui n'impliquent pas le vivant.

De plus, on sait aujourd'hui que le vivant dépend aussi de matières inorganiques. Il intègre des minéraux comme le calcaire (carbonate de calcium) dans les coquilles des coquillages, ou encore des phosphates de calcium dans les dents ou les os. Un des plus beaux bijoux du vivant est le squelette des diatomées (ces petites algues brunes planctoniques) : cette magnifique structure en forme de boîte porte le joli nom de *frustule* et est en silice (en verre !), les diatomées le produisent à froid (alors que l'humain a besoin de four à plus de 1 200 degrés Celsius).

Ce mariage de l'organique avec l'inorganique, du vivant avec le non vivant, s'illustre aussi avec la présence des métaux dans le vivant. De nombreuses protéines ont besoin de métaux comme le fer ou le cuivre pour être actives, par exemple :
– l'hémoglobine qui transporte l'oxygène dans nos globules rouges grâce à un atome de fer (qui donne au passage au sang sa couleur rouge) ;
– la chlorophylle, le pigment vert des plantes à qui nous devons tant (pour nous nourrir entre autres) qui comporte un atome de magnésium.

On pourrait citer d'autres exemples, telle l'hémocyanine (à base de cuivre) des crustacés (comme les homards), des mollusques (comme les poulpes ou les escargots), de certains insectes et des arachnides (comme les scorpions et les araignées).

28. « Les vers de terre constituent 80 % de la biomasse »

Qu'est ce qui pèse le plus lourd : un kilogramme de plumes ou un kilogramme de poils ? Le poids cumulé des populations des baleines est-il supérieur à celui du krill qu'elles mangent ? L'ensemble des bactéries est-il plus lourd que toutes les plantes ou l'inverse ? La cohorte des lombrics dépasse-t-elle celle des humains ? Combien pèsent les virus ? Combien pèse tout ça ? Et surtout quelles sont les proportions ?

La répartition de la biomasse sur Terre

Les auteurs de l'étude de référence de 2018 sur la question ont calculé les biomasses pour six grands groupes d'êtres vivants[10] : les animaux, les plantes, les champignons, les protistes, les bactéries et les archées.

Le résultat est étonnant : l'essentiel de la biomasse de la planète est constitué par les plantes (83 %) et, dans une moindre mesure, par les bactéries (13 %). Tous les autres organismes (baleines, humains, insectes, champignons, etc.) représentent une fraction infime de la biomasse totale. (Bien que les virus soient sur un strapontin du vivant **(#15)**, les auteurs ont indiqué leur biomasse.)

---

10. Bar-On Yinon, Rob Phillips, et Ron Milo, « The Biomass Distribution on Earth », *PNAS*, vol. 115, n° 25, 2018. Tous mes remerciements à Pascal Combemorel pour sa version française publiée sur *Planet Vie* : https://planet-vie.ens.fr/thematiques/ecologie/relations-trophiques/la-repartition-de-la-biomasse-sur-terre. Le tableau qui suit en est tiré.

Répartition biomasse totale	Gigatonne(s) de carbone	Pourcentage du total terrestre
Plantes	450	83
Bactéries	70	13
Champignons	12	2,2
Archées	7	1,3
Protistes	4	0,7
Animaux	2,3	0,04
Virus	0,2	0,04

Autres conclusions notoires :

- La biomasse d'un groupe n'est pas corrélée au nombre d'espèces qui le compose.

Exemple : il y a 2 millions d'espèces connues sur Terre. Si les plantes (arbres et algues comprises) ne comptent « que » 380 000 espèces, elles totalisent 450 gigatonnes – loin devant tout autre groupe !

- La biomasse d'un groupe n'est pas non plus corrélée au nombre d'individus qui le compose.

Exemple : La masse d'une bactérie *Escherichia coli* est de 0,95 picogramme (soit 0,000 000 000 000 95 gramme) tandis qu'une baleine bleue peut atteindre 180 tonnes (soit 180 000 000 grammes).

- Bien que les océans et les mers recouvrent 71 % de la planète, la biomasse continentale est largement plus importante que la biomasse marine (470 gigatonnes de carbone contre 6 gigatonnes de carbone).

- Autre grosse différence entre les terres émergées et les océans, la constitution des chaînes alimentaires **(#23)**. Dans les milieux terrestres, les producteurs sont bien plus nombreux que les consommateurs. En milieu marin, c'est l'inverse !

Il y a beaucoup plus de consommateurs. L'équilibre est possible grâce au taux de renouvellement ultrarapide des producteurs dans l'eau : leur durée de vie est courte mais ils se reproduisent rapidement, maintenant ainsi une forte productivité primaire.

Les lectrices et lecteurs pointilleux auront raison de demander comment les auteurs de cette étude ont fait leurs calculs. En effet, il existe plusieurs façons de mesurer la biomasse : poids frais, poids sec, masse de carbone **(#27)**. C'est cette dernière qu'ils ont retenue, pour deux raisons : cette mesure permet de s'affranchir de la quantité d'eau, variable, des organismes ; c'est le procédé le plus fréquemment utilisé dans la littérature scientifique.

Les vers de terre constituent la principale biomasse… animale des sols

Les spécialistes des vers portent le nom de « géodrilologues ». Le plus célèbre d'entre eux est Charles Darwin. Il les étudie avec son fils pendant quarante-cinq ans. Ils font partie des premiers à les réhabiliter alors que ceux qu'Aristote avait surnommés les « intestins de la terre » sont à l'époque considérés comme des parasites nuisibles à l'agriculture.

Il existe près de 7 000 espèces de vers de terre dans le monde, dont 150 en France[11]. Le plus grand est australien : *Megascolides australis*, « ver géant de Gippsland ». Mensurations : 80 centimètres de long, 2 centimètres de diamètre, 400 grammes. Des spécimens de 3 mètres de long ont été signalés.

Le fait de creuser la terre (la bioturbation) favorise la pénétration de l'air et de l'eau. Leur rôle de décomposeurs contribue à la libération des nutriments nécessaires aux plantes et aux

---

11. Alberto Orgiazzi, Richard D. Bardgett, Edmundo Barrios *et al.*, *Global Soil Biodiversity Atlas*, European Soil Data Center, 2016. Des informations sont également disponibles en en ligne sur : https://www.globalsoilbiodiversity.org/new-blog/2018/11/6/earthworms?rq=earthworms.

microbes des sols. Ils n'ont pas de poumons et respirent par la peau, qui doit rester humide pour permettre l'échange de gaz. C'est un des rôles du mucus qu'ils produisent. Les lombrics avancent en s'allongeant puis se recroquevillant. Leur mucus lubrifie la locomotion.

Les vers de terre constituent 60 à 80 % de la biomasse « animale des sols » et non pas « du monde ». Pour rappel, les plantes constituent 82 % de la biomasse terrestre, les bactéries 13 % et les animaux (dont l'humain et les vers de terre : 0,47 %).

Les densités des vers de terre sont comprises entre 50 et 400 individus par mètres carrés, soit en moyenne 300 grammes par mètres carrés et donc 3 tonnes par hectares dans les prairies fertiles des régions tempérées. Ils entretiennent un réseau de galeries de 400 mètres par mètres carrés. En cinquante ans, toute la terre d'un jardin passe dans leur tube digestif.

Leur abondance est aujourd'hui réduite par le labour et les pesticides. Dont le glyphosate, que l'Union européenne vient de renouveler pour dix ans en 2023, après cinquante ans de ravages ! Leur population a été divisée par 10 en un siècle à peine. Ils sont parmi les animaux les plus touchés par le dérèglement climatique. Pour ne rien arranger, des vers invasifs prédateurs (des plathelminthes bariolés) introduits depuis des pays tropicaux. En France, une espèce fait beaucoup parler d'elle : *Obama nungara* originaire d'Argentine ; elle n'a pas été nommée ainsi par Donald Trump ! *Obama* vient de deux mots de langue tupi : *oba*, « feuille » et *ma*, « animal ».

29. *« Le ratio animaux sauvages/ domestiques est de 5 %/95 % »*

Quand on avance des chiffres, il faut faire preuve de précision.

De quels animaux parle-t-on ici ?

Commençons par un aperçu de la biomasse animale.

Répartition biomasse animale[12]	Gigatonne(s) de carbone	Pourcentage du total animal
Arthropodes	1	42
Poissons	0,7	29
Annélides	0,2	8,5
Mollusques	0,2	8,5
Cnidaires	0,1	4
Bétail	0,1	4
Humains	0,06	2,5
Nématodes	0,02	0,8
Mammifères sauvages	0,007	0,3
Oiseaux sauvages	0,002	0,08

12. Les *arthropodes* sont des animaux au corps enveloppé d'un exosquelette articulé, flexible et résistant chez les arthropodes terrestres (hannetons), calcifié et dur chez les aquatiques (crabes, écrevisses). Les *annélides* sont des vers segmentés, la plupart sont marins mais les vers de terre en font aussi partie. Les *cnidaires* sont des animaux aquatiques caractérisés par la présence de cellules urticantes comme les méduses, les coraux ou les anémones. Les *nématodes* sont des vers ronds et effilés, non segmentés. Ils peuvent être microscopiques mais certaines formes parasitiques peuvent dépasser 1 mètre.

Quelle répartition entre sauvage et domestique ?

Si l'on ne considère que les mammifères, voici ce que ça donne[13].

Groupe	Biomasse (millions de tonnes)	Pourcentage du total
Mammifères terrestres sauvages	20	1,8
Mammifères marins sauvages	40	3,7
Mammifères d'élevage et de compagnie	6 301	58,5
Humains	390	36

Les mammifères sauvages terrestres et marins réunis ne pèsent « que » 60 millions de tonnes, contre 390 millions pour les humains et 630 millions pour les mammifères d'élevage et de compagnie. À la lecture de ces données, force est de constater que cette idée fausse n'est pas si fausse… pour les mammifères : l'humain et ses animaux domestiqués représentent près de 95 % du total, contre 5 % pour les mammifères sauvages, mammifères marins sauvages compris. Et c'est dramatique.

Ainsi, si on prend l'ensemble de la biomasse animale, les mammifères sauvages (soit 6 500 espèces connues) représentent moins de 10 % du poids total de la biomasse animale.

---

13. Ces chiffres sont issus de l'étude de Lior Greenspon, Eyal Kriger, Rond Send *et al.*, « The Global Biomass of Wild Mammals », *PNAS*, vol. 120, n° 10, 2023. Ces scientifiques appartiennent à l'institut Weizmann (en Israël) à l'origine du calcul de la biomasse planétaire totale **(#28)**.

Le poids du bétail écrase le sauvage

D'autres exemples de chiffres, toujours tirés de la même étude, permettent de prendre la mesure de ces écarts :
- L'ensemble des mammifères élevés représente trente fois le total des mammifères sauvages.
- L'éléphant d'Afrique (qui peut peser jusqu'à 6 tonnes) et la baleine bleue (qui peut peser jusqu'à 170 tonnes) sont - respectivement sur la terre ferme et dans l'eau - les animaux les plus lourds à titre individuel. Pourtant, même en additionnant la totalité des spécimens de ces deux espèces, nous n'arriverions pas au poids des seules vaches par exemple.
- Les cochons, à eux seuls, pèsent plus de deux fois plus lourd que les mammifères sauvages qui peuplent la terre ferme.
- La centaine d'espèces d'oiseaux d'élevage (avec une espèce ultra-dominante, les poulets) représente une biomasse presque trois fois plus importante que les 11 000 espèces d'oiseaux sauvages.

30. *« Le nombre d'animaux sauvages a chuté de 69 % en moins de cinquante ans »*

Ce qu'il manque ici pour que cette « idée fausse » soit correcte, c'est le mot *vertébrés :*

> « Les populations d'animaux sauvages *vertébrés* ont chuté de 69 % en moins de cinquante ans. »

Ou, pour encore plus de précisions :

> « Entre 1970 et 2018, la taille moyenne des populations de vertébrés sauvages a décliné de 69 %, selon le rapport *Planète Vivante 2022* du World Wildlife Fund (WWF)[14]. »

Pourquoi est-ce important d'être précis ? Parce que même si le vivant sauvage est, globalement, en déclin depuis quelques

14. WWF, « Rapport *Planète vivante 2022* », 2022, disponible en ligne sur : https://www.wwf.fr/rapport-planete-vivante.

siècles, certaines populations animales sont en expansion. C'est le cas de certaines espèces d'insectes ou de céphalopodes. Les premiers bénéficient de l'excès de matière organique dans les cours d'eau et les seconds de la surpêche de leurs prédateurs. Le plus souvent, les oublis et les généralisations hâtives sont involontaires. Mais quand ils sont volontaires, cela s'appelle du «*cherry picking*» (littéralement «cueillette de cerises» ou « picorage »). Ce procédé trompeur consiste à présenter uniquement les faits ou les données qui renforcent une opinion ou une thèse, en passant sous silence tout ce qui peut la contredire ou l'affaiblir. Quelle que soit la cause défendue, faire du *cherry picking*, c'est risquer de se disqualifier. Pour s'assurer d'être bien compris il n'est jamais inutile de sourcer, de reformuler et de donner des exemples précis et marquants.

Chaque année, par souci de cohérence et de validité scientifique, le WWF s'appuie sur un indice qu'il a développé et calculé à partir des données collectées sur 32 000 populations de plus de 5 230 espèces de vertébrés, l'« indice Planète Vivante » (IPV). En moins d'un demi-siècle, ces effectifs de plus de 32 000 populations de mammifères, d'oiseaux, d'amphibiens, de reptiles et de poissons ont chuté des deux tiers! Le rythme de cette annihilation augmente. En 2020, le WWF chiffrait ce déclin moyen des populations à 69 %[15].

Voici quelques conclusions générales notables du rapport *Planète Vivante 2022*:

- En 2024, les humains sont deux fois plus nombreux qu'en 1970. Les populations d'animaux ont été plus que divisées par deux.
- Chaque année, nous perdons environ 10 millions d'hectares de forêts, soit une superficie équivalente à celle du Portugal.
- Aucune région du monde n'est épargnée. L'Amérique latine a le triste record du déclin (94 %), vient ensuite l'Afrique en deuxième position (66 %), suivie de l'Asie et du Pacifique (55 %), de l'Amérique du Nord (20 %) et enfin de l'Europe (18 %).

---

15. *Ibid.*

- Les populations d'espèces d'eau douce ont baissé de 83 %. En France, plus de la moitié de la surface des zones humides, réservoirs de biodiversité, d'eau et de carbone a disparu du territoire hexagonal. Depuis 1700, c'est -90 % !
- L'IPV des poissons d'eau douce migrateurs montre un déclin moyen de 76 % entre 1970 et 2016.
- La moitié des populations d'espèces de coraux tropicaux (d'eau chaude) ont déjà disparu. C'est le déclin le plus rapide constaté. Un réchauffement de +1,5 degré Celsius (par rapport à la période préindustrielle) entraînera une perte de 70 % à 90 % des coraux d'eau chaude restants. Si le réchauffement atteint +2 degrés Celsius, 99 % de ces coraux disparaîtront **(#encadré)**.

Et voici les conclusions pour quelques espèces emblématiques :
- Les populations de requins et de raies océaniques ont diminué de 71 % au cours des cinquante dernières années. Il y a de grosses disparités suivant les espèces et les endroits. Ce chiffre surtout les espèces de grande taille.
- Les tortues luths, plus grands reptiles marins actuels, ont vu leurs effectifs diminuer de 60 % dans l'Atlantique Nord-Ouest. Ce chiffre monte à 95 % dans le détroit du fleuve Maroni (à la frontière entre la Guyane et le Suriname). Les causes : captures accidentelles notamment liées à la pêche illégale et la hausse des températures qui déséquilibre le ratio entre naissances de mâles et de femelles.
- Dans le parc national de Kahuzi-Biega (République du Congo), la population de gorilles des plaines orientales (*Gorilla beringei graueri*) a chuté de 80 %. Attention, ce chiffre concerne une des quatre sous-espèces, pas toutes. Il y a en effet deux espèces de gorilles, l'une vivant dans l'Est (*Gorilla beringei*) et l'autre dans l'ouest de l'Afrique (*Gorilla gorilla*). Chaque espèce est subdivisée en deux sous-espèces. Il serait faux de les confondre, même si toutes les populations de gorilles ont baissé en cinquante ans.
- Le nombre d'éléphants de forêt africains (une des deux espèces d'éléphant d'Afrique) a chuté de plus de 86 %.

Les cinq causes de l'effondrement de la biodiversité

Les cinq causes de l'éradication de biodiversité étaient en 2022, par ordre d'impact[16] :

1. La fragmentation et la destruction des habitats, souvent pudiquement reformulé en « changement d'usage des terres » (30 %).

2. La surexploitation des ressources, le braconnage et le commerce illégal d'espèces menacées (23 %)

3. Le dérèglement du climat (14 %). Ce dérèglement pourrait arriver en tête de ce classement des impacts majeurs dans la décennie à venir, c'est notamment ce que souligne le rapport *Planète Vivante 2022* du WWF.

4. Les pollutions (14 %).

5. L'introduction d'espèces invasives (11 %).

31. *« 60 % des oiseaux ont disparu depuis quarante ans »*

Voici une affirmation dont l'analyse est complémentaire de la précédente. Quel est le problème ? La généralisation hâtive, l'approximation, la republication massive et sans vérification d'informations tronquées. La phrase correcte est :

> « 60 % des oiseaux *des champs* ont disparu *en Europe* depuis quarante ans. »

Ou, plus exactement :

> « 57 % des oiseaux des champs ont disparu en Europe entre 1981 et 2016[17] ».

---

16. « Les 5 pressions responsables de l'effondrement de la biodiversité », 2022, disponible en ligne sur : https://biodiversite.gouv.fr/les-5-pressions-responsables-de-leffondrement-de-la-biodiversite.

17. Stanislas Rigal, Vasilis Dakos, Hany Alonso *et. al.*, « Farmland practices are driving bird populations decline across Europe », *PNAS*, vol. 120, n° 21, 2023. Une cinquantaine de chercheurs et chercheuses y ont compilé les données de 20 000 sites, sur 37 ans, dans 28 pays européens, pour 170 espèces d'oiseaux différentes.

Les oiseaux des champs, ceux qui volent au-dessus des parcelles agricoles, ne représentent qu'un oiseau sur dix ! Toutes espèces confondues, l'Europe a perdu 25 % de ses oiseaux en quarante ans. Ce n'est pas tout à fait la même chose ! Mais ça reste très important : cela correspond à 20 millions d'oiseaux en moins chaque année, depuis près de quarante ans. Soit 800 millions d'oiseaux éradiqués depuis 1980.

Certains milieux sont plus durement touchés que d'autres : les effectifs des oiseaux forestiers ont baissé de 18 %, contre respectivement 28 % pour les oiseaux urbains et 57 % pour les oiseaux des champs. Ces chiffres varient aussi selon les espèces. Ainsi, les effectifs des bruants ortolans ont baissé de 90 % et ceux des moineaux domestiques de 64 %, alors que les populations de corvidés sont relativement stables par exemple.

La première cause de déclin est l'agriculture intensive, qui utilise de plus en plus d'engrais et de pesticides, avec pour conséquences la destruction massive des insectes et des plantes. Ceinture pour les insectivores et les granivores ! L'agrandissement des parcelles, la suppression des haies ou des zones humides empêchent les oiseaux de faire des nids et de se nourrir.

Le dérèglement climatique est aussi en cause. Les espèces préférant le froid ont vu leurs effectifs décliner de 40 %. Mais étonnamment, l'étude montre que les espèces préférant le chaud ne sont pas épargnées, avec 18 % de déclin.

Autre conclusion intéressante de l'étude : le nombre d'oiseaux nichant en milieu urbain a augmenté de 9 %. Mais c'est un chiffre en trompe-l'œil : les bâtiments comptent de moins en moins de trous où faire des nids. Avec la disparition des insectes **(#57)**, les jungles de béton deviennent de plus en plus hostiles, étanches, stériles.

La disparition des oiseaux n'est pas anecdotique. Ils disséminent les graines et régulent les populations d'insectes et de rongeurs. À l'échelle mondiale, le dernier rapport publié en 2022 par BirdLife International, dont la Ligue pour la protection des oiseaux est la représentante en France, interpelle tout autant[18]. Pour faire court, il affirme qu'une espèce d'oiseaux sur huit est menacée d'extinction dans le monde. La moitié des plus de 11 000 espèces d'oiseaux de la planète sont en déclin, et 1 409 sont donc menacées d'extinction.

32. *« Il y a beaucoup plus de vie dans l'océan que sur terre »*

Davantage qu'en surface, il faut penser l'océan en volume (de l'ordre de 1 370 millions de kilomètres cubes). Penser en 3D et non pas 2D. Sa profondeur moyenne se situe autour de 3 800 mètres[19]. Océans et mers recouvrent 71 % de notre planète et représentent 97 % de l'eau sur Terre[20]. Avant toute chose, il faut aussi rappeler les deux caractéristiques essentielles de l'océan, qui expliquent son fonctionnement, sa continuité (donc sa connectivité) et sa stabilité.

L'océan : un continuum connecté et stable

La principale caractéristique de ce gigantesque milieu est d'abord sa continuité, donc sa connectivité.

La deuxième caractéristique de l'océan est sa stabilité, qui concerne trois facteurs :
– D'abord, sa température, qui varie beaucoup moins que celle de l'air. En surface, la température moyenne de l'eau océanique

---

18. BirdLife International, « État des populations d'oiseaux dans le monde. Perspectives et solutions pour la crise de la biodiversité », 2022, disponible en ligne sur : https://www.birdlife.org/wp-content/uploads/2022/09/SOWB2022_FR_compressed.pdf.

19. Université de Picardie, « Les océans », disponible en ligne sur : https://www.u-picardie.fr/beauchamp/mbg6/oceano/oceano.htm.

20. Agathe Euzen, Catherine Jeandel, Rémy Mosseri, *L'Eau à découvert*, Paris, CNRS Éditions, 2015, disponible en ligne sur : https://books.openedition.org/editionscnrs/9848?lang=fr.

s'échelonne de -1,5 degré Celsius aux pôles jusqu'à près de +30 degrés Celsius dans les mers chaudes équatoriales. La variation annuelle est faible dans les eaux polaires froides et dans les eaux tropicales chaudes, de 1 à 3 degrés Celsius.

Dans les mers tempérées, l'écart saisonnier est plus marqué : 8 degrés Celsius pour la Manche, de 12 à 13 degrés Celsius pour la Méditerranée. La journée, les fluctuations ne dépassent pas 1 degré Celsius au large, mais peuvent avoisiner 5 degrés Celsius dans les eaux côtières peu profondes. Sur terre en revanche, les températures s'échelonnent entre -90 degrés Celsius en Antarctique et 56 degrés Celsius dans les déserts (valeurs records), soit une amplitude thermique près de cinq fois supérieure.

– Autre trait remarquablement stable de l'océan : sa salinité de 35 grammes de sel par litre, soit 35 ‰. Cette composition de l'eau océanique est la même partout, depuis des dizaines de millions d'années. Il existe bien sûr quelques petites variations très locales : la mer Rouge affiche 41 ‰ et la mer Morte 275 ‰. Pourquoi ces variations ? Parce qu'il y a davantage d'évaporation qu'ailleurs dans ces petites mers enclavées.

– Enfin, dernière particularité – jusqu'ici – la stabilité de son pH[21]. Avant la révolution industrielle le pH de l'eau des océans était à 8,2, à peu le même que celui d'un blanc d'œuf. Mais c'est en train de changer. Le pH est ainsi passé de 8,2 à 8,1 entre 1950 et 2021 **(#encadré)**.

21. Le pH qui caractérise l'acidité, sans unité, qui évolue entre 0 et 14 : s'il est supérieur à 7, une solution est dite « basique ». À l'inverse, s'il est inférieur à 7, elle est « acide ». Et s'il est exactement à 7, elle est « neutre ».

Prendre la mesure des menaces qui pèsent sur l'océan

- **Le dérèglement climatique** empêche ou modifie les cycles de vie de beaucoup d'espèces. Il modifie également les courants marins.
- **L'excès de CO_2 acidifie l'eau des océans.** Cet excès ramollit les coquilles des coraux et des coquillages. Il trouble les poissons, perturbant leur odorat. Il peut même modifier la façon dont les sons se transmettent dans l'eau, rendant les environnements sous-marins encore plus bruyants. **(#6).**
- **La diminution de 0,1 unité est trompeuse.** Elle représente en fait une augmentation de 26 % de l'acidité ! D'ici 2100, le pH de l'océan de surface pourrait chuter à moins de 7,8, et devenir 150 % plus corrosif qu'aujourd'hui.
- **La destruction** des mangroves, des herbiers marins, des récifs coralliens et le pillage des sanctuaires et zones de reproduction de poisson menace les ressources de pêche.
- **La surpêche** s'aggrave partout dans le monde. Les heures de pêche en haute mer ont globalement augmenté de 8,5 % entre 2018 et 2022, et de 22,5 % dans les zones sensibles identifiées par l'ONU comme de potentiels futurs sanctuaires marins. En trente ans, les populations de thons rouges du Pacifique se sont ainsi effondrées de plus de 90 %. Maigre espoir : fin 2022, la COP15 sur la biodiversité a adopté un objectif : protéger 30 % des terres et océans de la planète d'ici à 2030.

La liste des menaces qui pèsent sur l'océan est encore longue
Les activités humaines génèrent des pollutions multiples – eaux usées, pesticides, nitrates, hydrocarbures ou encore plastiques. La valeur globale du patrimoine océanique est estimée à au moins 24 000 milliards de dollars, bien plus en fait. La France possède une responsabilité particulière puisqu'elle possède le second espace maritime au monde via les territoires de ses départements, régions et collectivités d'Outre-mer. La zone économique exclusive française couvre un peu moins de 11 millions de kilomètres carrés, contre 11,3 pour les États-Unis.

Des « déserts d'eau »

Bien que les océans et les mers recouvrent plus des deux tiers de la planète, la biomasse terrestre est beaucoup plus importante que la biomasse océanique : 470 gigatonnes de carbone contre 6, soit quatre-vingts fois plus de biomasse sur terre que dans les mers et les océans **(#28)**.

Il y a une autre énorme différence entre les milieux marins et terrestres, c'est la répartition entre producteurs et consommateurs, entre les plantes et les animaux **(#23)**. Sur terre, ces 470 gigatonnes se répartissent en 450 gigatonnes de producteurs et 20 gigatonnes de consommateurs. Dans l'océan la proportion est inverse : 5 gigatonnes de consommateurs pour 1 gigatonne de producteurs seulement. Cette différence s'explique par le fait que le plancton se renouvelle infiniment plus vite que les arbres, il se multiplie et est consommé en continu.

La biodiversité marine connue de l'océan ne dépasse pas 13 % de l'ensemble des espèces vivantes actuellement décrites. Ce chiffre est faible pour au moins deux raisons :
- La première est la méconnaissance d'un milieu difficile à explorer. On connaît moins bien le fond des océans que la surface de la Lune, selon le cliché véridique consacré.
- La seconde raison c'est que, justement, sa continuité et sa stabilité permettent moins de diversité. Sur les 36 000 espèces de poissons connues, 41 % vivent en eau douce (où leurs effectifs ont chuté de 80 % depuis les années 1970), et 59 % sont des espèces marines. Moins de 400 espèces sont capables de vivre en eau douce ET en eau salée au cours de leur cycle (saumons, anguilles, esturgeons entre autres). Cette répartition est d'autant plus surprenante que l'eau salée représente 97 % du volume total de l'eau sur la planète !

Les multiples rôles de l'océan

- **Les océans connectent les humains**, 80 % des échanges mondiaux se font via porte-conteneurs.
- **Les océans sont des « puits de carbone ».** Ils absorbent 25 à 30 % du CO_2 émis par l'humain et 90 % de la chaleur.
- **Le plancton des océans** produit certes la moitié de l'oxygène brut mondial, mais il est immédiatement réabsorbé par ses voisins marins.
- **Les océans fournissent de la nourriture.** Au niveau mondial, entre 15 et 20 % des apports en protéines viennent des poissons et des ressources marines. La consommation annuelle mondiale par habitant·e de produits alimentaires d'origine aquatique est passée de 10 kilogrammes en moyenne dans les années 1960 à près de 20 kilogrammes aujourd'hui (plus de 33 kilogrammes en France !). Cinq pays (Chine, Indonésie, Inde, États-Unis et Japon) accaparent 59 % des prises, dont 36 % pour la seule Chine. Pendant des siècles, l'humanité a agi comme si les océans étaient des ressources inépuisables et des poubelles sans fond, capables de nous nourrir et d'absorber tous nos déchets. Aujourd'hui les êtres vivants des océans sont en danger.

33. *« L'Amazonie est le poumon vert de la planète, elle produit 20 % de notre oxygène »*

« L'Amazonie, le poumon de notre planète, produit 20 % de notre oxygène », a tweeté Emmanuel Macron en 2019, à l'époque des mégafeux, en partie volontaires, qui la détruisaient. On retrouve également cette formulation sur de nombreux sites d'informations ou sur des sites d'associations écologiques qui reprennent le cliché de « poumon vert ». L'Amazonie est-elle vraiment ce poumon qui produit 20 % de l'oxygène terrestre ? Non.

D'abord parce que, même si l'Amazonie héberge une biodiversité phénoménale (40 000 espèces de plantes, 3 000 espèces de poissons d'eau douce et plus de 370 de reptiles, soit 1 espèce sur 10 connues sur Terre) et s'étendant sur une surface de près de 5 500 000 kilomètres carrés (dix fois celle de la France !), elle n'est « que » la seconde forêt la plus vaste de la planète[22]. En l'occurrence, la forêt la plus vaste est la taïga qui forme une sorte d'anneau autour du pôle Nord et s'étend sur 15 millions de kilomètres carrés. Presque trois fois plus que l'Amazonie

Ensuite parce que la métaphore du poumon est maladroite, pour ne pas dire erronée : comme toutes les forêts du monde, l'Amazonie fonctionne exactement à l'inverse d'un poumon. Elle capte le dioxyde de carbone (CO_2) et rejette du dioxygène (O_2). Nos poumons font le contraire.

Regardons les chiffres avancés maintenant. « 20 % de notre oxygène ». C'est très exagéré. En effet, il faut savoir qu'au moins la moitié du bio-oxygène provient des océans, où vit le phytoplancton (constitué d'organismes végétaux vivant en suspension dans l'eau). C'est lui le premier producteur d'oxygène et le plus grand piège à CO_2 du monde[23]. C'est lui qu'on pourrait surnommer le « poumon (bleu) de la planète ». Mais ce serait, là encore, pécher par anthropomorphisme.

Donc 50 % du dioxygène produit par le phytoplancton, ça laisse tout de même 50 % de la production aux forêts du monde ! Plus précisément, l'ensemble des forêts tropicales émettrait 24 % de l'oxygène produit sur la terre ferme et 12 % de l'oxygène total, terres et océans inclus. En admettant que l'Amazonie émette à elle seule la moitié de ces 12 %, nous arrivons à 6 % de la production d'oxygène mondiale[24]. C'est ce que la plupart des spécialistes s'accordent à dire. Mais, elle consomme presque tout l'oxygène produit **(#encadré)**.

---

22. WWF, « Amazonie, poumon vert de la planète », disponible en ligne sur : https://www.wwf.fr/espaces-prioritaires/amazonie.

23. Plateforme Océan & Climat, « L'océan, origine de la vie ».

24. Ces chiffres sont ceux de Jonathan Foley, un climatologue et écologue états-unien.

La photosynthèse, c'est quoi ?

D'abord les végétaux puisent de l'eau et des minéraux dans le sol. Avec leurs feuilles, ils captent le CO_2 de l'atmosphère qui, combiné à de l'eau (H_2O) et grâce à l'énergie du soleil, sert à produire des sucres ($C_6H_{12}O_6$), tout en rejetant du dioxygène et - on l'oublie souvent - de la vapeur d'eau ! C'est l'équation de la photosynthèse[25] :

$$6CO_2 + 12H_2O \rightarrow C_6H_{12}O_6 + 6O_2 + 6H_2O.$$

Toutefois, ce dioxygène sert en majorité à la consommation des végétaux pour respirer de jour comme de nuit : quand la photosynthèse s'arrête, les plantes n'émettent plus d'O_2 mais elles continuent à respirer, et donc consomment une part du dioxygène rejeté de jour. Point important : elles dégagent plus de dioxygène qu'elles n'en consomment.

De plus, si les arbres en croissance sont bien émetteurs nets d'O_2, les arbres vieux ou morts restituent leur CO_2 stocké dans leur bois via le processus de décomposition, tout en consommant de l'O_2.

L'Amazonie n'est donc ni le « poumon vert » ni même la première forêt de la planète. Elle est, en revanche, d'une importance capitale pour la biodiversité et la régulation du climat. C'est elle qui maintient l'humidité en produisant de la vapeur d'eau. Si la déforestation se poursuit au rythme actuel, la région risque de graves problèmes de sécheresse, avec un gros impact sur l'agriculture et la production d'énergie du Brésil. En effet, ces deux activités dépendent des énormes barrages hydroélectriques, aujourd'hui menacés par des pluies plus rares. La déforestation et les incendies (consommateurs d'O_2 et émetteurs de CO_2 !) sont très préoccupants.

25. La *photosynthèse* est la synthèse de matière organique, notamment des glucides, réalisée à partir de l'eau et du dioxyde de carbone capté dans l'air par les feuilles des plantes. Grâce à l'énergie fournie par la lumière du soleil, la réaction produit de l'oxygène, qui est rejeté dans l'atmosphère.

En matière de production d'O_2, le bilan net de la forêt – comme du plancton, nous y reviendrons **(#34)** – est donc quasi nul quand elle est à son état d'équilibre ! Mais si les forêts (et le plancton) réabsorbent en grande partie l'oxygène qu'elles produisent, qui a fourni celui que nous respirons ? Le plancton ? Pas si simple. Pour en savoir plus, rendez-vous à l'idée fausse suivante.

Les trois grands bassins forestiers tropicaux de la planète

Un sommet sur les forêts est passé sous les radars en 2023 ! Le 26 octobre, les pays des trois principaux bassins forestiers tropicaux de la planète (Amazonie, Congo, Bornéo-Mékong) se sont réunis à Brazzaville à l'occasion du Three Basins Summit (« Sommet des 3 bassins »), pour forger une alliance et trouver des solutions contre la déforestation. Ces bassins comptent, pour 80 % des forêts tropicales, un tiers de la biodiversité terrestre. Ils jouent un rôle majeur dans la séquestration de CO_2 et la régulation du climat.

Tous les trois sont lentement rongés et menacés par l'expansion humaine. La déforestation y a augmenté de 4 % en 2022[26]. Cause principale : la conversion des forêts en terrains d'élevage ou en terres agricoles. Ces pratiques sont anciennes en Amazonie et en Asie du Sud-Est, mais plus récentes dans le bassin du Congo. Aujourd'hui, c'est en Afrique que le déboisement est le plus rapide. La forêt y est grignotée par l'agriculture vivrière. Celles d'Amazonie et d'Asie du Sud-Est sont plutôt défrichées pour l'agriculture et l'élevage destinés à l'exportation. En Amazonie, c'est principalement du soja destiné à nourrir le bétail occidental, en Asie du Sud-Est, c'est de l'huile de palme (où 85 % de l'huile est produite par la Malaisie et l'Indonésie sur d'anciennes terres forestières) qu'on retrouve dans la moitié des produits de nos supermarchés[27].

26. Perrine Mouterde, « En dépit de multiples engagement internationaux, la déforestation a encore augmenté en 2022 », *Le Monde*, 2023.

27. WWF, « Malaisie : accompagner les petits exploitants d'huile de palme vers de meilleures pratiques », disponible en ligne sur : https://www.wwf.fr/projets/huile-de-palme-permettre-aux-petits-exploitants-dacceder-au-marche-durable.

Cela s'appelle la « déforestation importée ». Plus d'un tiers des émissions de CO_2 de la déforestation tropicale est dû au commerce international !
L'alliance des pays forestiers permettrait d'éviter les « effets de fuite » (si un pays fait des efforts pour réduire la déforestation, alors que son voisin ne fait rien, cette déforestation se déplace du vertueux vers l'immobile). Il est aussi indispensable de soutenir ces pays forestiers et avoir enfin le courage de revoir notre consommation de viande et d'autres denrées à forts impacts (cacao, huile de palme, etc.). En 2009, à la COP15 de Copenhague, les pays occidentaux s'étaient engagés à verser 100 milliards de dollars par an à ces pays[28]. En 2023, seuls 83 milliards avaient été mobilisés, dont 68 d'argent public.
Le Parlement européen a adopté en 2022 une directive contre la déforestation importée[29]. Cela va dans le bon sens, même s'il y a beaucoup de trous dans la raquette, notamment la traçabilité. En attendant, des ONG (comme Planète Urgence) aident des communautés à protéger et à replanter leurs forêts… tout en cassant la croûte, ce qui est le nerf de la guerre !

34. *« Nous devons une respiration sur deux au plancton »*

Oui et non… Nous venons de voir que l'Amazonie n'est, de loin, pas notre principal fournisseur d'oxygène. On entend souvent aussi que « nous devons une respiration sur deux au plancton ». Je l'ai moi-même parfois dit dans mes émissions. Mais c'est faux aussi !

---

28. Sénat, « Financement climat : n'oublions pas les pays les plus pauvres », Rapport d'information n° 713 (2014-2015), déposé le 30 septembre 2015.
29. Parlement européen, « Le Parlement adopte une nouvelle législation pour lutter contre la déforestation », 2023.

Cette erreur vient de la confusion qu'on fait entre la « production brute » d'oxygène (par la végétation et le plancton) et le « bilan net » des processus biologiques, qui est presque nul. À peine émis, il est réabsorbé !

Et la photosynthèse fut

En réalité, presque tout l'oxygène (près de 21 % de l'atmosphère terrestre) provient des océans, mais pas du plancton actuel. À l'origine, l'oxygène s'est accumulé dans l'atmosphère grâce à des micro-organismes marins, les cyanobactéries, qui pratiquaient la photosynthèse[30] (apparue il y a environ 3,7 milliards d'années). Ces cyanobactéries absorbaient du CO_2, alors constituant majoritaire de l'atmosphère et rejetaient de l'O_2. Pour elles, c'était un déchet ! Et pour les autres êtres vivants de l'époque aussi. Le dioxygène rejeté par les cyanobactéries s'est d'abord accumulé, combiné avec du fer, dans les fonds océaniques, en proportion importante dans les minéraux. La concentration atmosphérique du dioxygène est ainsi restée faible au début de l'apparition de la photosynthèse. Ce n'est qu'à partir du moment où les fonds océaniques furent saturés que l'O_2 a commencé à se répandre dans l'atmosphère. Il en constitue aujourd'hui 21 %, le reste étant l'azote (N), un gaz neutre dans la respiration. Ce processus s'appelle la « Grande Oxygénation » **(#encadré)**.

La Grande Oxygénation

La Grande Oxygénation a débuté il y a plus de 2,45 milliards d'années, et a duré presque autant. Elle a été accompagnée d'une terrifiante crise biologique majeure puisque l'O_2 était très toxique pour les organismes de l'époque, majoritairement anaérobies, c'est-à-dire qui fonctionnaient sans oxygène.

30. Pour la définition de la *photosynthèse*, **#note 25, p. 173**.

En effet, l'oxygène n'était pas encore l'indispensable du vivant qu'il est devenu par la suite ; à l'époque, c'était le CO_2. La vie aérobie (celle qui utilise l'oxygène comme carburant), actuellement majoritaire, résulte de l'adaptation de la vie primitivement anaérobie à un environnement qu'elle contribuait à rendre toxique !

L'oxygène actuel de l'atmosphère provient donc essentiellement de celui qui s'est lentement accumulé et fossilisé dans la croûte terrestre et les sédiments et qui a dégazé depuis : une infime fraction (0,0001 %) du produit de la photosynthèse globale est ainsi préservée au fond des océans, avant d'être libérée dans l'atmosphère par ces dégazages. Sur des temps très longs, ça finit par faire beaucoup.

Comment notre atmosphère s'est remplie d'oxygène ?

La teneur en oxygène de l'atmosphère depuis plus de 2 milliards d'années résulte d'une combinaison de processus. D'un côté la photosynthèse produit de l'oxygène, mais de l'autre la respiration et diverses réactions chimiques avec les minéraux des roches en consomment notamment au niveau des chaînes de montagnes en cours d'érosion et au niveau des dorsales sous-marines[31].

La notion de production brute est donc trompeuse. Rappelons-le : la quasi-totalité de l'oxygène libéré par la végétation terrestre ou les micro-organismes marins est immédiatement réutilisée par la respiration de ces mêmes organismes. Le vivant produit et consomme 10 000 milliards de tonnes d'oxygène par an. Mais s'il y a autant de dioxygène dans l'atmosphère aujourd'hui, c'est grâce à un autre phénomène.

31. Les *dorsales sous-marines* sont les lieux de l'émergence de la nouvelle croûte terrestre. Cette croûte vient se fondre dans le manteau au niveau des zones de subduction, très sismiques. C'est la tectonique des plaques.

À l'époque du Carbonifère (entre -360 et -290 millions d'années), une partie des plantes mortes est retirée du cycle et enfouie sans être dégradée dans des conditions très particulières dans l'histoire de la Terre. En effet, habituellement, les micro-organismes du sol consomment de l'O_2 et rejettent du CO_2, mais pas dans ce cas : à cette époque, de grandes quantités de végétaux (mousses et fougères par exemple) sont enfouies dans des tourbières sans dioxygène et ainsi mises à l'abri de la dégradation par les micro-organismes. Comment ? Grâce à une conjonction de phénomènes géologiques cataclysmiques et aussi biologiques (notamment la mauvaise dégradation de la lignine par les champignons). Tous ces débris végétaux se sont progressivement transformés en charbon, stockant ainsi du carbone en profondeur dans le sol.

On oublie que les plantes ont une durée de vie limitée : tant qu'elles sont vivantes et qu'elles grandissent, elles ajoutent de l'O_2 mais en vieillissant et en se décomposant, elles le reprennent. Sauf si, comme au Carbonifère, quelque chose les empêche de se décomposer. Et c'est ainsi que la teneur en O_2 de l'atmosphère s'est encore enrichie !

D'ailleurs, pour en revenir à la forêt amazonienne **(#33)**, la seule part d'O_2 qu'elle produit vraiment vient des arbres et du bois entraînés par les rivières et enfouis dans les sédiments qui se déposent dans les deltas : ceux-là disparaissent sans consommer d'O_2 ni rejeter de CO_2. Leur bilan net est donc un rejet d'oxygène effectué de leur vivant.

Finalement, c'est bien la photosynthèse qui a produit notre oxygène, mais il y a très longtemps. Seule une fraction infime de la production actuelle approvisionne l'atmosphère. Ce sont des processus géochimiques et géologiques qui ont équilibré la quantité d'oxygène disponible.

35. « La France gagne en surface forestière, c'est bon signe »

Près d'un tiers du territoire hexagonal est couvert de forêts : 17,3 millions d'hectares en 2024, soit 31 % de la surface du territoire (sans oublier les 8,2 millions d'hectares des départements, régions et collectivités d'Outre-mer, dont 8 rien que pour la Guyane). La France abrite 10 % de la surface boisée européenne, en quatrième position derrière la Suède, la Finlande et l'Espagne[32].

Il y a 190 espèces d'arbres dans nos forêts. Les feuillus représentent environ deux tiers du volume des arbres, et les conifères le tiers restant. Presque un arbre sur deux (44 %) en France est un chêne (sessile ou pédonculé, à parts égales[33]) par Toutatis ! L'épicéa commun et le sapin pectiné représentent à eux deux 41 % du volume des conifères.

C'est exact, la forêt gagne du terrain dans l'Hexagone depuis deux siècles. Plusieurs facteurs expliquent cette expansion dont le Massif central, la zone méditerranéenne et la pointe bretonne ont été les premiers bénéficiaires : d'une part l'exode rural, la déprise agricole et la révolution agricole d'après-guerre, mais aussi un large programme financier de reboisement : le Fonds forestier national[34]. Au glorieux rythme de 26 mètres carrés par

---

32. La plupart des chiffres de cette idée fausse sont tirés du « Mémento » de l'Institut national de l'information géographique et forestière, 2023, disponible en ligne sur : https://inventaire-forestier.ign.fr/IMG/pdf/memento_2023.pdf.

33. Savez-vous les différencier ? Les glands du chêne sessile sont accrochés à la branche sans pédoncule (petite tige), tandis que ceux du chêne pédonculé oui.

34. Lancé en 1946, le Fonds forestier national (FFN) est censé renforcer la filière bois en favorisant les reboisements grâce à des aides. Les essences plantées ont d'abord surtout été des résineux (à 83 % des pins, Douglas et épicéas). Le FFN impose depuis 1974 un minimum de 25 % de feuillus pour toute parcelle à « enrésiner ».

seconde (!), la surface de la forêt est passée de son plus bas historique, 8,5 millions d'hectares en 1850, à plus du double aujourd'hui. En 2024, nos forêts ont retrouvé le niveau approximatif de la forêt du Moyen Âge.

Tordons au passage le cou du mythe de la « Gaule chevelue ». Ce cliché nous vient tout droit de Jules César qui a bien souffert dans les forêts denses et marécageuses où ces légions ont enduré quelques mémorables tannées infligées par nos ancêtres les Gaulois (ça a fini moins bien...). Mais les historiens et historiennes montrent que les bosquets gaulois étaient plutôt clairsemés. Le couvert forestier de la Gaule a rarement dépassé la surface actuelle.

Les champs d'arbres sont-ils des forêts ?

Cette augmentation de la surface forestière est-elle positive ?

Voyons comment cette forêt est gérée et exploitée. Car si la surface de la forêt augmente, reste à savoir de quelle forêt on parle ? Les champs d'arbres en monoculture du Morvan par exemple sont-ils des forêts ? Pas vraiment Gontran. Pour l'ONU, une *forêt* est un territoire d'au moins 5 000 mètres carrés et sur lequel poussent des arbres de plus de 5 mètres, avec un couvert boisé de plus de 10 %[35]. Selon cette définition, les forêts couvrent 30 % des continents. La moitié des forêts du monde sont tropicales ; un quart des forêts sont boréales ou polaires ; 90 % de l'ensemble des forêts de la planète sont des forêts primaires.

Depuis plusieurs dizaines d'années, les forêts de feuillus du Morvan sont l'objet de coupes rases (ça veut dire « tout couper », et non pas « prélever un arbre par-ci par-là »). À la place, on plante des alignements de résineux. Cette pratique

35. ONU, « La forêt, un écosystème prioritaire pour l'humanité », disponible en ligne sur : https://unric.org/fr/la-foret-un-ecosysteme-prioritaire-pour-lhumanite/.

expulse tous les animaux, détruit les champignons et les plantes qui contribuent à équilibrer le milieu forestier, à le rendre diversifié et donc résilient. Il ne resterait que 40 % des forêts du Morvan aujourd'hui.

Mais pourquoi coupe-t-on ?

Depuis la grande tempête de décembre 1999, la sylviculture a passé la seconde du bulldozer. Les exploitations sont davantage industrialisées et mécanisées. De lourds engins d'abattage et de portage permettent de sortir le bois de la forêt. Les volumes sont en hausse alors que le prix du bois a chuté. La situation des exploitants n'est certes pas facile. Rentabilité oblige, ces engins tassent et détruisent parfois les sols. Ces plantations d'arbres ne font que répondre aux industriels de la filière bois qui veulent des volumes de plus en plus importants de bois standardisés. En effet, la France est surtout peuplée de feuillus qui sont délaissés par l'industrie, au « profit » des résineux. Les arbres sont exploités de plus en plus en jeunes, pour un rendement maximum.

Pour simplifier : Ikea et les autres industriels du meuble modifient nos comportements d'achat. Tout le monde veut du meuble en sapin sans défaut, pas cher. Et ce n'est pas nous qui fabriquons ces meubles en plus ! Les grumes (les gros troncs bruts) des forêts françaises partent directement en Chine et reviennent par conteneurs sous forme de parquets et de meubles pas chers. Une aberration écologique de plus. La France exporte plus de bois brut qu'elle n'en importe. Mais c'est l'inverse pour les produits transformés à forte valeur ajoutée, comme les charpentes, la pâte à papier. Le déficit de la balance commerciale grandit d'année en année, malgré l'augmentation continue des volumes exploités ! Mais, à ce rythme, il pourrait, selon certains, ne plus y avoir de résineux à exploiter d'ici 2050.

Les forêts plantées en France

- **Elles couvrent une surface d'environ 2,1 millions d'hectares**, soit 12 % du couvert forestier national.
- **Elles sont composées à 80 % de résineux** alors que ceux-ci ne représentent que 26 % des forêts non plantées.
- **Elles sont concentrées à basse altitude**, dans les Landes, les Vosges, le Jura, l'est du Massif central où ces plantations résineuses constituent un prolongement de la forêt non plantée. Ces plantations se sont développées aussi dans le Limousin, le Morvan, le Haut Languedoc, le Beaujolais et le Monts du Lyonnais.

Une grande forêt... en petite santé

En plus de ces problèmes liés à l'exploitation, la croissance des arbres ralentit sur les dernières périodes observées. Et, surtout, leur mortalité a augmenté de 80 % en dix ans[36]. Ce dépérissement est en grande partie dû aux modifications climatiques : les sécheresses estivales récurrentes fragilisent les arbres et les douceurs hivernales favorisent les pullulations de bioagresseurs xylophages, en particulier les scolytes, qui parasitent surtout les arbres déjà affaiblis.

Autre souci, les trois quarts des forêts françaises, soit 13 millions d'hectares, sont privés et répartis entre 3,5 millions de propriétaires. Le quart restant est public et se répartit entre forêts domaniales (1,5 million d'hectares) et les autres forêts publiques, surtout communales (2,8 millions d'hectares). Toutes les forêts françaises (publiques comme privées) ont un propriétaire qui en a les bénéfices, mais aussi les charges et la responsabilité. Toute intervention doit donc être planifiée et prévue, à moyen et à long termes, ainsi que conforme à des pratiques établies régionalement.

---

36. Institut national de l'information géographique et forestière, « Mémento », *op. cit.*

Ce morcellement, couplé à l'arrachage des haies et à la disparition des bocages est mortifère. Tous les scientifiques le confirment. La forêt devrait être gérée comme un continuum et ne demeurer fragmentée et dépendante du bon vouloir d'intérêts multiples, qui plus est à 75 % privés !

Le 25 janvier 2023, en gros bémol d'une loi sur la limitation de l'engrillagement des espaces naturels (qui est, lui, une excellente décision), l'Assemblée nationale a aussi adopté une résolution qui interdit désormais d'entrer dans une forêt ou un espace rural privés, sous peine d'une amende de 135 euros. Et c'est ainsi que les trois quarts de la forêt française sont désormais théoriquement interdits aux promeneurs et promeneuses. Dans les grandes régions de chasse à courre, comme la Nouvelle Aquitaine par exemple, ce chiffre monte même à 90 %. Les propriétaires privés clôturent les parcelles afin de confiner les animaux dans des domaines de chasse. La loi sur la limitation de l'engrillagement se voit donc affaiblie par cette résolution. Parmi les promeneurs et promeneuses, il y a aussi les associations et naturalistes de terrain qui étudient et surveillent la santé de ce qu'il reste de notre biodiversité, nos lanceurs et lanceuses d'alerte. Dommage, mais circulez !

Recréer une forêt primaire en France ?

Il faut aussi dire qu'en France, il y a... zéro forêt primaire[37]. En Europe, une seule subsiste. C'est la forêt de Białowieża, à cheval sur la Pologne et la Biélorussie. Elle abrite des bisons et des lynx !

En France, les dernières forêts primaires ont disparu au XIXe siècle, pour plusieurs raisons. Déjà, on a surexploité le bois, ensuite beaucoup de paysans ont drainé et asséché les bocages (en construisant des « autoroutes de l'eau ») pour avoir des terres cultivables. Aujourd'hui, nous avons des mégabassines pour

---

37. Pour la définition d'une *forêt primaire*, **#note 2, p. 118**.

retenir l'eau. Une forêt et des bocages, retiendraient évidemment beaucoup plus l'eau que tous ces terrains convertis en monoculture. À cet effet et pour sauver nos forêts vieillissantes et malades, le président de la République, Emmanuel Macron, a fixé comme objectif de renouveler 10 % de la forêt française et de planter 1 milliard d'arbres d'ici à 2032[38]. Mais, à l'heure où j'écris ces lignes au début de l'année 2024, rien de concret. Bizarrement dans le même temps, la situation dramatique de l'Office national des forêts empire. Depuis 1980, il y a deux fois moins d'agent·es pour deux fois plus de travail[39].

Pour finir sur une note encore plus gaie qu'un pinson, parlons d'un projet qui fait rêver. C'est celui du botaniste et biologiste Francis Hallé qui veut faire revivre une forêt primaire. Aux dernières nouvelles, il lorgne du côté des Ardennes (70 000 hectares d'une forêt assez homogène âgée de 300 ans). Son idée : ne plus rien faire et laisser la forêt se gérer elle-même. En partant d'un sol nu, il faudrait dix siècles, mais avec une forêt de 300 ans… seulement sept siècles. Qu'est-ce qu'on attend ?

---

38. Perrine Mouterde, « Planter un milliard d'arbres en 10 ans, une promesse d'Emmanuel Macron risquée pour la forêt française », *Le Monde*, octobre 2023.

39. L'Office national des forêts (ONF) est une institution créée en 1966. Elle est la lointaine descendante de l'ancienne administration des Eaux et Forêts (dont la première mention – et création – remonte au XIIIe siècle). L'ONF comptait plus de 15 000 agents dans les années 1980, et autour de 8 000 aujourd'hui.

36. *« L'intestin humain contient autant de bactéries qu'il y a d'étoiles dans la galaxie »*

Nous avons plusieurs microbiotes, pas seulement dans l'intestin mais aussi sur la peau, dans la bouche, les oreilles, les poumons, le vagin, le prépuce, etc. Le microbiote de l'intestin est toutefois le plus étudié et le plus important en nombre de micro-organismes. Il n'est pas impliqué uniquement dans la digestion, mais aussi dans notre système immunitaire. Il produit des métabolites (c'est-à-dire des composés organiques issus de la transformation biochimique d'une molécule par le métabolisme) qui influencent le cerveau, les poumons, le cœur, le foie, l'intestin grêle et le côlon. Ce qui lui vaut d'être considéré comme un organe à part entière.

Quels micro-organismes ?

Parfois poétiquement appelé « flore intestinale », il est constitué de micro-organismes : bactéries, archées **(#10)**, champignons (levures) et des virus (appelés « bactériophages ») qui les infectent. Ces colocataires nous sont indispensables. De sa bonne santé dépend la nôtre.

L'intestin d'un humain adulte abrite en moyenne 200 grammes de bactéries actives sur toute la surface de son intestin[40]. On a longtemps prétendu que cette surface s'étendait sur 260 à 300 mètres carrés, soit celle d'un terrain de tennis. Des études la situent plutôt aujourd'hui à 32 mètres carrés[41]. En effet, notre intestin est tapissé de microvillosités (replis au niveau cellulaire)

---

40. Ron Sender, Shai Fuchs et Ron Milo, « Revised estimates for the number of human and bacteria cells in the body », *PLoS Biol*, 14(8), 2016.

41. Herbert F. Helander et Lars Fändriks, « Surface area of the digestive tract – revisited », *Scandinavian Journal of Gastroenterology*, 49:6, 2014, p. 681-689.

et villosités (replis au niveau de l'organe) qui optimisent le « terrain de jeu », de travail, de cette surface d'échange.

Dans un article paru dans l'*American Journal of Clinical Nutrition* en 1972, le nombre de cellules du microbiote était estimé à dix fois le nombre de cellules humaines, soit 100 000 milliards (100×10^{12}) de micro-organismes[42]. Là aussi, cette estimation du nombre de bactéries a été revue à la baisse, tandis que celle du nombre de cellules humaines a été corrigée à la hausse ! Des chercheurs israéliens estiment aujourd'hui que le nombre total moyen de bactéries hébergées par un individu moyen à 39 000 milliards (39×10^{12}), à peu près autant que le nombre de cellules humaines, avec une marge d'erreur de 25 %[43].

Des microbes aux étoiles

Emportés par un bel élan poétique, les scientifiques comparent souvent ce nombre de bactéries du microbiote au nombre d'étoiles dans notre galaxie, la Voie lactée. Cette volonté de relier le micro à la macro est louable mais on est quand même loin du compte. Le nombre d'étoiles dans la Voie lactée est évalué à 300 milliards ($0,3 \times 10^{12}$). Cent fois moins. Mais restons humbles et ouverts. Il sera toujours difficile de connaître la population stellaire avec précision, car les étoiles les plus petites et moins brillantes sont les plus nombreuses, et les plus discrètes. C'est comme vouloir compter tous les cailloux du lit d'une rivière. On s'arrête de compter à partir de quel diamètre ?

42. T. D. Luckey, « Introduction to intestinal microecology », *American Journal of Clinical Nutrition*, vol. 25, nº 12, décembre 1972, p. 1292-1294.

43. Ron Sender, Shai Fuchs et Ron Milo, « Revised estimates for the number of human and bacteria cells in the body », art. cit.

Quel avenir pour le microbiote ?

Certains scientifiques, comme Joël Doré, s'inquiètent pour l'avenir du microbiote :

> « Sa qualité diminue et c'est en rapport avec l'augmentation incontrôlée des grandes pathologies des sociétés modernes et maladies chroniques. Plus de 10 % de la population est concernée. On se rend compte qu'on a perdu 50 % de la richesse et la diversité du microbiote intestinal par rapport aux Indiens en Amazonie ou aux populations de chasseurs-cueilleurs d'Afrique, par exemple. C'est intrigant et lié en partie, à habitudes de vie, l'exposition aux chimies présentes dans l'environnement ou dans l'alimentation. »

37. *« Les chutes de noix de coco tuent quinze fois plus que les requins »*

Pour le coup, c'est une phrase que j'ai reprise dans une émission… à tort ! Elle est attribuée à en 2002 George Burgess, directeur de l'International Shark Attack File de l'université de Floride et chercheur réputé sur les requins.

Après vérification des faits dès cette époque, il ressort qu'aucune recherche n'a jamais abouti à une estimation fiable de ces chiffres[44]. Il semble qu'ils aient été légitimés parce qu'ils émanaient d'un chercheur reconnu, qui lui-même le tenait du copain de la cousine de son coiffeur.

Il existe bien une étude de 1984 du *Journal of Trauma* intitulée « Injuries Due to Falling Coconuts ». Cette étude a été lauréate d'un prix Ig Nobel en 2001 (prix satirique récompensant des études sérieuses mais comiques). Elle n'avait cependant pas pour objectif de calculer le taux de mortalité annuel mondial dû à la chute de

---

44. L'enquête est racontée dans le site de vérification des faits Snopes, disponible en ligne sur : https://www.snopes.com/fact-check/coconuts-kill-more-sharks/

noix de coco, mais de montrer que ces chutes peuvent être mortelles. Des morts par noix de coco sont cependant survenues, de manière anecdotique. Un article de 1973, paru dans le *Honolulu Star-Bulletin*, raconte la mort tragique d'une fillette de 2 ans frappée par un grand nombre de noix de coco tombées sur une plage. L'article précise toutefois que, à sa connaissance, c'était inédit. Bref non, il n'y a pas plus de morts par chute de noix de coco que de morts par morsure de requin[45]. Moralité : tous les coups ne sont pas permis, même pour la bonne cause !

Top des animaux les plus mortels pour les humains

Dans *L'Homme qui rit*, Victor Hugo, qui n'était pas le dernier des naturalistes, a baptisé « *Homo* » le loup apprivoisé du vieil homme qui recueille le héros Gwynplaine, l'homme qui rit, balafré à vie par des trafiquants d'enfants.

Plutôt que « l'homme est un loup pour l'homme », on ferait mieux de dire que le « loup est un homme pour le loup » : il tue certes d'autres loups pour protéger son territoire, mais plus rarement pour leur piquer leurs portefeuilles. D'ailleurs, pour sourire (jaune), voici le top des animaux les plus mortels pour les humains de la planète[46].

Responsables	Nombre de morts
Moustiques	750 000
Humains	500 000
Serpents	50 000
Chiens	25 000
Mouches tsé-tsé	10 000

45. D'après la base de données complète de l'université de Floride sur les attaques de requins et leurs décès, The International Shark Attack File, on compte entre 6 et 10 décès par an à cause des requins.

46. BBC, « What are the world's deadliest animals ? », 2016, disponible en ligne sur : https://www.bbc.com/news/world-36320744.

V. L'ANTHROPOMORPHISME

« J'ai trouvé le chaînon manquant entre le singe et l'[humain] : c'est nous. »
Konrad Lorenz

38. « Le rire, entre autres, est le propre de l'humain »

Le rire est-il le propre de l'humain ? Ou les animaux rient-ils aussi ?

Rire, c'est d'abord un réflexe inné. La rieuse ou le rieur est surpris et ému. Cet état de gaieté se traduit par un élargissement de l'ouverture de la bouche, des respirations saccadées plus ou moins bruyantes, un plissement des yeux, et toutes sortes de gestes connexes, comme la claque sur le genou ou sur le front, la tête relevée en arrière ou le corps qui se plie en deux.

Premier constat, c'est que si les animaux rient, au sens d'être brutalement en joie et de le manifester, ils le font différemment de nous, dans leur gestuelle comme dans leurs vocalisations. De même que les grandes douleurs sont muettes, la plupart des rires animaux sont globalement plus discrets que les nôtres. Cette discrétion est souvent synonyme de survie pour les membres du vivant.

Dans l'histoire du vivant, le sourire et le rire ont d'abord été des signaux de stress, de menace et de peur. Les animaux et les humains ont de nombreuses mimiques en commun : tête baissée, regard menaçant par exemple. Mais aussi bouche ouverte, dents visibles, etc. Traduction ? « Attention, je peux/vais mordre ! ». Même chez l'humain, sourire et rire sont ainsi, à l'origine, des modes de communication en réaction à une agression réelle ou supposée. Pour Darwin, ces mimiques ont été ritualisées et ont acquis au fil du temps et de l'évolution une autre signification, inverse. Le repoussoir est ainsi devenu invitation : autrefois signaux de menace, rire et sourire sont devenus des invitations à partager un état de joie.

Chez une grande partie des primates (chimpanzés, gorilles, orangs-outangs, babouins, macaques, etc.), deux expressions s'apparentent au rire et au sourire humains :
– La première se traduit par des dents découvertes, serrées, les lèvres retroussées, mais avec un regard fixe et peu ou pas de

vocalisations. C'est une attitude de défense ou d'invitation à la prudence face à une menace.

– La seconde passe aussi par ce qui ressemble à un sourire, la face est relaxée, mais le corps est plus agité, toujours sans vocalisations mais avec des respirations haletantes. Cette modalité, qui est surtout celle des jeux, correspond à une décontraction assumée.

D'après un article de Sasha L. Winkler et Gregory A. Bryant, publié en 2021, au moins 65 espèces animales rient[1]. Des scientifiques étaient allés jusqu'à chatouiller des rats pour l'établir[2]. Ils ont découvert que ces rats « riaient », ou, plus concrètement, poussaient des cris à des fréquences certes inaudibles pour l'humain, mais bien réelles. Parmi les animaux qui se marrent, des oiseaux comme les perruches ou les cassicans flûteurs surnommés « pies australiennes », mais surtout des mammifères, des chimpanzés aux canidés comme les renards et les chiens, en passant par les éléphants, les écureuils, les cerfs et les otaries. Dans un contexte de jeu, tous ceux-là rient… à leur façon : certains halètent, d'autres sifflent, claquent des babines ou ronronnent. Les éléphants soufflent, les wapitis américains vagissent, les nestors kéas (des perroquets de Nouvelle-Zélande) couinent.

Là encore, attention à l'anthropomorphisme ! Dans le règne animal, ce qui nous paraît ressembler au rire n'en est pas forcément ! Un contre-exemple de ces « rires » chez les animaux est celui des hyènes. Leurs ricanements (série de glapissements aigus) sont en général plutôt des signaux de stress face à une troupe rivale de lions qui rôdent pour leur piquer leur proie, par exemple. Par ailleurs, l'expression *se marrer comme une baleine*

---

1. Sasha L. Winkler, Gregory A. Bryant, « Play vocalisations and human laughter : a comparative review », *Bioacoustics*, 2021.

2. Jaak Panksepp, Jeff Burgdorf, « Laughing » rats and the evolutionary antecedents of human joy? », *Physiol Behav*, Aug;79(3), 2003, p. 533-547.

vient non pas du fait que ces cétacés rient toute la journée, mais de la forme leur bouche qui semble perpétuellement sourire, un peu comme celle des dauphins.

« Il faut rire avant d'être heureux, de peur de mourir sans avoir ri » nous avertissait Jean de La Bruyère dans les *Caractères*. Un enfant rit près de trois cents fois par jour, mais plus nous avançons en âge, plus nous perdons cette faculté à rire[3]. Les animaux aussi rient moins avec le temps. Or le rire est une pompe à endorphines et à sérotonine, les hormones du bonheur. Il améliore aussi, entre autres, la fonction respiratoire des personnes asthmatiques, anxieuses, nerveuses et des personnes âgées. Il renforce les muscles de la ceinture abdominale.

39. *« L'homosexualité n'existe pas dans la nature »*

C'est une image ultra-traditionnelle véhiculée par certaines sociétés depuis des millénaires. Mais c'est faux. Il existe de nombreuses modalités !

Dans le monde animal, on recense ainsi de nombreux cas de coparentalité entre individus du même sexe, notamment chez les oiseaux. On compte jusqu'à 20 % de paires mâles chez certains groupes d'oies cendrées, et jusqu'à 31 % de paires femelles chez certaines colonies d'albatros de Laysan, sur l'archipel d'Hawaï[4] !

---

3. « Le travail c'est pas de la rigolade », *Courrier international* (d'après un article du *Times*), 2020 sur le travail de Jennifer Aaker et Naomi Bagdonas, *Humor, Seriously*, New York, Crown Currency, 2021.

4. Lindsay C. Young, Brenda J. Zaun, Eric A. VanderWerf, « Successful same-sex pairing in laysan albatross », *Biology Letters*, 4(4), 2008, p. 323-325.

Abeilles : toutes sœurs, mais de pères différents !

Commençons par ce qui se passe chez les abeilles à miel, *Apis mellifera*. L'expression *atteindre le septième ciel* semble faite pour elles. Les jeunes princesses s'accouplent en vol avec de nombreux mâles, les faux-bourdons, qui sont de la ruche ou viennent des ruches voisines. Ce mélange est important pour le succès reproductif de la ruche : il permet la diversité génétique. Tous ces mâles n'ont qu'une idée en tête : féconder ces futures reines, ce qu'ils font en amas rageurs, qui portent le surnom de « comètes ». Une vingtaine y parvient. À partir de là, c'est fini pour ces mâles : leurs pièces génitales sont souvent arrachées et ils meurent peu après. Chez les abeilles, les mâles ne servent qu'à la reproduction.

Une reine pond pendant quatre ans des œufs qui donneront des ouvrières, toutes des sœurs... de pères distincts, car elle a conservé une collection de spermes de différents mâles dans sa spermathèque, une poche de stockage. Quand elle sera vieille, elle essaimera et laissera le champ libre à une nouvelle jeune reine.

Pucerons : ceinture et bretelles sur la reproduction !

Il y a 5 000 espèces de pucerons. Ces envahisseurs pratiquent la reproduction sexuée ET asexuée (clonage). Explications.

La reproduction asexuée, dans le cas des pucerons, se fait par apomixie (du grec *apo*, « à l'écart » et *mixis*, « mélange ») un type particulier de *parthénogenèse* (du grec *parthéno*, « vierge », et *genesis*, « naissance », littéralement « né d'une vierge »). Elle permet aux femelles de produire une descendance rapidement sans avoir besoin de dépenser de l'énergie en parade nuptiale ou en accouplement. Au printemps elles donnent naissance à des larves qui portent le même patrimoine génétique qu'elle. Ce sont tous des clones. Mais la reproduction asexuée diminue la variabilité génétique. En conséquence, les pucerons nés au printemps sont plus sensibles aux changements de l'environnement, car dotés d'aucune capacité d'adaptation basée sur la diversité génétique. De plus, cette apomixie favorise l'accumulation de tares génétiques et de malformations.

Pour pallier ces menaces, les femelles passent à une reproduction sexuée à l'automne. Elles donnent naissance à des femelles sexuées et des mâles qui génèrent des variants génétiques dont certains seront une réponse au problème. Ce type de reproduction apparaît donc en fin de saison, lorsque les ressources s'amenuisent et que le clonage perd son intérêt.

Lézards à queue en fouet : que des femelles, aucun mâle !

Dans le vivant, on constate qu'il y a beaucoup plus de reproduction sexuée qu'asexuée. La sexuée a davantage été retenue par l'évolution[5]. En brassant les gènes, elle en est même l'un des moteurs. Mais comme partout il y a des exceptions !

Un exemple est celui des *Cnemidophorus*, des lézards d'Amérique du Sud. Ils – ou plutôt elles – se reproduisent exclusivement par parthénogenèse ! Conséquence : dans cette espèce, il n'y a que des femelles, aucun mâle. Des ébats et une simulation de copulation restent indispensables pour induire la poussée hormonale d'œstrogènes qui va déclencher l'ovulation. Peu variables génétiquement, leurs populations sont fragiles. Ce phénomène est rare, mais pas unique parmi les vertébrés. Il y en a plein d'autres chez les plantes également.

Blob : mâle ou femelle ? Non : 720 types sexuels différents !

Le nom *blob* vient d'un nanar de science-fiction[6]. Les blobs, ou *Physarum polycephalum*, sont une des espèces les plus étudiées. Ce ne sont ni des animaux, ni des végétaux, ni des champignons,

---

5. Damien M. de Vienne, Tatiana Giraud et Pierre-Henri Gouyon, « Lineage selection and the maintenance of sex », *PLoS ONE*, 8(6) : e66906, 2013.

6. Irvin S. Yeaworth Jr, *Danger planétaire* (titre original : *The Blob*), 1958.

ni des lichens, mais des membres du groupe des myxomycètes, assez proches des amibes. Ils sont capables de se déplacer et d'apprendre. Découverte en 1970, cette espèce est apparue il y a au moins 500 millions d'années. Elle se compose d'une seule cellule géante dotée de plusieurs noyaux, qui se multiplient à l'infini. En laboratoire, les blobs peuvent atteindre 10 mètres carrés, et il existe des spécimens trois fois plus grands dans la nature ! Mais surtout, ils sont quasiment immortels : ils peuvent entrer en dormance en se desséchant, et « ressusciter » à un moment plus propice. Autre singularité, c'est qu'ils n'ont non pas deux mais… 720 types sexuels, qui en plus ne sont pas tous compatibles[7] !

L'homosexualité chez les animaux

Observée depuis l'Antiquité (Aristote l'évoque dans son *Histoire des animaux*), l'homosexualité animale est longtemps restée taboue chez les scientifiques qui avaient recours à des expressions gênantes et gênées pour en parler : « pseudo-copulation », « comportement sexuel aberrant » ou « contre-nature ». Des études sérieuses et non biaisées ont longtemps été retardées voire écartées d'un revers de main viril, au nom du préjugé d'une hétérosexualité universelle, surtout dans l'esprit du patriarcat, aux manettes dans toutes les strates de la (bonne) société.

Aujourd'hui, l'homosexualité a été documentée scientifiquement chez 471 espèces sauvages, et 19 domestiques dans l'ensemble du règne animal[8]. S'ils n'ont pas fait l'objet d'études, des rapports homosexuels ont cependant été observés chez plus de 1 500 espèces[9]. Elle peut prendre différentes formes : câlins,

---

7. CNRS, « Derrière le blob, la recherche. FAQ », 2022, disponible en ligne sur : https://www.cnrs.fr/sites/default/files/download-file/BlobCNRS_FAQ_6.pdf.

8. Fleur Dyagey, *Animaux homos. Une histoire naturelle de l'homosexualité*, Paris, Belin, 2018.

9. Chiffres du Muséum national d'histoire naturelle dans l'article « L'homosexualité existe-t-elle chez les animaux ? ».

caresses, coïts, etc. Aussi bien entre mâles qu'entre femelles. Beaucoup d'espèces animales ne sont pas homosexuelles exclusives, certaines sont bisexuelles[10]. Tout existe, à savoir ce qu'on appellerait chez l'humain (toujours avec une pointe d'anthropomorphisme...) « fidélité », « infidélité », « monogamie », « polygamie », « polygynie », « harem », « prostitution », « ménage à trois ou plus », et des comportements que l'on pourrait assimiler à du « viol » ou du « viol collectif », etc. Mais ces termes sont anthropomorphiques. Dans les comportements animaux, on ne parle par exemple pas de « viol », mais de « coercition sexuelle ».

L'habitude et le choix humain de former des couples ont longtemps faussé le regard sociétal et même scientifique, un anthropomorphisme de plus. L'incompréhension voire l'inacceptation de l'homosexualité animale vient d'ailleurs d'une autre incompréhension du vivant. Comment un comportement sexuel pourrait-il se perpétuer s'il n'engendre pas de descendance ? C'est d'abord le plaisir que les animaux recherchent[11] ! Les animaux font l'expérience de l'orgasme les insectes aussi. Chaque individu n'est pas focalisé vers la seule transmission de ses gènes ! C'est la diversité qui est importante pour l'évolution.

---

10. Chez l'humain, l'IFOP, dans une enquête nationale sur la perception de l'homosexualité et des personnes LGBT dans la société, estime à 3,2 % la proportion de personnes s'identifiant comme homosexuelles, 4,8 % comme bisexuelles assumées (0,9 % non assumées), 82,7 % comme hétérosexuelles exclusives, disponible en ligne sur : https://www.ifop.com/wp-content/uploads/2019/06/116079_Ifop_FJR_2019.06.24.pdf.

11. Marc Giraud et Gilles Macagno, *Le Sex-appeal du crocodile et autres histoires bestiales*, Paris, Delachaux et Niestlé, 2016 ; Matthieu Keller, *Les Animaux et le sexe. 60 clés pour comprendre*, Paris, Quae, 2018.

40. *« L'ovule attend d'être fécondé par le spermatozoïde »*

Comme on peut s'en douter, les processus biologiques liés à la reproduction et à la sexualité ont fait et font l'objet de représentations fantasmées et erronées, pilotées par des considérations religieuses, morales et entretenues par le sexisme masculin dominant, y compris dans les sciences. Les thèmes liés à la fécondation n'y échappent pas, tout autant que les cycles menstruels des femmes. Les métaphores associées ne manquent pas et celle retenue dans le titre n'est qu'une parmi d'autres : « Le spermatozoïde pénètre dans l'ovule », « Les spermatozoïdes s'activent autour de l'ovule », « Ils dépensent de l'énergie et attaquent la membrane pour rentrer dans l'ovule », etc. Toutes ces petites phrases partagent deux biais très vicieux :

- D'abord la personnification. Les deux cellules sexuelles (microscopiques) sont assimilées chacune à un individu sexué, endossant au passage tous les clichés sexistes et genrés associés. L'ovocyte ou ovule devient alors le symbole du prétendu « sexe faible » et le spermatozoïde, celui du prétendu « sexe fort » : à partir de là, on comprend tout de suite que ça ne peut que déraper.
- D'autre part, elles vont toutes dans le sens de l'ovule passif et du spermatozoïde hyperactif. Ce qui rappelle une image plus ancienne mais toujours très vivace : le papa qui plante sa graine dans le ventre de la maman. L'échelle n'est pas la même mais l'idée reste !

« You're talking to me? »

Voyons maintenant la phrase de cette entrée : « L'ovule attend d'être fécondé. » L'ovule, pas plus que n'importe quelle autre cellule de notre corps, n'attend quoi que ce soit ! L'attente est une notion humaine. Le choix de ce terme ici, qui pourrait paraître une maladresse, n'a rien de neutre car il s'oppose sans cesse aux qualificatifs des spermatozoïdes : eux n'« attendent » pas, ils se « démènent comme des fous ». Ils « affrontent tous les dangers » dont les organes sexuels féminins (vagin, utérus) présentés comme hostiles, pleins de pièges...

L'anthropologue Emily Martin a décortiqué minutieusement tous ces clichés en analysant les publications scientifiques au cours du XXe siècle[12]. Elle y démontre avec moult exemples édifiants l'acharnement de ces derniers à maintenir ces clichés même après des découvertes scientifiques qui les contredisent de manière flagrante. L'anthropologue résume parfaitement la situation en une phrase :

> « L'ovule et le spermatozoïde interagissent mutuellement. Que la biologie refuse de les dépeindre ainsi n'en est que plus dérangeant[13]. »

Ainsi, jusque dans les années 1980, on croyait que les spermatozoïdes creusaient à travers l'enveloppe de l'ovocyte en poussant avec leurs flagelles : l'image du terrassier actif, conquérant qui ne recule devant rien, était là. Sans oublier la parabole de la pénétration ! En 1984, une équipe états-unienne de l'université Johns Hopkins démontre qu'il n'en est rien : en fait, les deux cellules possèdent des molécules adhésives qui les collent l'une à l'autre lors du contact initial. La tête du spermatozoïde est alors plaquée contre l'enveloppe de l'ovocyte si bien que ses mouvements de flagelle deviennent inopérants. À ce moment-là, il libère des enzymes digestives qui amincissent la paroi de l'ovocyte et rendent son incorporation possible.

Pourtant, dans les publications relatant cette découverte, les chercheurs (des hommes !) continuent de décrire le spermatozoïde comme l'élément actif qui « fait tout le travail ». Il faut attendre trois ans (1987) avant que ces chercheurs ne

---

12. Emily Martin, « The egg and the sperm : how science has constructed a romance based on stereotypical male-female roles », *Signs*, vol. 16, n° 3, Spring, p. 485-501, 1991.
13. *Ibid.*

conceptualisent la notion et admettent que l'ovocyte a un rôle actif, mais en décrivant cette fois l'enveloppe de l'ovocyte comme un « capteur agressif » du spermatozoïde !

La persistance inconsciente et insidieuse du patriarcat

On pourrait croire que ces clichés n'ont plus cours et datent d'une époque révolue. Mais, ils ont la vie dure et ne sont sans doute pas près de disparaître. On les retrouve encore dans certains manuels scolaires, dans des documentaires et livres pour enfants. Ainsi, le film à succès *L'Odyssée de la vie* de Nils Tavernier, sorti en 2006, regorge de telles phrases et de descriptions dithyrambiques qui survalorisent les spermatozoïdes et le rôle du sexe masculin. Inconsciemment, chacune et chacun d'entre nous peut les véhiculer : faisons preuve de vigilance !

La communauté scientifique n'échappe pas à ces stéréotypes très tenaces. Les découvertes sur le clitoris ont été beaucoup plus tardives que celles sur le pénis. Le vocable *hystérie* (qui vient du grec *hystéron*, « utérus ») charrie une histoire assez triste et révélatrice de l'emprise que les hommes ont eue sur les femmes. Tous les processus concernant le versant féminin de la reproduction, du plaisir, de la sexualité ont longtemps été ignorés ou méprisés. C'est en train d'évoluer, lentement, à l'heure de l'après #metoo. L'égalité, dans bien des domaines, n'est pas encore de mise !

41. *« Les orques se vengent en attaquant les bateaux »*

En 2023 beaucoup de médias ont traité le sujet des « orques vengeresses du détroit de Gibraltar », qui attaquent et coulent parfois des bateaux. « La vengeance de Willy » a, par exemple, titré *Libération*, évoquant même de « nouvelles dents de la mer »[14]. Les médias reprennent souvent ce rapprochement entre ce pauvre Willy et ses congénères sauvages. Émotion, mystère, danger, gentils cétacés qui deviennent méchants, le cocktail est parfait pour déchaîner les passions et faire du clic.

Dans la presse, l'histoire principalement reprise est celle d'une orque, White Gladis (ou « Gladis blanca », soit « Gladis la blanche »), traumatisée par un accident avec un bateau dans le passé. En réaction, elle attaquerait des bateaux, jusqu'à les couler parfois. Facteur aggravant, des membres de son clan auraient appris à l'imiter. Dans ces articles, peu d'éléments scientifiques sont cités, ou sont choisis, pour entretenir la peur. Le public répercute cette histoire sensationnelle sur les réseaux sociaux, qui amplifient le buzz[15]. Beaucoup jouent sur le même ressort que *Libération*, en jouant sur le rapprochement avec *Les Dents de la mer* et *Orca*[16].

Perception humaine des orques : tout noir ou tout blanc !

Avec les orques, sans jeu de mots, c'est tout noir ou tout blanc. La plupart du temps, elles sont dépeintes comme très intelligentes, avec de fortes interactions sociales, avec des ruses de chasses extraordinaires. Mais parfois elles sont décrites comme des « baleines tueuses », en droite concordance avec leur nom

---

14. Apolline Le Romanser, « La vengeance de Willy », *Libération*, 2023.
15. Comme l'explique la youtubeuse Marie Treibert dans une vidéo de sa chaîne *La boîte à curiosité*, « La vérité sur les attaques d'orques à Gibraltar », 2023, disponible en ligne sur : https://www.youtube.com/watch?v=CVO-oIs6L2I.
16. Steven Spielberg, *Les Dents de la mer* (titre original : *Jaws*, « les mâchoires »), adapté du roman de Peter Benchley, 1975. Steven Spielberg s'est excusé à la fin de l'année 2022 de l'extermination des requins que son film avait contribué à provoquer.Michael Anderson, *Orca*, 1977. Ce film raconte l'histoire d'un mâle orque qui se venge de l'équipage d'un bateau de pêche qui a tué sa femelle et son petit. Il joue sur une surenchère avec *Les Dents de la mer*. Le sous-titre annonce la couleur : « Le seul animal à part l'humain qui tue par vengeance ».

anglais, *killer whales*. Dans ce cas, le rapprochement peut être fait avec Tilikum, l'orque tueuse de soigneurs dans des parcs aquatiques états-uniens[17].

Ces deux visions sont typiques d'un prisme anthropomorphique, au même titre que le « Il ne lui manque que la parole ! » ou du « Regarde comme il est content ! » quand on voit une vidéo d'animal sauvage qui ferme les yeux quand on le caresse. D'une part la parole ne lui manque pas du tout, il se débrouille très bien sans. Et, non, il n'est pas content, il est juste terrifié ou très stressé.

L'anthropomorphisme, c'est quand l'humain prête des intentions, des personnalités, des comportements, des façons de voir le monde à des êtres vivants. C'est une des principales plaies de mon métier de vulgarisateur. C'est un penchant naturel, mais très dommageable à peu près toutes les causes du vivant qu'on essaie de défendre.

Une obsession de Gladis pour les gouvernails

Mais revenons-en à notre histoire d'orques. Depuis 2020, une augmentation des interactions entre orques du pourtour de la péninsule ibérique et des navires a été constatée. Une bande d'orques s'intéressent au gouvernail, frappent la coque et poussent le bateau. Ces interactions peuvent causer des dommages importants sur les navires, allant parfois jusqu'à les couler.

Dans une étude de 2022, des scientifiques se sont penché·es sur la question[18]. Les lieux et les dates de ces interactions ne sont

---

17. Cette histoire est racontée dans *Blackfish*, un documentaire réalisé par Gabriela Cowperthwaite, sorti en 2013. Le film est en grande partie centré sur la vie de l'orque Tilikum du parc aquatique SeaWorld et des trois morts qu'elle a causées. Le film montre surtout que l'agressivité de l'orque a été induite par la captivité.

18. Ruth Esteban, Alfredo Lopez *et al.*, « Killer whales of the Strait of Gibraltar an endangered subpopulation showing a disruptive Behavior », *Marine Mammal Science*, 38, 4, 2022.

pas anodins. Il est question ici d'une sous-population d'*Orcinus orca*, installée dans le détroit de Gibraltar, aujourd'hui classée en danger critique d'extinction. Attention, à l'échelle mondiale, les populations d'orques sont plutôt stables en dépit des nombreuses menaces (réchauffement, pollution, surpêche, collisions, etc.). Les orques du détroit de Gibraltar vivent dans cette zone car c'est une zone de migration du thon. Elles n'y sont d'ailleurs pas du tout appréciées des pêcheurs car elles leur volent des thons sur les lignes. Il se passe la même chose dans différentes zones de pêche du monde entier. J'ai même vu des orques apprendre à reconnaître le signal sonore de la remontée des lignes pour aller se servir, dans la zone des Kerguelen par exemple.

En mai 2020, une première interaction a été signalée par un bateau dans le détroit de Gibraltar. Les bateaux ciblés sont surtout des voiliers, des catamarans, mais on compte aussi des bateaux pneumatiques à coque rigides, des bateaux à moteur ou des bateaux de pêche. Les orques s'intéressent surtout au gouvernail qu'elles détruisent parfois, avec peut-être pour objectif d'immobiliser les bateaux.

Qui sont les orques impliquées dans ces interactions ? Grâce aux photos et vidéos prises par les personnes présentes sur les bateaux lors des interactions avec les orques, aux témoignages et à de la photo-identification, il a été possible de créer une fiche d'identité de chaque individu. Un registre photo basé sur les taches blanches et grises, les marques et les cicatrices a été créé. Chaque orque a donc reçu une dénomination : Gladis blanca, Gladis negra, Gladis dalia, Gladis gris, etc. Au total, les scientifiques ont listé 15 Gladis entre mai 2020 et avril 2023. Depuis 2020, les scientifiques ont recensé plus de 500 interactions avec ces 15 orques.

Pourquoi font-elles cela ?

Déjà, précisons que le pré-rapport de novembre 2021[19] n'utilise pas le terme *attaque* et parle, comme je le fais ici, d'*interaction*. Parler d'attaque, c'est déjà coller une intentionnalité et c'est encore pêcher par anthropomorphisme. La première hypothèse évoque du jeu et de la curiosité. Mais, quand on est sur un bateau, encerclé par des animaux qui peuvent atteindre 9 mètres pour 8 tonnes, et qui donnent des coups de tête dans la coque cassent le gouvernail, voire coulent le bateau, on est moins enclin à la subtilité.

Pour autant cette piste du ludique n'est pas farfelue. Les orques sont des animaux sociaux dont la vie est basée sur des interactions avec le groupe, mais aussi avec leur environnement. Jouer avec les proies, les objets dérivants, et aussi les bateaux, recèle un potentiel ludique pour ces animaux. Pensez aux dauphins, leurs cousins qui jouent à surfer et à sauter dans la vague d'étrave à l'avant des navires !

L'autre hypothèse est celle qui a été reprise et amplifiée par certains médias, c'est l'hypothèse d'un comportement de précaution des orques lié à un éventuel traumatisme à la suite d'une collision d'un individu du groupe. Certains médias ont préféré utiliser le terme *vengeance*, c'est plus vendeur, mais aussi plus racoleur. Pour accréditer cette hypothèse, les scientifiques évoquent les cicatrices sur le corps de certains de ces individus dont Gladis blanca, l'adulte qui aurait vécu ce traumatisme. Elle aurait donc développé une peur des bateaux et, lorsqu'elle en croise, elle irait détruire le gouvernail pour les immobiliser. Ce comportement aurait été imité par d'autres membres du clan.

---

19. « Preparation of a scientific study on the interaction of orcas population (*Orcinus orca*) in the Strait of Gibraltar with vessels for the design and proposal of prevention, action and management measures », novembre 2021, disponible en ligne sur : https://www.sy-magodelsur.de/wp-content/uploads/2023/06/REPORT-OOR-2021.pdf.

Faut-il en vouloir aux orques ?

Cette histoire pourrait aussi être une occasion de parler de la façon dont nous avons envahi tous les milieux, des dommages que nous faisons subir au vivant, parfois juste pour nous amuser. Moi ce qui m'étonne, c'est qu'il y ait aussi peu d'incidents et d'accidents avec les animaux dits « dangereux ». Je pense aux requins et à d'autres prédateurs dont le nombre de victimes pourtant dérisoires est souvent monté en épingle parce que ça vend. Voyez ce qui se pense avec les requins à la Réunion ou en Nouvelle-Calédonie, où la France a mis en place un programme de destruction des grands requins, contre l'avis des scientifiques et pour acheter la paix sociale **(#68)**.

En ce qui concerne les orques sauvages, aucune victime humaine n'a été jamais recensée à ce jour ! La réciproque n'est pas vraie. Je renvoie aux vies de souffrance en captivité imposées à ces cétacés habitués à une vie sociale et aux grands espaces. Mais voilà, le ludique n'a pas de prix, ou plutôt il vaut cher : une orque adulte peut valoir jusqu'à un million de dollars pour un parc aquatique. Il reste autour de 3 000 cétacés captifs dans les près de 400 parcs aquatiques du monde. Et je ne parle pas des cétacés (toutes espèces confondues) tués par des collisions, à cause de la pollution, de la pêche et de la surpêche et par le vacarme sonique dû aux activités humaines qui perturbent parfois mortellement leur sonar.

Que faire si votre bateau est attaqué par des orques ?

Le groupe de scientifiques ayant travaillé sur l'étude de 2022 a établi un protocole de sécurité.
Le premier réflexe à avoir c'est de stopper le bateau. Les mouvements du gouvernail et la vitesse du bateau excitent les orques. Dans la moitié des cas, l'immobilisation volontaire du bateau entraîne le départ des orques.

Par ailleurs, il faut éviter d'interagir avec les orques. Parmi les témoignages recueillis dans l'étude déjà citée, beaucoup de personnes paniquées ont expliqué avoir crié, fait du bruit, tapé dessus avec une gaffe et jeté des objets voire de l'essence sur les orques, etc. Encore une fois, chacun peut comprendre ces comportements de panique. Nous ferions peut-être la même chose à leur place. C'est toujours facile de juger dans un fauteuil... Ensuite, les scientifiques recommandent de contacter les autorités compétentes pour qu'elles puissent venir en aide.

42. *« Tailler les arbres, ça leur fait mal et ça les abîme »*

Connaissez-vous les trognes ? Ces arbres dits « têtards », régulièrement élagués, ont la forme d'une grosse tête au bout d'un tronc. On pense aux platanes de nos villes et villages, mais il y a aussi les saules « têtards » sur les berges des rivières ainsi que les chênes « têtards ». Ceux de la Dehesa constituent la patrie espagnole des porcs Pata Negra, qui mangent les glands de ces chênes.

Cette technique ancestrale, généralisée autrefois, aujourd'hui tombée dans l'oubli, est un trésor à redécouvrir. Cette opération est appelée « émondage » ou « recépage » si elle est faite au ras du sol (le cep de vigne n'est qu'une trogne spécifique). La taille déclenche le développement des bourgeons, invisibles de l'extérieur, une réserve « assurance vie » des arbres. Ce sont les bourgeons « dormants », situés sous l'écorce. Ils vont donner de nouveaux rameaux sous forme de rejets. La croissance de l'arbre est ainsi favorisée et même prolongée. Des cavités finissent par se former autour de ces recépages réguliers. Ce sont des réservoirs et des abris pour la biodiversité : chauves-souris, chouettes, autres oiseaux, insectes recycleurs du bois mort, ruchers sauvages, etc.

Les trognes sont réalisées sur de nombreuses essences : saules, frênes, chênes, érables, platanes, tilleuls, etc. Contrairement aux idées reçues, cette taille n'abîme pas les arbres, et les fait encore moins souffrir : ils ne sont pas innervés comme nous. Vous entendez peut-être le vol noir des corbeaux sur nos plaines, voire les cris sourds du pays qu'on enchaîne, mais vous entendrez peu les cris des arbres qui perdent leurs feuilles à l'automne. Dans la mesure où elle est bien faite et régulière, un arbre avec une trogne vit plus longtemps que ses congénères non taillés.

Au naturel du reste, nombre de vieux arbres « font la trogne » d'eux-mêmes, car acheminer la sève tout en haut du houppier est coûteux en énergie pour eux[20]. Beaucoup d'arbres remarquables en France sont des trognes, certaines âgées de plus de mille ans. La plus vieille trogne du monde est un olivier de plus de 3 000 ans, à Vouves en Crète, qui a dû vivre les premiers Jeux olympiques en direct !

Au-delà du beau et du remarquable : les trognes ont joué un rôle essentiel dans l'économie paysanne partout en Europe dès l'Antiquité. Elles fournissaient du bois de chauffage, du fourrage, des outils, etc. Du fournil du boulanger aux ateliers des vanniers, les fagots de bois issus des trognes étaient partout.

Les avantages agricoles et écologiques des trognes sont multiples :
– D'abord, une trogne est un arbre dont on va maîtriser la croissance et par conséquent sa concurrence vis-à-vis des cultures avoisinantes : lumière, eau, nutriments, gêne des branches, tout en bénéficiant de ses apports.
– Ensuite, la biomasse des rejets régulièrement taillés permet de produire du bois raméal fragmenté (le BRF bien connu des jardiniers), pour améliorer les sols dégradés et pailler des plantations, faire de la litière ou du fourrage pour le bétail. Mais,

20. Dossier « Les extraordinaires pouvoirs des arbres : aux frontières de l'impossible ! », *La Tribu du vivant*, n° 13, 2023.

depuis les années 1950, la mécanisation de l'agriculture et la généralisation des énergies fossiles bon marché ont conduit à la destruction et à l'abandon des trognes.
– En vivant plus longtemps que des arbres non taillés et en produisant régulièrement du nouveau bois, les trognes permettent aux arbres de mieux stocker le carbone présent dans l'atmosphère.

Les trognes sont une des solutions naturelles (et de bon sens) contre le dérèglement climatique. Loin d'être des arbres mutilés, ils sont en réalité des solutions géniales pour répondre à nombre de défis climatiques, agricoles et environnementaux de demain. C'est le couteau suisse de l'agroforesterie[21].

---

21. Dominique Mansion, *Les trognes, l'arbre paysan aux mille usages*, Sud-Ouest, 2019 ; Pour en savoir plus : https://trognes.fr/.

VI. L'ANTHROPOCENTRISME

« Ne dites pas qu'il y a des nuages devant le soleil ;
dites qu'il y a des nuages devant vos yeux. »
Swami Prajnanpad

43. *« Nous sommes entré·es dans l'ère de l'Anthropocène »*

Pour des raisons pratiques, pour s'y retrouver, les scientifiques ont découpé le temps en éons et en ères, c'est-à-dire en périodes géologiques **(#25)**.

Il y a douze mille ans, c'est la fin des grandes glaciations du Pléistocène (du grec *pleîstos*, « le plus nombreux, très nombreux »). L'ère des « yoyos climatiques » en somme. Il y a douze mille ans donc, le climat plus doux marque la fin de l'époque des « cueilleurs-chasseurs » (dans cet ordre car ils cueillaient beaucoup plus qu'ils ne chassaient). Ces nomades sont très progressivement remplacés par des agro-pasteurs sédentaires. En clair, c'est le début de l'agriculture, des domestications, de l'élevage.

Holocène, Anthropocène ou Capitalocène ?

Après le Pléistocène, la planète s'engage dans une nouvelle ère, d'abord appelée « Holocène » (du grec *hólos*, « entier »). Ce nom signifie que le nouveau climat (après plusieurs vagues de glaciation) se stabilise.

Mais, depuis la révolution industrielle, l'humain a commencé à modifier le climat et les écosystèmes. Le météorologue et chimiste de l'atmosphère néerlandais Paul Josef Crutzen (prix Nobel de chimie en 1995) et le biologiste états-unien Eugene F. Stoermer proposent en 2000 de changer d'ère et de nommer la nouvelle « Anthropocène »[1] (« ère de l'être humain »). Selon eux, cette ère commence à la fin du XVIIIe siècle avec la révolution industrielle, met fin et succède à l'Holocène. Pour ces deux scientifiques l'affaire est entendue : l'activité humaine

---

1. Paul J. Crutzen et Eugene F. Stoermer, « The “Anthropocene” », *Global Change*, NewsLetter, n° 41 [archive], 2000, p. 17-18.

est devenue la contrainte dominante devant toutes les autres « forces » géologiques et naturelles qui avaient prévalu jusque-là. La liste des transformations et dégradations dues à l'humain s'allonge et s'aggrave chaque jour : dérèglement climatique, pollutions tous azimuts, perturbation du cycle de l'eau, déforestation, érosion de la biodiversité, fonte des glaces, acidification des océans, etc.

L'idée et le mot ont fait progressivement leur chemin dans les médias, la littérature scientifique et le grand public. Pour autant, cette proposition de nom est toujours âprement discutée par la communauté scientifique, notamment auprès de la commission internationale de stratigraphie (ICS), l'instance qui détermine les subdivisions de l'échelle des temps géologiques. Pour commencer, il n'y a pas d'accord sur le début de cette ère. En 2015, sur les 38 membres du Groupe international de travail sur l'Anthropocène, 26 proposent le début de la révolution industrielle, d'autres évoquent la date du 16 juillet 1945, premier essai d'une bombe A dans le désert du Nouveau-Mexique aux États-Unis.

Beaucoup de spécialistes préfèrent le nom « Capitalocène » pour décrire la crise écologique en cours. Selon Andreas Malm, le premier à avoir forgé le mot en 2009[2], c'est le capitalisme industriel défini par « la production de valeur d'échange et la maximisation des profits au moyen de l'énergie fossile[3] » qui est responsable de l'artificialisation du monde, de la surexploitation de ses ressources et de la destruction du vivant. La question posée est la suivante : est-ce la nature même de l'humain ou le système capitaliste qui est responsable de la crise climatique et environnementale ?

---

2. Andreas Malm, professeur en écologie humaine à l'université de Lund en Suède, a créé ce concept en 2009. La philosophe et biologiste états-unienne Donna Haraway et Jason W. Moore ont ensuite contribué à diffuser le concept et le terme dans la sphère publique.

3. Andreas Malm, *L'Anthropocène contre l'histoire. Le réchauffement climatique à l'ère du capital*, Paris, La Fabrique, 2017, p. 50.

En ne pointant que l'humain, « Anthropocène » semble valider l'idée que tous ces dégâts sont dus à la nature humaine et non au système économique dominant qu'il s'est choisi : le capitalisme. Le philosophe Baptiste Morizot aussi préfère « Capitalocène »[4], plus exact, plus précis, plus ciblé. Au cours du Capitalocène, le charbon devient la source d'énergie dominante. Ce « résidu des fougères » comme dit Jean-Marc Jancovici[5] remplace l'hydraulique des moulins à vent et le vent de la marine à voile par exemple, couplé avec l'utilisation de la vapeur et de la machine de Watt (1769). Toutes ces inventions multiplient la capacité de travail, de production des sociétés humaines et permettent, voire provoquent, l'accumulation du capital. C'est ainsi que commence la pression de l'activité humaine sur l'environnement. Le pétrole, quant à lui, ce « résidu de plancton » devient le sang qui alimente tous les corps de l'industrie.

Les deux guerres mondiales sont des accélérateurs du Capitalocène. Les choix et innovations techniques à l'origine liés à la guerre furent recyclés dans la société civile. C'est le cas des automobiles et des avions, et aussi des engrais et des autres intrants chimiques agricoles, qui dérivent des gaz de combat.

Tout cela a permis un modèle de société basé sur l'hyperconsommation et l'accaparement des ressources, couplant production et consommation de masse, très énergivores en énergies fossiles, peu respectueuses de l'environnement.

---

4. Baptiste Morizot « Le castor et l'amnésie environnementale », *La Terre au carré*, France Inter, juin 2023, disponible en ligne sur : https://www.radiofrance.fr/franceinter/podcasts/la-terre-au-carre/la-terre-au-carre-du-mardi-13-juin-2023-6245856.

5. Il le raconte dans sa bande dessinée avec Christophe Blain, *Le Monde sans fin* (Dargaud, 2021). Les principaux gisements datent du Carbonifère, de -360 à -295 millions d'années. Les plantes à l'origine du charbon ont poussé sous un climat chaud et humide favorable à la croissance de forêts luxuriantes en bordure de zones marécageuses. Le processus de « carbonification » ou « houillification », qui transforme un végétal mort en charbon peut prendre plusieurs centaines de millions d'années.

Cette consommation de masse, notamment alimentaire, est devenue très dépendante des plastiques, des fertilisants, pesticides et autres intrants, tous dérivés du pétrole. Ce capitalisme menace désormais l'habitabilité de la Terre non seulement pour l'espèce humaine mais à peu près tout le reste du vivant.

D'où vient le pétrole ?

Le mot *pétrole* vient du latin *petra oleum* (« huile de pierre ») : le pétrole résulte de la décomposition du plancton mort, sous pression ou sans oxygène, à partir de 200 mètres de profondeur. Typiquement au fond des océans, des lacs et des deltas. Cette matière organique s'accumule dans des bassins sédimentaires. Elle est surtout composée d'atomes de carbone et d'hydrogène liés sous forme de chaînes, d'où leur nom d'*hydrocarbures*. Cette composition n'est pas étonnante puisque carbone et hydrogène font partie des principaux éléments constitutifs du vivant **(#27)**. D'énormes quantités de pétrole se sont ainsi formées il y a 20 à 350 millions d'années.

La température augmente avec la profondeur. À partir de 60 degrés Celsius, cette « pâte » se dégrade pendant des millions d'années en des formes plus toujours simples d'hydrocarbures. Jusqu'à 3 500 mètres de profondeur environ, c'est du pétrole, et au-delà c'est du gaz naturel. Le pétrole formé dans les roches-mères, un type de roches sédimentaires poreuses riches en matière organique, a ensuite tendance à migrer vers le haut des sédiments, car il est plus léger. S'il rencontre une couche imperméable, d'argile par exemple, il s'accumule à cet endroit et peut en être extrait plus tard. On parle dans ce cas de « roches-réservoirs ». Le gaz naturel est un combustible fossile formé sur des millions d'années. Une grande partie du pétrole et du gaz naturel que nous utilisons aujourd'hui trouve son origine au Jurassique, il y a 150 millions d'années.

En conclusion, il faut un concours de circonstances favorables pour que naisse un gisement d'hydrocarbures, ce qui explique que seule une infime partie de la matière organique du passé ait pu être transformée en hydrocarbures. Le fond des océans actuels fabrique encore du pétrole, mais infiniment moins que ce qui est extrait !

D'autres noms pour « notre » ère ?

▪ *Entropocène : l'ère des automates et des cerveaux lobotomisés*

Le philosophe français Bernard Stiegler (1952-2020) propose le nom « Entropocène » en 2015[6]. Selon lui, nous sommes entré·es dans une période de production massive d'entropie[7]. C'est-à-dire une période dans laquelle les savoirs se perdent et tout est automatisé. Pour Stiegler, c'est la perte des savoirs et de l'aptitude à trier et à traiter l'information, mais aussi le torpillage quotidien de la biodiversité qui représentent la plus grande menace pour l'humanité. Pour sortir de cette impasse, il faut sortir de cette automatisation et reconquérir les savoirs.

▪ *Plantationocène : l'ère des planteurs intensifs*

La philosophe et biologiste Donna Haraway et l'anthropologue Anna Tsing, toutes deux États-Uniennes, proposent le nom « Plantationocène » (« ère des plantations ») en 2014[8]. Il désigne le passage de l'agriculture traditionnelle, avec ses fermes à taille humaine, ses pâturages et ses forêts, à un système de plantation en monoculture de masse basé sur l'effort des esclaves et

---

6. Bernard Stiegler, « Sortir de l'anthropocène », *Multitudes*, n° 60, 2015, p. 137-146.

7. L'*entropie* est une grandeur de la thermodynamique qui caractérise le niveau de désordre. La fonte de la glace dans un verre est un exemple d'augmentation d'entropie. Les molécules d'eau passent de l'ordre au désordre. La thermodynamique est la branche de la physique qui étudie la dépendance des propriétés physiques des corps à la température, les phénomènes où interviennent des échanges thermiques, et des transformations de l'énergie entre différentes formes.

8. Cette notion a été discutée pour la première fois en 2014. La retranscription de cette discussion a été publiée : Donna Haraway, « Anthropocène, capitalocène, plantationocène, chthulucène. Faire des parents », *Multitudes*, n° 65, [2015] 2016, p. 75-81 et Donna Haraway, Anna Tsing *et al.*, « Anthropologists are talking about the Anthropocene », *Ethnos*, vol. 81, n° 3, 2016, p. 535-564.

d'autres formes de travail exploité, aliéné. Pour elles, c'est cet aspect précis du capitalisme, plutôt que la révolution industrielle, qui est le révélateur, le déclic. Le Plantationocène, c'est l'homogénéité, le contrôle, la destruction de l'humain et du non-humain, d'autant plus les espèces qui, estime-t-on, empiètent sur nos plates-bandes.

- *Chthulucène : l'ère de l'union des consciences jusqu'ici en dormance*

L'inépuisable philosophe et biologiste états-unienne Donna Haraway a également suggéré le nom « Chthulucène »[9]. Il fait référence aux divinités qui peuplent les profondeurs de la Terre[10], et non au Cthulhu de Lovecraft, cette créature géante à face de poulpe. Pour Donna Haraway, le Chthulucène est un « endroit pour travailler, ralentir et renverser l'Anthropocène, le Capitalocène et le Plantationocène[11] ». Le concept tient davantage de la philosophie : il doit nous permettre de prendre conscience qu'humains et non-humains sont dans le même bateau, et qu'il faut s'unir avec toutes les forces terrestres pour sortir de cette galère.

- *Molysmocène : l'ère des déchets et du Poubellien*

Dès les années 1970, le biologiste français Maurice Fontaine, directeur de l'Institut océanographique de Monaco, tire la sonnette d'alarme. Nous entrons dans la période du Poubellien, ou du Molysmocène, (c'est-à-dire « âge des pollutions »). Au départ, il a créé la locution *molysmologie marine* pour désigner une nouvelle science : l'étude des pollutions marines induites

---

9. Donna Haraway, *Staying with the Trouble. Making Kin in the Chthulucene*, Duke University Press, 2016. Cet ouvrage explore « la possibilité de vivre dans les ruines du capitalisme ».

10. Les divinités « chtoniennes » de leur nom grec.

11. « Donna Haraway, Avec le terme *chtulucène*, je voulais que l'oreille entende le son des terrestres. Propos recueillis par Catherine Vincent », *Le Monde*, 31 janvier 2019.

par les activités humaines. Maurice Fontaine voit se généraliser le plastique et les produits jetables et, selon lui, les paléontologues et archéologues du futur tomberont d'abord sur des déchets. Il estimait qu'Anthropocène était trop narcissique. Pour lui, la date à retenir est celle de 1957 : les débuts de la conquête spatiale avec l'envoi de Laïka en orbite dans Spoutnik 2[12]. Maurice Fontaine propose le nom « ère Cosmozoïque » (« ère des animaux dans l'espace »). Il fait moins référence à Laïka et aux premiers cosmonautes, qu'aux microbes involontairement balancés dans le cosmos avec nos engins spatiaux.

- *Pyrocène : l'ère des mégafeux*

À l'ère des mégafeux de forêts, la philosophe française Joëlle Zask (avec l'historien états-unien du feu Stephen Pyne) propose le nom « Pyrocène » (« ère du feu ») pour accompagner et préciser l'Anthropocène[13]. La plus ancienne trace de feu contrôlé par le genre *Homo* remonte à 790 000 ans. Nous n'étions pas du tout si *sapiens* que ça, nous étions à peine *erectus* et un peu *habilis.* Cette domestication du feu serait l'une des raisons de l'accroissement du cerveau humain, et du rétrécissement de notre tube digestif. Elle marque le début d'une longue suite d'innovations, qui ont fait passer notre espèce de ce Pyrocène primitif jusqu'à l'Anthropocène actuel. L'ère de l'humain. Le premier aurait engendré le second.

---

12. Série « Les domestications », *Mécaniques du vivant*, France Culture, 2023, disponible en ligne sur : https://www.radiofrance.fr/franceculture/podcasts/serie-mecaniques-du-vivant-saison-5-les-domestications.
13. Joëlle Jask, *Quand la forêt brûle*, Paris, Premier Parallèle, 2019.

44. « L'humain est au sommet de l'arbre de l'évolution »

Les versions modernes du buisson du vivant **(#11)** permettent de rétablir la vraie place de l'espèce humaine : une parmi des millions d'autres, au même niveau de l'arbre en surface (la période actuelle) et au bout d'un petit rameau latéral comme les autres.

Pour autant, persiste une autre idée forte qui a, en quelque sorte, remplacé l'image de l'humain perché au sommet de l'arbre, celle de l'espèce humaine qui serait l'espèce la plus évoluée de tout le vivant. Voyons en quoi cette autre représentation est tout aussi fausse. Elle sous-entend implicitement que l'évolution s'est déroulée « pour » l'humain, prototype de la pensée finaliste. Ce type de discours relève de la croyance et n'a rien à voir avec le discours scientifique qui explique « comment » ça se passe (et non pas « pour qui », « dans quel but »).

L'évolution, dans ce contexte, est considérée comme une marche vers le progrès et est synonyme d'*amélioration* avec l'idée sous-jacente d'une orientation préférentielle. Or *évoluer* signifie « passer par une série de transformations », au hasard, avec des mutations qui seront conservées ou pas selon les aléas et les pressions, sans idée de bon ou de meilleur. Nous avons déjà vu que ces transformations étaient souvent un bricolage **(#21)**. En clair : il n'y a pas de trajectoire préférentielle !

Il y a un énorme contresens aussi sur le sens du mot *évolué*. Dans l'imaginaire populaire, il s'oppose à *non évolué*, qu'on associe à *primitif*, lui aussi mal compris dans les sens d'« arriéré, retardé ». Les scientifiques utilisent ces deux adjectifs *évolué* et *primitif* pour établir des séquences d'acquisition de traits évolutifs, sans émettre des jugements de valeur !

Prenons un exemple :

– Les poils des mammifères sont un des caractères utilisés pour définir ce groupe. La présence de poils est une innovation évolutive (c'est-à-dire un caractère non présent dans les groupes antérieurs) qui apparaît à la base du groupe des mammifères. Les scientifiques parlent alors de « caractère évolué » ou « dérivé ». Ce faisant, on se place alors il y a 220 millions d'années (l'âge du plus vieux parent des mammifères connu actuellement).

– Cependant, si on considère seulement le groupe des primates, dans lequel nous nous situons, les poils sont un « caractère primitif » (au sens d'« antérieur, présent dès l'origine », pas de « dépassé »), déjà acquis auparavant. On se positionne alors il y a environ 71,5 millions d'années (de l'âge estimé de la branche des primates, le plus vieux fossile connu datant de -65 millions d'années). Le fait d'avoir des poils ne veut pour autant pas dire que nous sommes des êtres primitifs, au sens de « rudimentaires », cette fois-ci.

Autrement dit, les termes *évolué* et *primitif* ne font qu'indiquer quand des caractères sont apparus dans l'histoire évolutive d'un groupe.

Dernière confusion qui rejoint la précédente : associer *évolué* à *complexe* et celui de *primitif* à *simple*. La *complexité* est très relative et ne veut pas dire grand-chose : une bactérie unicellulaire a sa propre complexité à l'intérieur de sa cellule.

Toutes les espèces actuelles ont derrière elles 3,5 milliards d'années d'évolution depuis LUCA, puisque tous les groupes naturels du vivant dérivent de cette espèce première **(#11)** ! En disant que « nous sommes les plus évolué·es », nous oublions que, comme tous les autres vivants, nous continuons d'évoluer et que, en dépit de tous nos progrès technologiques, nous sommes toujours soumis·es, au moins en partie, à la sélection naturelle.

45. *« La nature nous rend des services écosystémiques »*

Devant la sixième extinction de masse en cours, des biologistes de la conservation ont mis en place un stratagème subtil : mettre en avant le concept de *services écosystémiques*, dès les années 1960-1970, pour sensibiliser le grand public et les décisionnaires. L'objectif : rendre palpable la dépendance des sociétés humaines aux systèmes naturels et à la biodiversité, mais également les conséquences économiques de la dégradation des milieux.

L'évaluation économique, et parfois marchande, de la biodiversité et des services fournis par les écosystèmes, appuyée sur une vision volontairement anthropocentrée de la nature, a émergé dans les années 1970-1990 avec, notamment, les travaux de Walter E. Westman (1977), puis de D. J. Randall (1988), David Pearce et Dominic Moran en 1994 et de Charles Perrings (1995). Elle prend une ampleur internationale avec le rapport commandé par l'ONU, « L'Évaluation des écosystèmes pour le millénaire », publié en 2005.

Les décennies suivantes voient l'émergence dans la sphère publique du terme *écosystème* et du concept de *services écosystémiques*. Le succès, scientifique et institutionnel, de ce dernier est aujourd'hui associé à des interprétations diverses et à des controverses. Mais, avant les polémiques, quelques éléments de contexte[14].

Qu'est-ce qu'un *service écosystémique* ?

Les milieux et les espèces qui constituent les écosystèmes procurent de nombreux services dits « services écologiques » ou

14. Ces informations sont une synthèse de l'article de Maud Mouchet, Emmanuelle Porcher, Yoann Baulaz *et al.*, « Les services écosystémiques », *Planet Vie*, 2023, disponible en ligne sur : https://planet-vie.ens.fr/thematiques/ecologie/les-services-ecosystemiques.

« services écosystémiques ». Certains étant vitaux pour de nombreuses espèces ou groupes d'espèces (comme la pollinisation), ils sont généralement classés comme « bien commun » et/ou « bien public ». Il faut bien distinguer les « services » des « fonctions » écologiques qui les produisent : les fonctions écologiques sont les processus naturels de fonctionnement et de maintien des écosystèmes, les services sont le résultat de ces fonctions.

Ils sont de plusieurs types. Les plus « basiques » sont la production de l'oxygène de l'air, d'eau pure, l'épuration des eaux et des milieux, la biomasse du vivant sauvage qui nourrit les animaux domestiqués, pêchés ou chassés. Il y a aussi la régulation du climat, des intempéries, des sécheresses et des inondations.

Un autre exemple de service est celui de la pollinisation. Les principaux « agents pollinisateurs » sont les abeilles (domestiques ou sauvages), bourdons, guêpes, mouches, papillons, colibris et chauves-souris, entre autres. Entre 60 et 80 % des plantes cultivées dépendent, au moins en partie, de ces pollinisateurs pour la production de graines et de fruits. Cela représente environ 35 % de la production alimentaire mondiale. En France, 72,2 % des espèces cultivées pour l'alimentation humaine présentent une dépendance plus ou moins forte à l'action des insectes pollinisateurs[15]. Ainsi, la pollinisation constitue un service écosystémique majeur qu'il convient de préserver. Ce qui est mal engagé puisque la plupart des espèces de pollinisateurs sont en déclin partout dans le monde (-80 % d'insectes volants en Europe en trente ans selon une étude allemande qui a fait date[16]).

Les zones humides sont à la fois des stations d'épuration et de recharge des nappes pour la nature, et des puits de carbone très efficaces pour les tourbières par exemple, en plus d'être des

---

15. Évaluation française des écosystèmes et des services écosystémiques (EFESE), « Rapport sur le service de pollinisation », 2016.

16. Caspar A. Hallmann, Martin Sorg, Eelke Jongejans, Henk Siepel *et al.*, « More than 75 percent decline over 27 years in total flying insect biomass in protected areas », *PLoS ONE*, 12(10), 2017.

sources de biodiversité et de ressources alimentaires. Leurs services sont très grands par rapport à leur faible étendue.

D'autres services rendus sont l'élimination des déchets et de la matière organique par les détritivores, les recycleurs. Ce service est assuré par exemple par toute la petite faune des sols, ce qui contribue à enrichir les sols, à les décolmater, à les aérer, ce qui aboutit à la bonne germination de certaines plantes. Il y a aussi l'activité des organismes qui produisent et entretiennent l'humus, la séquestration naturelle de carbone dans le bois, les sols, les mers et le sous-sol, ou encore le recyclage permanent des nutriments et de la matière organique morte par les animaux, champignons et bactéries.

Le vivant assure aussi la régulation des pathogènes et le maintien des équilibres naturels. L'industrie pharmaceutique, entre autres, tire une part de ses ressources des molécules inventées et fabriquées par le vivant. Les plantes médicinales, dont certaines sont en régression ou menacées d'extinction, synthétisent des molécules qui sont la base de plus de la moitié des médicaments sous ordonnance.

Sans oublier le plaisir et le soulagement qu'apporte la beauté des paysages, le grand air, les embruns, etc., ce qu'on appelle les « services culturels ».

Un concept utile mais discuté

Ce concept engendre beaucoup de débats aujourd'hui.

Il permet, certes, de sortir de l'illusion d'une séparation du vivant et de l'humain mais il se centre... sur l'humain. Pour certains, le choix du terme *service* suggère ainsi une domestication, un asservissement du vivant de plus.

De plus, l'évaluation par la monétarisation des services et de la nature est loin de recueillir un large consensus dans la communauté scientifique. Comparer l'importance des services dans les projets de gestion de la nature suppose la mise en place d'une échelle de valeurs.

Ce concept est imprécis et dangereux, à cause des difficultés à mettre un prix sur ces processus naturels et aussi de la crainte d'une privatisation, déjà à l'œuvre, de la nature. L'exploitation de la nature (agriculture et élevage par exemple) et plus généralement sa destruction donnent lieu à des avantages sonnants et trébuchants immédiats pour un petit nombre de bénéficiaires. Au contraire, la monétarisation associée à la préservation de la nature correspond à des biens communs difficilement marchandables et dont les bénéfices (incertains) se feront sur long terme.

Dans ce contexte, le concept de *services écosystémiques* a récemment été remis en question et s'est vu préférer celui de *contributions de la nature aux humains*, lors de la conférence de la Plateforme intergouvernementale scientifique et politique sur la biodiversité et les services écosystémiques (en anglais « Intergovernmental Science-Policy Platform on Biodiversity and Ecosystem Services » d'où son sigle IPBES) de 2018. Les contributions de la nature aux humains élargissent le concept de services, avec une vision plus systémique et des déclinaisons plus précises et locales des avantages, mais aussi des contraintes, à préserver la nature.

Si on prend bien conscience de leurs limites, ces concepts sont toutefois un outil intéressant pour alerter les décisionnaires, les entreprises ou le grand public. Certaines politiques environnementales, notamment européennes, intègrent déjà des objectifs de conservation et de restauration en termes de services.

Je conclus avec ce que John Muir, écrivain et naturaliste états-unien du XIXe siècle, écrivait au sujet de la nature :

> « Lorsque nous essayons d'isoler un élément, quel qu'il soit, nous découvrons qu'il est lié par mille fils invisibles à tout ce qui existe dans l'Univers[17]. »

---

17. John Muir, *My First Summer in the Sierra*, Boston, Houghton Mifflin, [1911] 1988, page 110 : « When we try to pick out anything by itself, we find it hitched to everything else in the Universe. »

46. *« Les animaux souillent les milieux avec leurs déjections »*

Non seulement les êtres vivants ne souillent rien, mais en plus leurs déjections sont toujours des ressources pour les voisins **(#24)**.

Tout, vous saurez tout sur les excréments :

- Les excréments roses des baleines sont à l'origine des blooms (ou efflorescences) phytoplanctoniques : une explosion de vie qui crée de l'oxygène et fixe le CO_2.
- Les poissons-perroquets fabriquent le sable blanc des plages tropicales. Ils rongent le corail et rejettent les parties dures sous forme de sable, un matériau qui se raréfie.
- Les déjections « hélicoptériennes » des hippopotames sont importantes pour le cycle de la silice, qui provient des végétaux qu'ils consomment[18].
- Les lapins de garenne ingurgitent une partie de ses crottes (on appelle ça la « cæcotrophie »). Ils produisent deux sortes d'excréments : des durs et secs (qu'on retrouve en tas dans la nature) et des mous, luisants et collés entre eux (les « cæcotrophes »), qu'ils mangent. Ne soyez pas dégoûté, c'est une leçon d'efficacité et de parcimonie du vivant. Par le biais des caecotrophes, les aliments font un second passage dans le tube digestif qui permet d'assimiler les nutriments formés lors du premier passage : des protéines, des acides gras et des vitamines B.
- Certaines espèces de fourmis élèvent des pucerons afin de se nourrir du miellat qu'ils produisent. En effet, les pucerons ont de gros besoins en protéines pour leur croissance mais leurs besoins en sucres sont faibles. Ils doivent donc consommer une grande quantité de sève et éliminer l'eau et le sucre dont ils n'ont pas besoin. Leurs déjections (le miellat) sont très riches en

18. Les hippopotames défèquent en faisant tourner leur queue rapidement (ils « font l'hélicoptère ») pour éparpiller leur crotte dans le courant de la rivière.

sucre et en vitamine et contiennent aussi quelques protéines que les insectes n'ont pas eu le temps d'assimiler Les fourmis ont donc tout intérêt à protéger les pucerons de leurs prédateurs afin de bénéficier de cette source de nourriture.

- Les bouses d'éléphants disséminent les graines de très nombreuses plantes ingérées et qui ont résisté à la digestion. C'est un des services rendus à la nature, ce qui fait des éléphants une espèce clé de voûte **(#14)**, comme les autres citées ici.
- Dans les crottes des civettes asiatiques, qui ont mangé des cerises du caféier (ses fruits charnus ou drupes), on retrouve les noyaux. L'action des sucs gastriques leur donne un arôme particulier : ainsi, produit-on le café le plus rare et le plus cher du monde, le kopi luwak !
- Les wombats, des gros marsupiaux australiens, font des crottes cubiques. Elles se dispersent moins dans les pentes où ils marquent leur territoire.
- Beaucoup d'animaux, des vigognes des Andes aux genettes européennes, font des « crottiers », qui sont autant d'agoras où ils laissent des signaux. Pensez à la fascination de votre chien pour les crottes de ses congénères.

Un parfum tiré des intestins

L'ambre gris est une concrétion intestinale des cachalots. On le trouvait autrefois flottant sur les océans ou déposé sur les côtes. Puis on l'a extrait des cachalots tués à la chasse. Lorsqu'il est frais, l'odeur de l'ambre gris est très désagréable. Il faut que la concrétion soit complètement formée puis expulsée pour exhaler une odeur rappelant le tabac, le camphre ou le cuir.

On l'utilisait comme fixateur dans la fabrication du parfum pour rehausser d'autres notes plus légères. En raison de son coût, il est le plus souvent remplacé par un substitut de synthèse. Le 13 février 2021, un bloc d'ambre gris de 127 kilogrammes a été extrait d'un cachalot mort au sud du Yémen. Il a été vendu pour 1,7 million de dollars états-uniens[19] !

---

19. « Des pêcheurs devenus riches grâce à du "vomi" de cachalot », *La Presse*, 2021.

47. *« Les hérissons se font écraser parce qu'ils traversent les routes »*

« Ben quoi, c'est vrai » direz-vous ! Où est l'idée fausse dans cette phrase ? Je vous propose d'y réfléchir pendant que nous voyons les faits, c'est-à-dire l'étendue et les causes de la mortalité routière directe (par écrasement) chez les hérissons.

Les hérissons font partie de ces espèces pour qui « la nature est mal faite » **(#2)**. En effet, comme beaucoup d'animaux, ils sortent la nuit pour se nourrir. Au moment de traverser une route, si une voiture arrive, ils la perçoivent comme un danger, un prédateur. Et là, que font-ils ? Au lieu de fuir au plus vite, ils se roulent en boule. Ce système de protection qui fonctionne bien contre la majorité des prédateurs (pas tous : des chiens et les grands-ducs d'Europe parviennent à les « ouvrir »). Mais face aux voitures, leur joker se retourne cruellement contre eux et, en général, ils finissent écrasés ou mortellement fracassés.

À leur décharge, leur groupe n'a pas évolué dans un environnement où circulaient de tels bolides en acier ! On pourrait aussi penser sur le mode des « y a qu'à » : il suffirait qu'ils apprennent à regarder avant de traverser ! Mais ils ont une vue basse et une ouïe peu développée qui limitent leurs capacités d'anticipation, surtout face à des véhicules arrivant à toute blinde.

Routes : source de mortalité majeure pour les hérissons

De loin, ce sont les mâles qui sont les plus écrasés. Ils sont en effet très actifs en période de reproduction et sont donc perpétuellement en vadrouille, à la recherche de femelles. Ils circulent au sortir de leur hibernation. C'est à ce moment qu'ils se font le plus souvent écraser. Ainsi en Suède, 80 % des hérissons écrasés étaient des mâles. Les femelles encourent plutôt ce risque en automne, après l'élevage des jeunes, au moment où elles recherchent plus de nourriture pour se constituer des réserves de graisse en vue de l'hiver. Au total, la mortalité routière des hérissons augmente progressivement à partir de février (sortie de l'hibernation) et atteint un pic en juillet avant de diminuer ensuite.

Des études récentes en Europe apportent quelques données chiffrées sur l'étendue de l'hécatombe[20] :
- En moyenne, jusqu'à quatre hérissons sont écrasés chaque année par kilomètre de route en Europe !
- En Hollande, la densité des hérissons dans les zones qui bordent les routes est réduite d'environ 30 %.
- Au Royaume-Uni, on estime que la mortalité annuelle sur l'ensemble du territoire représente 10 à 20 % des effectifs.
- En Pologne, le nombre moyen de victimes par kilomètre de route est trente-sept fois plus élevé dans les zones bâties et avec un trafic routier intense que dans les zones peu ou non aménagées.
- On a aussi démontré aussi que, contrairement aux renards et aux lapins de garenne, par exemple, les hérissons continuent de traverser même quand le volume de trafic est élevé.

D'autres causes – toujours les mêmes : pratiques agricoles, pollution, artificialisation, etc. – aggravent leur déclin. Mais cette surmortalité routière vient l'accentuer et ne faiblit pas puisque routes et trafic ne cessent de croître partout !

Il existe des solutions pour atténuer le problème :
- Créer des petits tunnels ou des ponts servant de passages, un peu comme les crapauducs, écureuilloducs et autres passages à faune, qui devraient/pourraient être prévus partout !
- Mettre en place des mesures pour ralentir la circulation (ralentisseurs, panneaux de signalisation spécifiques[21]).
- Adapter l'environnement pour les inciter à ne pas traverser.

---

20. Lauren J. Moore *et al.*, « Impacts and potential mitigation of road mortality for hedgehogs in Europe », *Animals*, 10, 1523, 2020.

21. On pourrait aussi en mettre pour les lynx dans le Jura, eux aussi très touchés par les accidents, vu qu'ils sortent chasser au crépuscule, quand les gens rentrent du travail.

Qui traverse le territoire de qui ?

Après cet état des lieux, revenons à la phrase initiale :

> « Les hérissons se font écraser car ils traversent les routes des humains. »

Où est l'erreur ? Une fois de plus, en disant cela, nous faisons preuve d'un anthropocentrisme flagrant : nous considérons comme acté le fait que les humains ont droit de vie, d'exploitation et de mort partout, sur tout le vivant non-humain ! Les autres espèces n'ont qu'à faire attention ou aller ailleurs. Nous rejoignons ici le schisme documenté par Philippe Descola « entre nature et culture »[22].

En fait, nous pourrions aussi dire :

> « Les hérissons se font écraser sur les routes qui traversent *leurs* territoires. »

Et pour éluder la question, nous retournons la faute sur ces « lourdauds de hérissons qui se font écraser ». Alors que c'est nous (nos voitures) qui les écrasons et c'est nous qui occupons, sans trop nous gêner, tous leurs espaces de vie.

La réaction à cette prise de conscience ne doit pas être de nous autoflageller, ni de nous qualifier d'« antispécistes primaires » (quel intérêt au fond ?), ni de hurler avec tous celles et ceux qui sont confits dans leur confort. En revanche, chacun, chacune, peut agir en conscience, réfléchir, se documenter au lieu d'aimer les photos de « hérisson mimi tout plein », militer, parler à son élu·e du coin, aider les associations, aménager son jardin avec des tas de bois, des feuilles mortes, une partie réensauvagée, des passages vers les autres jardins (continuité écologique) et surtout arrêter de rapporter les petits trouvés pendant les balades : les hérissons font partie des rares animaux considérés comme très sympathiques. Beaucoup de promeneuses et promeneurs bien intentionnés, mais ignorants du vivant, rapportent des petits considérés comme égarés, alors que la mère

22. Philippe Descola, *Par-delà nature et culture*, Paris, Gallimard, 2005.

n'est pas loin et que tout va bien. Il faut arrêter de rapporter ces petits qui encombrent les centres de soins de la faune sauvage. Les animaux savent très bien se débrouiller sans nous. Penser le contraire, c'est encore une terrible méprise due à une quasi totale méconnaissance du vivant, qui coûte cher au vivant et aux centres de soins de la faune sauvage[23] !

48. *« Un jour, les virus auront la peau de l'humanité ! »*

Le covid a montré qu'il fallait se méfier des virus, mais c'est oublier un peu vite qu'ils font partie de l'équation universelle. Indispensables au vivant, ils ont pourtant mauvaise réputation. Cela est dû au fait que les biologistes les ont d'abord trouvés chez des plantes, des animaux ou des humains malades. Or, seuls 129 virus sur les 6 590 connus en 2018 sont pathogènes chez l'humain. Mais nos vilaines manies humaines comme la déforestation ou le dérèglement climatique pourraient en faire émerger davantage.

Comme expliqué à l'idée fausse **#15**, les virus sont paradoxaux. Ils sont à la fois :
- Des parasites qui ne possèdent pas de machinerie cellulaire pour assurer leur propre multiplication. Ils empruntent celle d'une cellule hôte.
- Mais aussi des alliés pour l'évolution : la moitié de notre génome est constituée d'anciens virus « intégrés », un vrai moteur de variabilité.
- Et des alliés en thérapie : leur capacité à pénétrer les cellules et à utiliser la machinerie cellulaire a été mise à profit pour développer de nouveaux traitements.

---

23. Tous les « à faire/ne pas faire » si contre-productifs sont expliqués par Manon Tissidre dans la série « Centres de soins de la faune sauvage », *Combats*, disponible en ligne sur : https://bit.ly/manon-tissidre12_CBT.

Autre caractéristique : les virus mutent très rapidement. En effet, le patrimoine génétique des virus est en général sous forme d'ARN, une version beaucoup plus courte, instable et réactive que l'ADN, une molécule plus longue qui mute peu. Cette capacité à muter rapidement est synonyme d'une grande adaptabilité : parmi les nouveaux variants produits, certains vont infecter plus efficacement des cellules (les nombreux variants du covid le prouvent).

Les humains constituent des hôtes de premier choix pour les virus : très sociables, mobiles et nombreux, nous cochons toutes les cases pour les héberger.

Il y a un rapport entre le pillage de la biodiversité et les virus[24]. Dès 2020, l'ONU a alerté sur le lien entre la pandémie de covid et l'effondrement de la biodiversité. Déforestation, consommation et commerce d'animaux sauvages, destruction de la biodiversité, et accaparement des ressources diverses augmentent les risques de voir émerger de nouveaux virus adaptés à l'espèce humaine, comme dans le cas du covid.

Sommes-nous devenus plus humbles, individuellement et collectivement ? Avons-nous pris les mesures qui s'imposent ? Avons-nous tiré les leçons de la pandémie ? Sommes-nous prêt·es pour la prochaine ? On peut se plaindre des virus, du gouvernement, accuser la Chine et tutti quanti. Comme d'habitude, l'humain cherche des boucs émissaires, des responsables, au lieu de se remettre en question et d'agir ensemble. Les virus participent au vivant, en bien, en mal. Ils ont causé, et causeront encore, beaucoup de dégâts, surtout aux populations humaines et à son bétail qui par ses modes de vie est une cible de choix. Mais rien qui ne soit étranger aux mécaniques de vivant.

---

24. Jean-Francois Guégan, Ahidjo Ayouba, Julien Cappelle and Benoit de Thoisy, « Forests and emerging infectious diseases : unleashing the beast within », *Environmental Research Letters*, 2020.

VII. LES CROYANCES POPULAIRES

« Si quelqu'un vous dit
"je me tue à vous le répéter",
laissez-le mourir. »
Jacques Prévert

49. « Faire l'autruche *ou* le caméléon, *ces expressions sont inspirées de comportements réels* »

La langue française regorge de clichés qui font référence aux animaux[1]. Outre les clichés moqueurs et insultants, il y a aussi les clichés correspondant à des comportements typiques des êtres vivants. Celles et ceux qui rabâchent ces âneries, oups, ces bêtises, en mettraient leur main à couper ! Dans la plupart des cas, ces clichés sont complètement faux. Quelques exemples.

« Le poisson rouge a une mémoire de 3 secondes »

Inventée pour se déculpabiliser de placer des poissons rouges dans un bocal minuscule, la croyance qui veut que les poissons rouges n'aient que trois secondes de mémoire est, bien entendu, injustifiée. Ils sont capables de retenir un certain nombre d'éléments et les gardent en mémoire au moins plusieurs mois. Ils savent reconnaître quand on vient leur donner à manger et ils comprennent vite lorsqu'une zone de son habitat est un danger pour eux. Tous les aquariophiles vous le diront.

Ce n'est pas parce qu'un animal est tout petit qu'il ne peut pas faire preuve d'intelligence. Les abeilles savent compter jusqu'à 5 avec leurs 950 000 neurones[2]. Elles savent même danser pour indiquer à leurs sœurs où se trouve un champ de fleurs. Les oiseaux n'ont pas non plus spécialement une *tête de linotte* ou un *QI d'huître*. Les corvidés ont une intelligence équivalente à celle d'un enfant de 5 ans.

---

1. Dans un billet, « Le français, langue animale », publié dans *Le Figaro* en 2013, Jean d'Ormesson s'est amusé a répertorié les expressions françaises qui empruntent des références aux animaux.

2. Les travaux d'Aurore Avarguès-Weber dont sa thèse « Cognition visuelle chez l'abeille *Apis mellifera* : catégorisation par extraction de configurations spatiales et de concepts relationnels », soutenue en 2010 à l'université de Toulouse 3.

« Faire l'autruche et mettre sa tête dans le sable »

Les autruches ne sont pas spécialement plus lâches qu'un autre animal ou que l'être humain Non, elles n'enfoncent pas leur tête dans le sable pour ne pas voir le danger ou le fuir. Ce comportement n'a jamais été documenté.

Le moyen de défense des autruches est la fuite, avec des pointes à 70 kilomètres par heure, ce qui fait d'elles les bipèdes les plus rapides au monde (à titre de repère : Usain Bolt avec ses records en 2019 du 100 mètres en 9 secondes 58 et du 200 mètres en 19 secondes 19 culminait à 37 mètres par seconde). Lorsque c'est impossible de fuir, elles se cachent. Elles s'aplatissent alors sur le sol et étendent leur cou devant elles. Cela leur permet d'être le moins visible possible et donc de disparaître de loin à la vue des prédateurs.

C'est ce comportement ou le fait que, lors de la couvaison, elles retournent les œufs et délogent les intrus en ayant la tête dans leur nid qui auraient été mal interprétés.

« Le caméléon change de couleur pour se camoufler »

Selon une croyance populaire, ces reptiles **(#18)** seraient capables de prendre la couleur de tout ce qu'ils touchent. Le besoin de se camoufler des caméléons est secondaire, voire inexistant. Se fondre à l'environnement n'est pas une priorité pour ces animaux. Si certains changements de couleur les aident en effet à se fondre dans leur environnement, cette caractéristique est en réalité une réaction physiologique dont l'objectif principal est de communiquer : parade nuptiale, compétition, stress.

Il existe environ 200 espèces différentes de caméléons et toutes ne sont pas capables de changer de couleur. En fonction de l'espèce, ils ont une gamme de couleurs plus ou moins étendue. Et surtout, il leur faut beaucoup de temps pour changer de couleur, ce n'est pas instantané comme chez les poulpes ou les seiches (qui, peuvent communiquer avec leurs couleurs, mais aussi se fondre dans leur environnement). Les poulpes ont aussi des petits muscles horripilateurs pour imiter la texture (algues, rocher lisse, etc.).

« Le taureau est excité par le rouge »

La couleur vive du tissu exciterait les taureaux ? Comme la plupart des mammifères, et tout particulièrement les ongulés dont les bovins font partie, les taureaux distinguent mal les couleurs. En revanche, ils ont une excellente vision des mouvements. C'est pour cela que les toréadors agitent leur *muleta* afin d'exciter les animaux ordinairement placides.

Les animaux n'ont pas exactement les mêmes sens que nous. Ils entendent dans des plages de son différentes, voient dans des spectres différents, sentent les odeurs différemment. Exemples : le spectre audible de l'humain va de 20 à 20 000 hertz. En dessous de 20 hertz, ce sont les infrasons. Les éléphants communiquent par infrasons. Les ultrasons des chauves-souris avoisinent les 150 000 hertz. Elles perçoivent un cheveu à 10 mètres **(#encadré de #26)**. L'odorat des chiens peut percevoir jusqu'à un cancer en reniflant un malade. En revanche ils voient en noir et blanc.

Les requins n'ont pas cinq sens, mais sept ! Ils perçoivent l'électricité des corps grâce à leurs ampoules de Lorenzini, ces petits points noirs sur le museau. Et ils perçoivent aussi l'écoulement de l'eau, le courant, et les champs magnétiques utiles pour leur migration[3].

« Être sobre comme un chameau : il ne boit presque jamais »

La bosse des dromadaires, comme celles de leurs cousins les chameaux, contrairement à une croyance tenace, n'est pas une

3. Steven Surina et ses projets dont Shark Education et l'ouvrage somme *Requins. Guide de l'interaction* écrit avec Greg Lecoeur, Turtleprod, 2018.

réserve d'eau, mais d'énergie. En cas de besoin, leur métabolisme transforme cette graisse en eau ! En saison chaude, ils peuvent se passer de boire pendant deux à trois semaines (jusqu'à cinq semaines en saison fraîche).

Après quelques jours de jeûne, les dromadaires peuvent boire une centaine de litres d'eau, soit environ 12 % de leur poids[4]. Ce sont les seuls mammifères capables de boire autant d'eau en si peu de temps. En effet, chez les autres mammifères, l'absorption d'une trop grande quantité d'eau entraîne l'éclatement des globules rouges, donc la mort. Ces « vaisseaux du désert » sont aussi des exemples d'adaptation et de parcimonie. Dans les situations extrêmes, ils économisent l'eau en recyclant leur urine, en ne transpirant plus et en augmentant leur chaleur corporelle !

« Les éléphants ont peur des souris »

Aucune étude n'a jamais démontré cette croyance qui semble perdurer depuis la Grèce antique. Cependant les éléphants ont peur des... abeilles ! 90 % des éléphants kenyans fuient lorsqu'ils en entendent une[5]. Lorsque l'un des éléphants entend l'insecte, il lance un cri d'alarme particulier pour avertir ses congénères. Désormais plusieurs pays comme le Kenya, le Botswana, l'Ouganda ou le Mozambique utilisent des « barrières d'abeilles » pour faire cohabiter agriculture et éléphants !

---

4. H. Simonnet, « L'eau : besoins de l'organisme, métabolisme, influence de l'abreuvement sur la production animale » *Revue d'élevage et de médecine vétérinaire des pays tropicaux*, vol. 8, n°2-3, 1955.

5. Lucy E. King, Iain Douglas-Hamilton et Fritz Vollrath, « African elephants run from the sound of disturbed bees », *Current Biology*, 17(19), R832-3, novembre 2007.

50. « Les araignées piquent la nuit »

Quatre personnes sur dix en ont peur. Au point de détaler parfois devant une simple vidéo ou photographie ! Quelques informations sur ces mal-aimées :

1. Il existe près de 3 500 espèces de mygales dans le monde, dont une centaine en Europe et une vingtaine en France. La plupart des espèces ne mesurent qu'entre 1 et 2 centimètres et sont inoffensives.
2. Les plus grosses araignée françaises sont les tégénaires des maisons. Elles habitent avec nous toute l'année, très discrètement. À l'automne, les mâles se mettent en quête d'une femelle.
3. Non, nous n'en avalons pas la nuit. Jamais. En revanche des couleuvres, au sens figuré, ça oui !
4. Non, elles ne piquent pas la nuit ! D'abord, elles ne *piquent* pas, elles *mordent*, uniquement en légitime défense. La nuit tous les chats sont gris et les araignées dorment, comme vous. Sauf quand elles se retrouvent dans un lit ou dans un sac de couchage où, là, elles peuvent mordre. Ce sont les moustiques, les punaises de lit **(#58)** ou les acariens qui vous piquent.
5. Non, elles ne pondent pas sous la peau non plus. En revanche, certaines mouches tropicales peuvent immiscer leurs œufs sous l'épiderme humain.
6. Non, elles ne choisissent pas exprès les endroits sales et poussiéreux. Elles ne raffolent pas de la crasse, mais de la tranquillité. Comme les chats, elles passent beaucoup de temps à se nettoyer.
7. Ce sont nos meilleurs insecticides bios et naturels.
8. Oui, toutes les araignées ou presque sont venimeuses, mais il n'y a pas de quoi avoir peur ! Le venin ne tue que les insectes et les autres araignées. Parmi les 50 300 espèces connues dans le monde, seule une centaine sont potentiellement dangereuses pour nous. On enregistre dix décès par an... dans le monde, souvent liés à des surinfections. Sous nos latitudes, le risque est inexistant.

51. *« Les serpents sont visqueux »*

Quelques informations sur les serpents, pour mettre fins à nos vilaines croyances à leur sujet :

1. Non, les serpents ne sont ni visqueux ni gluants. Ils possèdent bien des écailles comme certains poissons mais seuls les poissons sont pourvus de mucus, qui les protège et les rend gluants. À l'inverse, la peau des serpents est toujours sèche, douce et très agréable au toucher. Leurs écailles de kératine (comme nos ongles et nos cheveux) les protègent contre l'usure des frottements. Ils muent pour les renouveler.
2. Non, les serpents ne sont pas froids ! Ils ne sont d'ailleurs ni froids, ni chauds. La température corporelle de ces animaux varie selon la température extérieure (on dit qu'ils sont « ectothermes »). C'est pourquoi il n'est pas rare de voir des couleuvres « lézarder » au soleil pour réchauffer leur corps avant de chasser.
3. Non, les serpents ne piquent pas, ils mordent. Contrairement aux poules, les serpents sont pourvus de dents. Mais il faut vraiment y aller pour se faire mordre, et c'est souvent parce qu'on leur a marché dessus !
4. Oui, le venin des vipères peut être dangereux, mais sur l'ensemble des morsures annuelles recensées en France moins d'un quart seulement nécessite une hospitalisation. Elles causent environ 4 décès chaque année.
5. Non, les écologistes n'ont pas largué des vipères par caisses entières depuis les airs. La rumeur, née dans les années 1970, a la vie longue. Et non ces vilains écologistes n'ont pas non plus réintroduit les loups en France. Ils sont revenus tout seuls comme des grands depuis les Abruzzes en Italie, en 1992 **(#55)**.
6. En France, il y a 10 espèces de couleuvres et 4 de vipères. Toutes sont protégées.

52. *« Le cochon d'Inde vient… d'Inde »*

Beaucoup d'espèces ont un nom vernaculaire[6] qui indique leur provenance. A priori, cela facilite les choses, mais pas toujours. En témoigne l'exemple des cochons d'Inde.

S'il fallait définir les cochons d'Inde en quelques mots, la phrase de François Cavanna serait sûrement la plus brillante :

> « Premièrement ce n'est pas un cochon, deuxièmement, il n'est pas d'Inde. En définitive seul le "d'" est authentique. »

Tout est dit ou presque.

Cette perle de Cavanna m'en rappelle d'ailleurs une autre, de Pierre Desproges, qui avait vanné les pangolins[7]. Le 19 mars 1986, dans ses *Chroniques de la haine ordinaire*, diffusées sur France Inter, Pierre Desproges s'excusait auprès des pangolins pour les avoir décrits précédemment dans un livre comme « un artichaut à l'envers prolongé d'une queue à la vue de laquelle on se prend à penser que le ridicule ne tue plus », un mea culpa suggéré par l'amoureux de sa fille, âgé de neuf ans.

Les cochons d'Inde sont aussi connus sous le nom de « cobayes ». Ce nom-là viendrait du tupi-guarani *cabiai* qui désigne aussi une autre espèce de rongeurs d'Amérique du Sud, les grands cabiais (ou capybaras) : les plus gros rongeurs actuels du monde, qui ont la taille d'une chèvre mais sont plus courts de pattes.

---

6. Le *nom vernaculaire* est le nom usuel, courant, différent dans chaque langue, par opposition au *nom scientifique* composé de deux mots latins, universel et donc plus pratique pour les scientifiques de tous pays.

7. Le pangolin a le triste record d'être le mammifère le plus braconné du monde. Les 4 espèces asiatiques sont toutes menacées, et le trafic qui approvisionne la pharmacopée asiatique s'est maintenant dirigé vers les 4 espèces africaines. Le fait d'avoir été soupçonné de nous avoir refilé le covid en 2020 ne lui a malheureusement pas bénéficié. Ses écailles se vendent 1 000 euros le kilogramme !

Mais alors pourquoi « cochon » ? Cela viendrait peut-être du cri de ces animaux, semblable au couinement des porcs.

Et pourquoi « Inde » ? Les cochons d'Inde sont originaires d'Amérique du Sud, de la cordillère des Andes. C'est Christophe Colomb et ses sbires qui leur auraient donné ce nom alors qu'ils croyaient avoir découvert... les Indes.

Les cobayes ont ainsi à l'origine été domestiqués au Pérou, où on leur donne le nom de « *cuy* » en Quechua, par les civilisations précolombiennes (notamment par les Incas) et sont élevés jusqu'à aujourd'hui pour être consommés grillés. La médecine découvre leur utilisation en laboratoire au XIXe siècle. De là date l'autre sens du mot *cobaye* : « sujet d'expérimentation ». Vers 1950, les cobayes sortent des laboratoires (ils sont aujourd'hui remplacés par les souris et les rats) et deviennent des animaux de compagnie.

Dans les autres langues, ses noms prêtent également à confusion. En anglais, c'est *Guinea pigs*, « cochons de Guinée »[8]. Les bateaux avaient des routes compliquées, triangulaires souvent : Amérique puis Afrique avant de retourner au bercail. Pour les Français·es tout ce qui était exotique venait d'Inde ou des Indes, pour les Anglais·es, c'était de Guinée !

Beaucoup d'autres animaux ont des noms qui sèment le doute :
– Les ratons laveurs, qui ne sont pas des rats mais des cousins des ours et des loutres (procyonidés), qui lavent leurs aliments.
– Les chiens-de-prairie qui sont des rongeurs ressemblant à des écureuils (dont le nom vient du grec *skíouros* : *skiá*, « ombre » et *ourá*, « queue », et signifie « qui vit à l'ombre de sa queue »).
– Les porcs-épics, qui ne sont pas des porcs mais des rongeurs hirsutes.

Rendez-vous dans *Nomen*, le podcast sur « l'origine des noms du monde vivant », pour continuer cette balade[9] !

---

8. D'ailleurs, en anglais *Guinea pig* peut aussi avoir le sens de notre *rat de laboratoire*.

9. Disponible en ligne sur : https://bit.ly/smartlink_NOMEN.

53. *« Tous les mammifères ont des poils »*

Contrairement à la plupart des amphibiens (les premiers vertébrés à s'aventurer sur terre), un groupe d'animaux appelé les « amniotes » a pu s'affranchir de pondre dans l'eau grâce à l'amnios, un sac qui protège l'embryon de la déshydratation. Les premiers amniotes sont connus dès -312 millions d'années, c'est-à-dire au milieu du Carbonifère **(#25)**.

Il y a des deux groupes d'amniotes, ou vertébrés terrestres non-amphibiens :
- Les mammifères sont des « synapsides ».
- L'autre groupe s'appelle les « sauropsides », il comprend les reptiles (au sens large), les oiseaux et leurs parents disparus.

Les synapsides, les sauropsides et les amphibiens constituent les tétrapodes, c'est-à-dire les vertébrés à 4 pattes. Les premiers synapsides et les sauropsides ressemblaient tous à des petits lézards.

Les synapsides sont devenus de plus en plus mammifères et de moins en moins reptiliens. Une caractéristique commune aux synapsides est une fenêtre temporale unique, un trou dans le crâne situé derrière les yeux, par lequel passe tout une tuyauterie intracrânienne. Histoire de ne pas avoir la grosse tête. Les synapsides modernes sont tous à sang chaud, mais beaucoup de leurs cousins éteints étaient à sang froid. On ignore quand les synapsides ont acquis la pilosité et les glandes mammaires. Autre innovation apparue chez les synapsides : les premières dents différenciées.

Chaque grande extinction de masse a changé la donne, fait bifurquer la vie, rebattu les cartes. Nous sommes d'ailleurs apparus à la faveur de la dernière, Ainsi, il y a 66 millions d'années, la disparition massive d'une grande partie des dinosaures a laissé le champ libre aux mammifères, qui, pour la plupart, ressemblaient alors à de gros rats timides et bien planqués.

Les mammifères sont en effet caractérisés par leur fourrure, perdue secondairement chez la plupart des mammifères marins, qui naissent néanmoins avec quelques poils ! Et, les pangolins et les tatous ont plutôt des écailles (et des poils quand même).

Les mammifères ont aussi :

- une oreille moyenne comportant trois petits os (marteau, enclume, étrier) ;
- un néocortex cérébral ;
- des glandes mammaires produisant du lait, pour nourrir les petits.

Cette dernière caractéristique a d'ailleurs donné son nom au groupe, « équipés de mamelles ». Ces glandes mammaires pourraient être issues des glandes sudoripares (sueur).

Les 6 500 espèces actuelles de mammifères sont les uniques représentants actuels des synapsides.

Les mammifères sont répartis en trois catégories, selon qu'ils ont un placenta ou pas

Les monotrèmes (5 espèces) n'en ont pas. Ils pondent des œufs puis allaitent leurs petits par l'intermédiaire de pores hérissés de poils. Leur nom signifie « un seul trou », oui pour tout faire, comme chez la plupart des oiseaux ! L'ornithorynque et les échidnés font partie de ces 5 espèces qui vivent toutes en Océanie.

Les marsupiaux (300 espèces comme le kangourou, les koalas, les wombats et les opossums) ne possèdent qu'un placenta rudimentaire. Leur particularité est de mettre au monde des petits à l'état d'embryons qui terminent leur développement dans une poche ventrale, le marsupium. Ils sont surtout présents en Australie mais aussi ailleurs en Océanie et en Amérique.

Les placentaires regroupent tout le reste des espèces de mammifères soit plus de 6 200 espèces, dont nous. Ceux-là possèdent un placenta qui permet des échanges constants entre la mère et son/ses petits.

54. « Mon chat ne rapporte presque rien donc il ne chasse pas ou peu »

Oserons-nous enfin appeler un chat un chat ? Il y a près de 16 millions de félins en France. Si mignons soient-ils, nos minous déglinguent (aussi) la petite faune du quotidien, celle de nos jardins, campagnes et villes, celle qui survit et disparaît dans nos marges. En avons-nous tous et toutes conscience ? Non. Nous sommes même très souvent dans un puissant déni.

Je ne suis pas anti-chat, je ne suis ni pro ou ni anti rien d'ailleurs. Les chats ne sont pas responsables de cette situation. En revanche la somme des négligences et des aveuglements de certain·es propriétaires de chats l'est. Et c'est le vivant sauvage qui paie l'addition.

Les personnes propriétaires de chats, dont beaucoup se considèrent amoureuses voire défenseuses du vivant, sont bien souvent crédules. Leur chat, dès lors qu'il vagabonde librement où il veut, cause des dégâts dont leurs « maîtres » ou « maîtresse » n'ont souvent pas du tout conscience. Les chats ne rapportent en moyenne qu'un dixième des proies qu'ils tuent. Le plus souvent, les proies tuées ne sont pas consommées.

En termes d'espèces anéanties, le chat se place en seconde position des espèces invasives les plus létales, derrière les rongeurs, là où ils sont retournés à l'état semi-sauvage (laissons l'humain hors catégorie mais techniquement nous sommes de loin les premiers de la classe...). Dans le monde, les rongeurs sont impliqués dans l'extinction de 75 espèces de vertébrés dont 52 d'oiseaux. Les chats sont, au minimum, impliqués dans l'extinction d'au moins 63 espèces de vertébrés (2 espèces de reptiles, 21 espèces de mammifères et 40 espèces d'oiseaux). Le chat est aujourd'hui l'une des menaces principales pour 367 espèces (d'oiseaux, d'amphibiens, d'insectes, de mammifères, etc.) en danger d'extinction. En France, on compte 75 millions d'oiseaux tués chaque année, 500 millions aux États-Unis.

Les chats sont les seuls animaux domestiques à qui nous accordons, sans jamais le remettre en question, le droit de circuler où ils veulent, quand ils veulent. Cela doit ou peut être questionné. En France, 68 % des proies rapportées par les chats domestiques sont des petits mammifères (rongeurs en majorité mais aussi écureuils, chauves-souris, loirs, lérots, musaraignes, hérissons, etc.). 22 % sont des oiseaux (moineaux, merles, mésanges et rouges-gorges). Il y a aussi des amphibiens et des reptiles, dont la situation démographique est pire que celle des oiseaux. Les chats errants tuent quatre fois plus que les domestiques (et beaucoup plus que les pesticides au passage en ce qui concerne oiseaux et petits mammifères !), d'où l'importance de stériliser votre chat, et de ne surtout pas l'abandonner ou laisser seul dehors en vacances ! Même bien nourris, les chats conservent leur instinct de chasseurs. Il existe des dispositifs (inoffensifs pour eux) pour les éloigner ou les empêcher d'accéder aux sites sensibles comme les nichoirs.

VIII. LA DIABOLISATION ET L'AVEUGLEMENT

« La créature la plus affectueuse au monde est un chien mouillé. »
Ambrose Bierce

55. *« Les loups pullulent en France »*

La population de loups est directement est proportionnelle à la disponibilité en proies. Ils se régulent entre eux et ne peuvent jamais pulluler sur un territoire. Il en va de même pour tous les prédateurs.

Prenons l'exemple d'autres prédateurs, aujourd'hui en odeur de sainteté : les aigles royaux (*Aquila chrysaetos*). Jusque dans les années 1970, toutes les espèces d'aigles étaient considérées comme nuisibles en France. Certaines ont même failli disparaître[1]. Après avoir frôlé l'extinction dans les Alpes, les aigles royaux ont été protégés, comme tous les autres rapaces, à partir de 1981. Et, aujourd'hui, ils ont recolonisé tout l'arc alpin. Mais, après des années d'expansion, et maintenant que tous les territoires sont occupés, leur population s'est stabilisée : ils se régulent eux-mêmes.

Il en va de même pour les loups dans les territoires qu'ils occupent. Là où il y a des meutes établies qui défendent leur territoire, les populations sont stables. Aucune pullulation. Dès qu'un territoire est saturé, les loups tuent les intrus et se dispersent, c'est ce qui se passe en Europe occidentale en ce moment.

Après avoir été exterminés dans plusieurs pays d'Europe occidentale (dont la France, l'Allemagne et d'autres), les loups sont aujourd'hui une espèce strictement protégée au niveau international et européen[2]. Des dérogations à la protection de l'espèce,

---

1. Aujourd'hui, la France a la chance d'accueillir sept espèces d'aigles (au sens large) (aigles bottés, pygargues à queue blanche, aigles royaux, balbuzards pêcheurs, circaètes jean-le-blanc, aigles de Bonnelli et aigles pomarins, soit autour de 1 300 couples). Tous sont menacés à des degrés divers.

2. Les loups gris (*Canis lupus*) sont également protégés au niveau mondial, par leur inscription à la CITES, à l'annexe II de la Convention de Berne de 1979 et aux annexes II et IV de la Directive 92/43/CEE dite

en clair des abattages, sont prévues par les textes pour prévenir les dommages aux troupeaux domestiques, soit environ 12 000 brebis par an depuis 2017. Ces tirs sont, en théorie, autorisés à la double condition: premièrement qu'il n'existe pas d'autres solutions de protection des troupeaux satisfaisantes et deuxièmement les opérations ne nuisent pas à l'état de conservation de la population de loups.

Mais, à la fin de l'année 2023, à la suite du gouvernement français[3], la présidente de la Commission européenne, Ursula von der Leyen, a proposé d'abaisser le niveau de protection des loups en passant d'une protection stricte de cette espèce protégée, à une protection simple[4]. En clair, de permettre de les abattre plus facilement.

Pourtant, la population française de loups est encore trop faible pour être viable. Car une population animale a besoin de variabilité génétique pour l'être. Les moins de 100 ours et 200 lynx de France pâtissent également de ce manque de diversité génétique. Les individus sont plus faibles ou naissent avec des malformations.

Bref le dossier des loups est complexe mais en voici une synthèse complète.

« Habitats, Faune, Flore » de 1992. Ils y sont classés « prioritaire d'intérêt communautaire ». Au niveau français, c'est une espèce protégée au sens de l'article L.411-1 du code de l'environnement, classée comme telle par l'arrêté du 23 avril 2007.

3. Le projet d'arrêté du gouvernement français est consultable ici à l'heure de la rédaction de ces lignes en février 2024: https://www.consultations-publiques.developpement-durable.gouv.fr/projet-d-arrete-fixant-les-conditions-et-limites-a2941.html.

4. En termes techniques, ceux et celles qui veulent abattre plus de loups plus facilement veulent les faire passer de l'annexe IV (protection stricte) à l'annexe V (protection simple); WWF, « Déclassement du statut de protection du loup: Ursula von der Leyen crée un dangereux précédent », 2023, disponible en ligne sur: https://www.wwf.fr/vous-informer/actualites/declassement-du-statut-de-protection-du-loup-ursula-von-der-leyen-cree-un-dangereux-precedent.

Un point sur les populations au début de l'année 2024

La France se trouve à la croisée des chemins de 3 sous-espèces de loups :
– Les loups ibériques, qui appartiennent à la sous-espèce *Canis lupus signatus*, c'est la principale population d'Europe occidentale. Ces loups sont installés au nord-ouest de l'Espagne : Asturies, Pays basque, Castille Leon, etc. On compte 3 000 individus en Espagne.
– Les loups italiens, qui sont les premiers loups revenus en France en 1992. En Italie, les loups n'ont jamais été complètement éradiqués (contrairement à la France où le dernier a été tué en 1940, ou encore à la Grande Bretagne où il a été exterminé il y a trois siècles). Ces loups italiens appartiennent à la sous-espèce *Canis lupus italicus* et constituent la population « italo-alpine ». On compte 2 500 individus en Italie.
– Les loups de l'Est, *Canis lupus lupus*, qui sont les survivants des loups disparus du nord-est de l'Europe. Ceux-là ont survécu en Pologne orientale, ils sont d'ailleurs protégés en Pologne depuis 1998. Ils ont pu étendre leur aire de présence vers l'ouest, jusqu'à atteindre l'Allemagne. Dans un premier temps localisée principalement dans le nord du pays, cette population s'étend peu à peu vers le sud et vers l'ouest. On compte 1 500 individus en Allemagne.

Conclusion : En France, le gros des effectifs italo-alpins commence à se reproduire avec les loups de l'Est, un peu plus gros qu'eux. Les différentes populations des loups d'Europe ne sont séparées que par quelques siècles d'extermination. Aujourd'hui on compte 1 100 individus en France. En Suisse, les populations des italo-alpins progressent d'environ 30 % par an. On compte aujourd'hui 300 individus. Les loups de l'est ont essaimé vers les Pays-Bas, et le Bénélux, où des meutes se sont constituées. On compte aujourd'hui 35 individus.

Il y a 22 000 loups dans l'Union européenne en 2023, leur population a doublé en dix ans. Le gros de la population européenne est centré autour de deux foyers de population : dans les Carpates et en Scandinavie. Cette expansion de l'espèce n'est pas sans conséquence sur des activités humaines, l'élevage en particulier.

Que mangent les loups ?

Il y a évidemment des différences d'une meute à l'autre, mais, en moyenne, les ongulés sauvages (chamois, chevreuil, cerfs, sangliers, etc.) représentent 76 % du régime alimentaire des loups et les ongulés domestiques 16 %. Le reste est composé d'autres proies (lapins, marmottes et autres rongeurs, oiseaux, renards, chiens et chats errants, etc.). En cas de disette ou quand il est en dispersion, seul et sans meute, un loup peut se rabattre sur des proies plus faciles et plus petites. Mais il reste parfaitement capable de tuer des chevreuils... ou des brebis. Les loups s'adaptent ainsi aux ressources : aux différentes espèces, mais aussi à leurs populations[5]. Dans certains endroits du monde, comme en Alaska, les loups mangent beaucoup... de poisson (notamment du saumon) ! Dans certaines plaines d'Espagne et d'Italie, les loups se sont spécialisés en sangliers, où ils abondent. Les agricultrices et agriculteurs locaux sont plutôt contents ! Les loups ont donc un rôle à jouer contre la prolifération de ces herbivores, qui en l'absence de prédateurs « abroutissent » et abîment la forêt, en mangeant les petites feuilles et les bourgeons. L'exemple de la réintroduction des loups du Yellowstone et de ses effets est emblématique **(#14)**.

---

5. Le travail de référence à ce jour est une étude menée par Julie Fluhr, en 2011, appuyé sur l'analyse de 1357 excréments collectés sur la période 1995-2009 dans les Alpes françaises : « Analyse spatio-temporelle du régime alimentaire du loup (*Canis lupus*) dans les Alpes françaises, *Bulletin du réseau Loup-Lynx*, 27, 2011). Des informations sont aussi consultables ici : « Le régime alimentaire du loup en France », 2019, disponible en ligne sur : https://www.loupfrance.fr/le-regime-alimentaire-du-loup-en-france/

La part des brebis, la hantise des éleveurs et éleveuses

La part de proies domestiques, aussi réduite soit-elle, est une part de trop pour les éleveurs et éleveuses, déjà sous pression à cause d'autres facteurs économiques.

En France, près de 12 000 bêtes d'élevage ont été tuées en 2022, dans l'immense majorité des brebis. Il y en avait trois fois moins en 2010 : autour de 3 800. Mais ces dégâts sont très stables depuis 2016-2017, alors que pendant le même temps, la population de loups a plus que doublé.

Les loups tuent certes autour de 12 000 brebis par an, mais au moins 300 000 moutons sont tués par des chiens ou frappés de maladies (comme la brucellose) et beaucoup meurent lors de leur transport et manipulation. Et 5 millions de moutons sont abattus chaque année pour notre consommation, dont 80 % d'agneaux.

Près de 75 % des éleveurs et éleveuses ne subissent qu'une à deux attaques par an (sur une ou plusieurs animaux). Mais 10 % subissent plus de 10 attaques. C'est à ce niveau-là qu'il faut intervenir.

Des mesures de protection existent : chiens de protection de troupeau (dits « CPT) », clôtures provisoires ou définitives, bandelettes colorées et autres dispositifs d'effarouchement mobiles ou lumineux, et la présence humaine (berger et aides-bergers volontaires dépêchés par des associations comme Pastoraloup en France). Bien mises en place et bien combinées, ces mesures sont efficaces, mais jamais à 100 %. Il reste des secteurs difficiles.

Au moins 1 loup sur 5 est éliminé en France (19 %) : utile ou pas ?

C'est trop pour un état de conservation souhaitable. Selon la dernière évaluation de l'UICN, sur les 9 populations de loups de l'Union européenne, 6 sont vulnérables ou quasi menacées[6]. Il y en a encore très peu en regard de la diversité génétique souhaitable. Ces 19 % correspondent quasiment au taux de renouvellement naturel de l'espèce.

---

6. UICN, « Liste rouge UICN des espèces menacées », disponible en ligne sur : https://www.iucnredlist.org/.

Attention aux faux-semblants : c'est parce que les territoires sont vierges de loups que leur population augmente. Dans l'absolu leurs populations restent ridiculement faibles. Dans l'arc alpin où ils ont colonisé beaucoup de territoires, les populations n'augmentent plus car les loups se régulent eux-mêmes. La même chose vaut pour les renards **(#56)**. Ces abattages massifs sont aussi cruels qu'inefficaces, voire contre-productifs : abattre le « méchant » loup risque d'éclater la meute et de multiplier les attaques. Plusieurs études montrent que les tirs ne sont pas la solution[7]. Elles montrent aussi qu'il n'y a pas de corrélations entre le nombre de loups et les attaques. Un seul loup peut faire énormément de dégâts alors qu'une meute voisine ne va pas toucher la faune domestique.

« Inutile voire contre-productif » disent les scientifiques

Avec la proposition de la Commission européenne d'abaisser le niveau de protection du loup, les tirs de défense et les tirs de défense renforcés pourraient être simplifiés. « Faire du chiffre » au lieu de cibler les loups qui posent des problèmes. Cette disposition va à rebours des études scientifiques et des souhaits de la majorité des citoyen·nes de l'Union européenne. Selon une étude 68 % des habitant·es des zones rurales estiment que les loups doivent être strictement protégés, 72 % reconnaissent que l'espèce a le droit d'exister[8].

Les tirs de défense simples et renforcés permettent de tuer des loups en action de prédation à proximité de l'exploitation (simple) voire à plus d'un kilomètre (renforcé). Ils peuvent être

---

7. Adrian Treves, Miha Krofel et Jeannine McManus, « Predators control should not be a shot in the dark », *Frontiers in Ecology and the Environment*, 14(7), 2016, p. 380-388.

8. « Understanding rural perspectives. A survey on attitudes towards large carnivores in rural communities », *Savanta*, 2023, disponible en ligne sur : https://www.eurogroupforanimals.org/files/eurogroupforanimals/2023-11/20231129_Survey%20Report%20Large%20carnivores.pdf.

effectués par toute personne détentrice du permis de chasse C. Ces tirs visent à réguler les effectifs ou à supprimer des individus problématiques sur un territoire. Seuls les deux brigades loups de l'office français de la biodiversité et les louvetiers (des chasseurs assermentés) peuvent le faire. En principe ! Si, officiellement, 1 loup sur 5 est tué chaque année en France, c'est bien davantage en réalité. Beaucoup sont braconnés, jusqu'à un sur deux selon des sources crédibles mais difficiles à vérifier[9]. Pour pouvoir déclencher des tirs létaux, il faut déjà que les mesures de protection soient mises en place. Le tir d'effarouchement n'est pas considéré comme une option valide en France. Pourtant, il fait peur aux loups ; il peut même leur faire mal s'ils sont touchés avec des balles en caoutchouc ou du gros sel.

Personne, parmi les défenseurs et défenseuses du vivant, n'est contre des tirs ponctuels d'élimination bien ciblés de loups problématiques. Mais encore faut-il éliminer les loups qui posent des problèmes ! Faire du chiffre et tout dégommer ça ne marche pas, les études le prouvent. Ça achète la paix sociale mais ça ne résout rien.

Une étude a été menée en Lettonie après la reprise de la chasse au loup[10]. Conclusions :
- La prédation ne diminue pas.
- Les loups se reproduisent plus vite.
- Les meutes éclatent et causent de la prédation ailleurs.

---

9. Roger Mathieu *et al.*, « 26 meutes de loups suivies en 2020 dans les Alpes et Préalpes françaises. Résultats, analyse et perspectives », Groupe PP Alpes, 2021, disponible en ligne sur : https://www.fne-aura.org/uploads/2022/01/suivi-26-meutes-de-loups-2020-groupe-pp-alpes-juin ; Observatoire du loup, « Faut-il orienter les missions de la louveterie afin de contrer le braconnage du loup en France ? », 2022.

10. Jurgis Suba, Agrita Zunna, Guna Bagrade *et al.*, « Does wolf management in Latvia decrease livestock depredation? An analysis of available data », 2023 ; traduction française de *Publie-loup*, disponible en ligne sur : https://publie-loup.fr/wp-content/uploads/2023/10/Suba_et_al_2023_trad.pdf.

Comme nous le constatons en France, les mesures de protection bien mises en œuvre ont permis une baisse des dommages sur les troupeaux ces dernières années. Début 2024, 12 États membres sur 27 se sont exprimés en ce sens (Slovaquie, Bulgarie, Allemagne, Grèce, Espagne, Irlande, Chypre, Luxembourg, Autriche, Portugal, Roumanie et Slovénie).

Parcimonie ou pléthore : deux stratégies de reproduction

Cette idée fausse sur la pullulation des prédateurs est l'occasion d'élargir un peu le spectre sur les deux stratégies de reproduction du vivant :

– **L'une consiste à faire beaucoup de jeunes, sans trop s'en occuper. Sur la totalité, quelques-uns survivront et permettront ainsi de perpétuer l'espèce.** Exemple : les souris, ou les poissons-lunes. Cette profusion est une bonne adaptation aux milieux instables et imprévisibles. Elle avantage les espèces dans les habitats changeants ou perturbés, où les ressources sont aléatoires, irrégulières, et les risques élevés. Les populations de ces prolifiques « pléthoriques » présentent ainsi beaucoup plus de jeunes que d'adultes. C'est souvent ce qui se passe dans les océans.

– **L'autre consiste au contraire à en faire peu, mais à en prendre soin, à les protéger, à les élever pour leur donner toutes les chances de survivre.** Exemple : les éléphants, les baleines et les grands requins, ceux qui sont en danger de disparition. ce modèle est caractérisé par une durée de vie longue, une maturité tardive et une reproduction rare, une gestation longue, et finalement une descendance très peu nombreuse. Tout cela est avantageux dans les habitats prévisibles, stables, où les ressources sont bonnes et les risques faibles. Les populations de ces « parcimonieux » sont constituées de peu de jeunes et de beaucoup d'adultes.

Chaque stratégie a ses avantages mais aussi ses inconvénients. Ce modèle, proposé en 1967 par deux États-Uniens, Mac Arthur et Wilson[11], est sobrement baptisé « modèle évolutif r/K ». En général,

11. Robert MacArthur et Edward Osborne Wilson, *The Theory of Island Biogeography*, Princeton University Press, 1967.

lorsqu'un milieu a subi une perturbation (extinction de masse, éruption volcanique, grand feu, inondation, prédation importante), les espèces à stratégie r (les prolifiques) comme les sardines sont les plus résistantes ou les premières à s'implanter. Avec le temps, quand les perturbations se calment, elles finissent par donner naissance à un environnement de plus en plus compétitif, où les espèces à stratégie K (les parcimonieuses) comme les requins sont progressivement avantagées. C'est un des moteurs de l'évolution. Ce modèle a été critiqué et affiné depuis, et les puristes préfèrent aujourd'hui parler de « modèles à vie courte et à vie longue ».

56. *« Les renards sont nuisibles »*

Chez l'humain, un animal est « mignon » / « ami pour la vie », « utile » / « mangeable » ou « corvéable », « nuisible » / « éradicable ». Dans le premier cas, l'animal donne la papatte, dans le deuxième cas, il finit en barquette au supermarché après une vie concentrationnaire et, dans le troisième cas, il est piégeable et chassable toute l'année. En France, les renards font partie de la troisième catégorie.

Les goupils sont les meilleurs alliés bios des agriculteurs et agricultrices !

Pourtant, les renards sont d'abord les alliés des agricultrices et agriculteurs... et des milieux ! Démonstration.

Les *tumuli* (pluriel de *tumulus*) sont ces petits monticules de terre que vous voyez parfois dans les pâturages. À certains endroits, des prairies entières sont défoncées et génèrent de gros manques à gagner, voire des pertes, pour les agriculteurs et les éleveurs. Ces ravages sont le fait des campagnols terrestres ou « rats taupiers ». Ses tumuli ressemblent fortement aux taupinières, les tumuli des taupes mais s'en distinguent par leur entrée oblique (verticale pour les taupes). Les campagnols creusent leurs galeries avec les dents. En chemin, ils grignotent les collets et les racines des herbes des prairies mais aussi des carottes, navets, céleri, poireaux, pommes de terre, blettes, ainsi que les racines des arbres fruitiers. Ils vivent deux ans, sont adultes à 1 mois et les femelles peuvent avoir jusqu'à 6 portées de 4 à 5 petits par an. Ils se multiplient donc très vite. Les belettes, les putois, les hermines et les rapaces diurnes (dont les milans royaux) et nocturnes sont des prédateurs naturels des campagnols terrestres.

Et pourtant, les plus efficaces face à ce problème reste ces bons vieux goupils et leur mulotage. Ils en chassent entre 2 000 à 6 000 par an. Ils sont beaucoup plus efficaces et beaucoup moins dangereux que les poisons (comme la bromadiolone, un anticoagulant, aujourd'hui interdite, qui extermine aussi ses prédateurs) et que les pesticides, par ailleurs catastrophiques pour le vivant et les milieux.

Les scientifiques ont mis en évidence le rôle essentiel des renards dans la régulation des rongeurs, et relativisent fortement les torts que leur prêtent encore certains.

Gibier ou nuisible ?

Les chasseurs et chasseuses tuent chaque année 600 000 renards, soutenus en cela par des préfets. Les voitures et d'autres facteurs font grimper ce chiffre au million certaines années. Malgré cet acharnement, les populations de renards semblent stables en France : dès qu'un goupil est tué, il est vite remplacé par un autre qui reprend le territoire vacant. Comme les loups, ces prédateurs se régulent eux-mêmes **(#55)**. Il est aussi vain qu'inutile de vouloir faire du chiffre... Comme ailleurs, une fois la rage disparue les renards ont rétabli ses effectifs et colonisé les espaces urbains où sa densité est aujourd'hui plus élevée qu'à la campagne.

En France, les renards peuvent avoir deux statuts suivant les départements. Soit celui de « gibier », c'est-à-dire chassable de septembre à mars ; soit celui de « nuisible ». Depuis 2016, on utilise un paravent sémantique, ESOD, pour « espèce susceptible d'occasionner des dégâts » **(#encadré)**. Dans ce cas, les renards peuvent être tirés de jour comme de nuit, mais aussi piégés, enfumés, déterrés ou enterrés vivants avec leurs petits, douze mois sur douze.

Qui sont les 18 espèces susceptibles d'occasionner des dégâts (ESOD) de France ?

Il y a 18 malchanceux classés ESOD en France hexagonale en 2023, soit 18 espèces sur les 170 espèces sauvages de mammifères et les 500 d'oiseaux. Ils sont répartis en trois catégories :
- **Les invasifs** → Les 6 espèces de la catégorie 1 (« espèces non indigènes envahissantes ») sont classées par arrêté ministériel et pour une année renouvelable : visons américains, ratons laveurs, tanuki (ou chiens viverrins), ragondins, rats musqués et bernaches du Canada. Tiens ! D'anciens exploités pour leur fourrure et une autre ornementale qui n'est plus à la mode !
- **Les ministériels** → Les 9 espèces de la catégorie 2 (renards, belettes, martres, fouines, corbeaux freux, corneilles, pies, geais et étourneaux) sont sélectionnées par arrêté ministériel pour trois ans, sur proposition des chasseurs et agriculteurs. C'est d'eux dont il est question plus haut
- **Les préfectoraux** → Les 3 espèces de la catégorie 3 (sangliers, pigeons ramiers, lapins de garenne) sont élus par arrêté préfectoral annuel.

L'arrêté ministériel du 4 août 2023 a renouvelé pour 2023-2026 la liste nationale des ESOD
Selon les choix de chaque département, ces espèces pourront être tirées et piégées tout au long de l'année sans limites, même hors période chasse (début septembre-fin février). Près de 2 millions d'ESOD sont ainsi tués chaque année en France.
Lot de consolation : les putois d'Europe, en voie d'extinction (!), ont définitivement été sortis de cette liste, grâce à la LPO France,

à l'Association pour la protection des animaux sauvages et à la Société française pour l'étude et la protection des mammifères. Du côté de l'espoir et du bon sens, de plus en plus de communes ont compris le rôle essentiel des renards et demandent au préfet le déclassement des renards des ESOD sur leur territoire et l'obtiennent. Ces nettoyages par le vide sont pourtant invalidés par la science. Les risques de la disparition de ces espèces et leur importance dans les milieux sont démontrés (au moins dans le cas des geais semeurs de forêts et des renards régulateurs de campagnols). On tue par habitude.
Dans sa nouvelle stratégie pour la biodiversité présentée le 20 juillet 2023, le gouvernement annonce des réflexions... en 2026 pour les mustélidés (martres, fouines, belettes) et en 2029 pour les corvidés (pies, corbeaux, geais, corneilles). Il est urgent d'attendre...

Qui décide qui est gibier ou nuisible ?
Tous les trois ans, dans chaque département, la préfecture examine les fiches de dégâts agricoles transmises par les éleveurs et les agriculteurs. Si la liste des déprédations dépasse 10 000 euros (elles sont souvent exagérées ou fausses), le préfet demande le classement comme ESOD au ministère de l'Écologie qui confirme presque toujours. Là où les dés sont bien pipés, c'est que ces fiches sont décidées par les fédérations de chasse ou par les associations de piégeurs. Aucun contrôle scientifique. Très peu de voix pour les défenseurs et défenseuses du vivant sauvage comme les renards, mais aussi les fouines, les martres, les belettes et même les blaireaux[12]. Les renards roux sont ainsi classés ESOD, parfois partiellement, dans 88 départements[13].
Pourquoi tant de renards sont tués ? Parce qu'ils sont de voleurs de poules, et aussi parce qu'ils mangent parfois quelques faisans parmi les millions élevés dans des conditions concentrationnaires pour servir de ball-trap aux chasseuses et chasseurs.

---

12. Ces derniers ne font pourtant pas partie de la liste des 18 ESOD en 2023. Ils sont « déterrés » par les aficionados de la vénerie sous terre, un « passe-temps » qui consiste à les extirper à la pince géante et à les laisser éventrer par des chiens, femelles et petits inclus.

13. ASPAS, « "Nuisibles" : feu vert du ministère pour 3 nouvelles années d'enfer... », 2023.

L'échinococcose alvéolaire, un danger évitable

Pour justifier les massacres, les chasseurs et chasseuses ont invoqué d'abord la rage, aujourd'hui éradiquée en France. Aujourd'hui, c'est le spectre de l'échinococcose alvéolaire qui est agité. Autrefois limitée à la Franche-Comté, cette zoonose provoquée par un ver ténia (*Echinococcus multilocularis*) est désormais recensée dans toutes les régions de France, principalement dans l'Est.

À l'origine, des campagnols sont contaminés, puis infectent les renards qui les mangent. Les crottes de ces renards contiennent alors les œufs du ver. Le danger pour l'humain vient des produits ramassés au sol en forêt (champignons, baies, etc.) et qui ont pu être en contact avec ces excréments. Ces œufs contaminent l'humain lorsqu'il met les mains à la bouche. Si le diagnostic n'est pas fait à temps, la maladie s'aggrave et le décès est fréquent. Facteur aggravant : la maladie est très peu connue des médecins et souvent confondue avec le cancer du foie ou la cirrhose. Il y a autour de 30 cas par an en France, en grande majorité dans l'Est.

Pour éviter les risques, il faut cueillir les fruits en hauteur et ne jamais toucher de renard, même mort, bien cuire les aliments comme les champignons ou les légumes du potager. Et peut-être oublier les fraises des bois et les myrtilles[14].

Quant à l'abattage, très mauvaise idée ! Il fait augmenter la proportion de jeunes subadultes dans les populations, lesquels sont connus pour se disperser loin afin de trouver un territoire libre, propageant ainsi la maladie de plus en plus loin. Pour ne rien arranger, ces jeunes portent une charge en vers adultes producteurs d'œufs plus importante que leurs aînés.

---

14. « AVIS et RAPPORT de l'Agence nationale de sécurité sanitaire de l'alimentation, de l'environnement et du travail relatif à l'évaluation des impacts sur la santé publique de la dynamique des populations de renards », 2023, disponible en ligne sur : https://www.anses.fr/fr/system/files/SABA2022SA0049Ra.pdf.

Le danger de l'échinococcose alvéolaire est bien réel, et il faut faire preuve de vigilance, c'est certain. Mais ce que les détracteurs des renards oublient aussi de dire, c'est qu'en mangeant des campagnols, les goupils agissent comme un repoussoir de la maladie de Lyme (borréliose)[15], autrement plus problématique avec plus de 800 hospitalisations par an. En 2021, on estime que près de 47 000 cas ont été diagnostiqués en médecine générale, soit une incidence de 71 cas pour 100 000 habitant·es en France, contre moins de 0,5 pour l'échinococcose alvéolaire[16] !

57. *« Beaucoup d'espèces d'insectes sont inutiles, surtout les moustiques et les mouches »*

Les moustiques appartiennent à la famille des culicidés (*Culicidae*) dans l'ordre des diptères (comme leurs cousines les mouches). Leur nom scientifique *Culex* vient du latin *aculeus* (« aiguillon »). Quant au nom *moustique* il a été emprunté à l'espagnol *mosquito* (littéralement « petite mouche »). Ils sont présents sur l'ensemble des terres émergées de la planète, à l'exception de l'Antarctique et de l'Islande, où il n'y pas non plus de serpents. Les moustiques profitent du moindre recoin d'eau pour se reproduire.

Comme d'autres insectes, les moustiques se nourrissent surtout du nectar de fleurs, qui compose la quasi-totalité de leur alimentation. Mais alors, pourquoi nous piquent-ils ? En fait, on devrait plutôt dire « pourquoi nous piquent-elles ? ». En effet, seules les femelles piquent des vertébrés, dont les mammifères, pour

---

15. Tim R. Hofmeester, Patrick A. Jansen, Hendrikus J. Wijnen *et al.*, « Cascading effects of predator activity on tick-borne disease risk », *Proc. R. Soc. B.*, vol. 284, 2017.

16. Santé publique France, « Borréliose de Lyme et prévention des piqûres de tiques : où en est-on en France ? », 2021.

leur prélever du sang. Elles ont besoin des protéines du sang pour que leurs œufs puissent (bien) se développer. En 2023, on dénombre 3 618 espèces de moustiques (au sens strict, car on appelle « moustiques » divers autres diptères, « ceux qui ont deux ailes » !), dont un infime partie pique l'être humain.

Rappelons que les moustiques sont les animaux qui causent le plus de morts chez l'être humain : en moyenne 725 000 décès par an. Les femelles d'environ 80 espèces de moustiques prélèvent du sang humain, surtout les genres anophèles et aedes (dont le moustique tigre, *Aedes albopictus* !). Elles peuvent transmettre le paludisme (malaria), la fièvre jaune, le chikungunya, la dengue, entre autres, mais pas le sida.

Voyons maintenant à quoi « servent » les moustiques dans les milieux. Bien qu'ils soient des vecteurs de maladies, ils y sont très utiles :
- Ils sont le pain quotidien de très nombreuses espèces animales, aussi bien vertébrés qu'invertébrés.
- Ils participent aussi à la régulation des espèces en étant vecteurs de certaines maladies infectieuses, ce qui permet d'équilibrer les populations des autres espèces animales. Ce rôle paraît moins glamour mais il est similaire à celui des prédateurs.
- Par leurs larves, ils consomment de la matière organique, favorisant ainsi le recyclage des nutriments et l'apport de ces derniers dans les milieux aquatiques pour qu'ils puissent être utilisés par les plantes et d'autres organismes. Sans les moustiques, ces équilibres vitaux seraient rompus.

Il va malheureusement falloir vous y faire. Le vivant, dont nous, a besoin des moustiques.

80 % en trente ans : les insectes volants disparaissent huit fois plus vite que les vertébrés !

Selon une étude allemande publiée en 2017, en trente ans, près de 80 % des insectes volants ont disparu en Europe[17]. Ils disparaissent huit fois plus vite que les mammifères, oiseaux et reptiles… à (très) bas bruit.

Or ils sont **les principaux auxiliaires de cultures** (au même titre que des bactéries, des champignons, des plantes ou des animaux, comme des oiseaux), qui protègent nos cultures d'autres organismes dont ils sont des prédateurs naturels.

Conscients de cette sixième extinction de masse, comme on la nomme, inédite par sa vitesse et son accélération, certains *Homo sapiens* essaient de cultiver autrement, durablement en pratiquant la permaculture, l'agroforesterie, etc. Depuis les débuts de l'agriculture et de l'élevage, il y a 11 000 ans, depuis ce passage des cueilleurs-chasseurs aux premiers agro-pasteurs, l'humain a cessé de vivre AVEC le vivant, la nature. Pour protéger ses cultures et ses troupeaux, il a commencé à pourchasser et détruire tous les êtres vivants qu'il a considéré comme des pique-assiettes. Exemple notoire : les loups, qui avaient été domestiqués longtemps avant (en devenant les chiens) sont devenu des ennemis.

Quiconque a un jardin peut aider : la superficie cumulée des jardins représente bien davantage que toutes les réserves naturelles en France, et 60 % des Français et Françaises ont la chance d'avoir un jardin ! Vous pouvez choisir de (re)connaître et d'aider cette vie autour de vous !

Si certains de ces auxiliaires, comme les coccinelles, sont des régulateurs de pucerons, d'autres sont polyvalents : **ils pollinisent en plus de réguler**. C'est le cas des guêpes, des mouches, des syrphes. Enfin, d'autres animaux, comme les vers de terre, aèrent les sols et contribuent à les maintenir vivants et productifs (avec des milliards de bactéries et autres microbes), eux aussi très abîmés par des siècles d'exploitation humaine **(#28)**.

---

17. Caspar A. Hallmann, Martin Sorg, Eelke Jongejans *et al.*, « More than 75 percent decline over 27 years in total flying insect biomass in protected areas », *PloS ONE*, 12(10), 2017.

58. « Les punaises de lit ne servent à rien, sinon à nous pourrir la vie[18] »

Les parasites jouent un rôle dans l'évolution, nous l'avons déjà vu **(#9)**. C'est déjà une première « utilité ». Mais il y en a une autre ! Couplés à la prédation et aux maladies, les parasites limitent l'explosion démographique des populations d'autres espèces. Car s'il y a trop de morfales au même endroit et pendant trop longtemps, lesdites morfales risquent de ratiboiser toutes les ressources, sans laisser le temps aux milieux de se régénérer.

Ne vous en déplaise, les punaises sont une des réponses du vivant au fait que nous soyons devenus – techniquement et sans jugement de valeur ni autoflagellation – la pire espèce invasive de la planète !

Petit retour historique : notre colocation avec les punaises de lit ne date pas d'hier : avec puces et poux, elles ont commencé à proliférer là où les humains se sont regroupés en masse, sans doute depuis la préhistoire. Des égyptologues ont retrouvé des restes de punaises de lit dans des tombes datant d'il y a 3 500 ans[19].

L'artillerie lourde : et l'humain créa le DDT

Nous n'avons pas manqué d'inventivité pour nous en débarrasser : lessives, plantes aromatiques, nettoyage de fond en comble, de la cave au grenier. Dans les années 1950, les pays

---

18. Une partie des informations qui suivent sont détaillées dans *La Vie partout*, « À quoi servent les punaises de lit ? », 2023, disponible en ligne sur : https://podcast.ausha.co/la-vie-partout-un-podcast-pour-comprendre-le-vivant/a-quoi-servent-les-punaises-de-lit-episode-bonus.

19. Eva Panagiotakopulu et Paul C. Buckland, « *Cimex lectularius L.*, the common bed bug from Pharaonic Egypt », *Antiquity*, 73(282):908-911, 1999.

occidentaux ont passé la seconde en inventant le DDT ou dichlorodiphényltrichloroéthane. C'est un insecticide organochloré synthétisé en 1874. Il s'est imposé partout dans le monde à partir de la Seconde Guerre mondiale pour lutter contre les moustiques, et donc le paludisme, le typhus, la peste et d'autres infections à base d'arthropodes. Il est interdit dans les années 1970 en raison de ses ravages environnementaux et sanitaires élevés, mais aussi en raison de sa persistance élevée : on en retrouve des traces dans le sol encore aujourd'hui ! Les ravages causés par le DDT ont d'ailleurs poussé la biologiste états-unienne Rachel Carson à publier son livre *Silent Spring*, le « printemps silencieux », en 1962 qui est des premiers grands cris de ralliement écologiste au niveau planétaire.

Pesticides : les poisons ont toujours un coup d'avance

Le DDT a été interdit, mais malheureusement l'industrie ne manque pas d'imagination pour déverser d'autres poisons partout autour de nous. Le fongicide SDHI inquiète notamment beaucoup aujourd'hui, un an après l'interdiction définitive de néonicotinoïdes, qu'il aura fallu vingt-cinq ans pour interdire alors qu'il est prouvé depuis des lustres qu'ils tuent les abeilles. Le système réglementaire français et européen passe son temps à courir derrière les substances nocives, parce que les tests sont des passoires, ils sont aveugles et inadaptés. Ils sont menés de façon non scientifique par ce qu'on appelle la « science réglementaire », où le biais de confirmation est la norme. On y trouve que ce qu'on y cherche. Aucun souci de prudence ni d'exhaustivité. On n'est pas curieux, pas prudent, On y démontre que ce qu'on veut démontrer. Le drame c'est qu'une fois ces produits validés par les États ou l'Union européenne, la responsabilité de leurs dégâts devient collective, et non plus celle des entreprises qui les produisent. Elles s'en lavent les mains.

Résultat : il n'y aura personne pour payer la facture sanitaire et écologique. En attendant un réveil, les abeilles, et la plupart des autres insectes disparaissent.

Conséquence collatérale classique de l'usage intensif de pesticides : les punaises commencent à développer des résistances aux produits via des mutations sélectionnées en quelques générations. Aux États-Unis, on a ainsi repéré des populations résistantes à des insecticides de type pyréthrinoïdes[20].

Entassé·es comme des sardines !

Bref on a chassé les punaises par la fenêtre mais elles sont revenues par la porte : l'accélération des échanges et voyages internationaux leur a permis de retrouver nos paddocks adorés. Nos logements chauffés sont parfaits pour elles, car leurs œufs frileux ont besoin d'une température comprise entre 14 et 27 degrés Celsius pour éclore.

Les punaises de lit s'invitent, régulièrement dans l'actualité, c'était encore le cas en 2023. Toutes les classes sociales sont concernées. Au-delà des méthodes pour s'en débarrasser, qui ne sont pas l'objet de ce livre, posons-nous plutôt la question du pourquoi. Pourquoi prolifèrent-elles ? Elles sont, je le répète, une des conséquences du développement vertigineux et maladif de nos sociétés de surconsommation qui épuisent et détruisent la planète, comme le covid et d'autres épidémies au passage. Les punaises de lit ne sont pas des envoyées du diable. Elles sont dans les clous de leur travail de régulateur du vivant. Elles pullulent avec leurs hôtes. En théorie, nous devrions arrêter de vivre empilé·es les un·es sur les autres. Nous devrions relâcher la pression sur les milieux. Mais, rentabilité, habitude et statu quo obligent, la lutte pour la conservation des acquis humains et la diabolisation des bestioles continue. En tout cas, c'est bon pour le business tous ces nouveaux traitements à la vapeur, par congélation ou par fumigation. Plus d'un foyer français sur dix a été infesté par les punaises de lit entre 2017 et 2022, dont le mien. Les 1 500 prestataires hexagonaux se frottent les mains

20. Sudio Gaire, Cari D. Lewis, Warren Booth *et al.*, « Bed bugs, Cimex lectularius *L.*, exhibiting metabolic and target site deltamethrin resistance are susceptible to plant essential oils », *Pestic Biochem Physiol.*, 169, 2020.

avec +25 % de demandes par an. Ces vilaines bestioles coûteraient près de 230 millions d'euros par an... mais en rapportent beaucoup plus ! C'est donc à ça que servent les punaises de lit. À nous rappeler que « c'est celui qui dit qui y est ».

59. *« Les rats, les pigeons et les cafards sont sales »*

Peu d'animaux sont aussi universellement détestés que les rats, à part peut-être les cafards. En attestent les nombreuses expressions « désobligeantes » qui leur sont associées : *s'ennuyer comme un rat mort*, *être fait comme un rat*, *crever comme un rat*, *puer comme un rat mort*, *être rat* (dans le sens d'*avoir des oursins dans les poches)*, sans oublier l'insulte suprême de... *face de rat* ! Parmi les nombreux griefs reprochés aux rats figure en tête la saleté : un *trou à rats* est un endroit insalubre et crasseux.

Des noirs qui grimpent, des bruns qui nagent... et des polynésiens

Dans nos villes, vivent deux espèces de rats bien distinctes : les rats noirs (*Rattus rattus*) et les rats bruns (*Rattus norvegicus*).
- Les rats noirs sont originaires d'Asie tropicale et ont été propagés par les humains et leurs bateaux sur la terre entière (sauf en Antarctique, mais plus pour longtemps avec le réchauffement climatique !). Ils ont atteint l'Europe au VIIIe siècle. C'est eux qui ont été associés aux épidémies de peste noire. Tout noir à brun clair, leur corps atteint 20 centimètres de long, et la queue en fait autant. Ils dépassent rarement les 300 grammes. Ils ont gardé de leurs origines un besoin d'environnements chauds et secs. Comparés aux rats bruns, ce sont de piètres nageurs, mais de bien meilleurs grimpeurs qui cherchent plutôt à s'enfuir par le haut, d'où leur surnom de « rats des greniers ». Ce sont les plus rares et les plus discrets des deux dans les grandes villes.

– Les rats bruns ou surmulots sont plus grands et plus trapus. Les adultes peuvent facilement peser 400 grammes. Comparés aux rats noirs, les rats bruns ont un museau moins pointu, plus biseauté et des oreilles plus petites ainsi que des pattes postérieures plus grosses. Originaires d'Asie orientale, ils ont débarqué en Europe bien après les rats noirs, à partir du XVIe siècle. Ils ont adopté les réseaux d'égouts où ils retrouvent l'environnement humide qu'ils affectionnent ; on les trouve aussi en pleine nature le long des rivières. C'est eux les « vrais » rats d'égout. Moins bons grimpeurs que leurs cousins noirs, ils sont quand même athlétiques : ils peuvent sauter 1 mètre en hauteur et autant en longueur. Leur fort c'est la nage. Ce sont même les Michael Phelps de la bande, ils peuvent enchaîner 800 mètres en brasse non coulée.

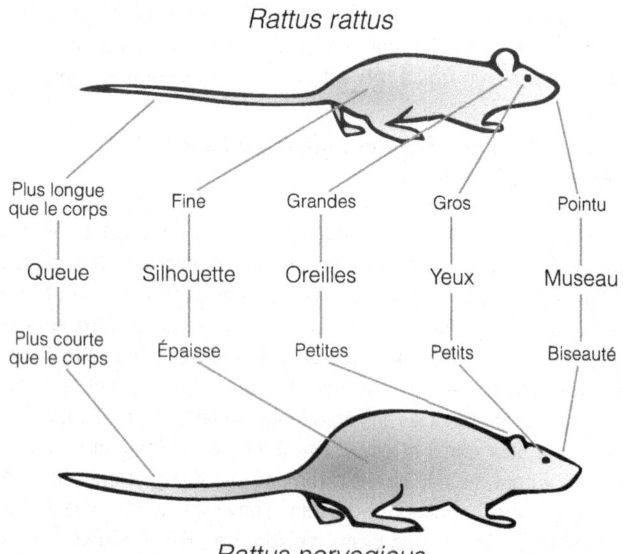

*Comparaison des physiques d'un rat noir (*Rattus rattus*) et d'un rat brun (*Rattus norvegicus*).*

Un mot sur la troisième espèce de rats la plus répandue du monde : les rats de Polynésie (*Rattus exulans*). Eux aussi originaires d'Asie du Sud-Est, ils ont connu une expansion fulgurante sur la majorité des îles de Polynésie, en Nouvelle-Zélande, aux îles Fidji et même à Hawaï. Ils sont l'un des organismes dits « nuisibles » ayant les impacts les plus importants dans leur aire de distribution[21]. Un peu plus petit que leurs deux cousins, ils sont hyper adaptables, omnivores, et impliqués dans l'extinction de nombreuses espèces d'oiseaux et d'insectes endémiques, incapables de s'adapter à leur prédation.

Des rats des champs aux rats des villes

Historiquement, les rats sont devenus des commensaux des humains avec l'avènement de l'agriculture et le stockage des récoltes et des produits alimentaires, ressources idéales pour des rongeurs. En latin *mensa* désigne la table. Les rats sont donc des squatteurs, sans pour autant – en général – causer des dommages (au contraire des parasites, **#9**). Une expression traduit bien cette relation : *être (heureux) comme rat en paille*, qui signifie « être à son aise dans un endroit, y trouver tout abondamment, sans qu'il n'en coûte rien ; avoir abondance de vivres ». Donc, dès le départ, les humains n'ont guère apprécié ces pique-assiettes qui leur boulottaient une partie de leurs récoltes. C'était le temps des « rats des champs », à la campagne.

Puis les humains se sont regroupés des villages et des villes dans lesquelles les rats se sont naturellement invités : les « rats des champs » sont devenus des « rats des villes ». À partir de l'époque des grands échanges commerciaux, un événement

---

21. Quiterie Duron, « Rats invasifs et biodiversité native au sein des forêts denses humides de Nouvelle-Calédonie. Éléments pour l'amélioration des stratégies de gestion », thèse, université de Nouvelle-Calédonie, 2020, p 14 : « Les rongeurs ayant les impacts les plus importants [...] sont *Rattus rattus, R. norvegicus, Mus musculus, R. exulans*.

majeur marque durablement (et pour cause...) les esprits : la « mort noire », la grande épidémie de peste noire (ou peste bubonique), venue d'Asie ; elle sévit six ans de 1347 à 1353 en Europe et fait entre 25 et 34 millions de victimes, 40 % de la population européenne[22], une hécatombe sans équivalent dans l'histoire de l'humanité. Cette histoire, marquée au fer rouge dans les inconscients collectifs, encore aujourd'hui, explique la haine et le mépris durables voué aux rats, et à tous les autres commensaux.

À sale, sale et demi...

Pour autant, les rats ont-ils été vraiment les vrais vecteurs et disséminateurs de la bactérie *Yersinia pestis*, responsable de la peste bubonique ? Plusieurs études récentes mettent sérieusement en doute ce lien de causalité.

Notamment une étude parue en 2018[23]. On sait que la peste bubonique se transmet soit par les piqûres de puces porteuses qui vivent sur des rongeurs qui servent de réservoirs soit par inhalation de gouttelettes d'éternuement infectées. Dans cette étude de 2018, une modélisation des épidémies de peste bubonique en Europe (il y en a eu 9 au total dont la « grande ») démontre que la voie de transmission principale de la bactérie pathogène étaient les parasites humains (poux et puces) échangés d'humain à humain ! La maladie a effectivement dû débarquer dans les ports depuis l'Asie via des rats, mais son expansion sur le continent, par la suite, a résulté de la

22. Jean-Paul Sardon, « De la longue histoire des épidémies au Covid-19 », *Les Analyses de Population & Avenir*, n° 26, 2020, p. 1-18 : « En quelques années, de 1347 à 1353, cette épidémie de peste, sous sa forme pulmonaire, la plus contagieuse, aurait tué de 25 à 34 millions de personnes, soit 40 % de la population d'une Europe en plein essor. »

23. Katharine R. Dean *et al.*, « Human ectoparasites and the spread of plague in Europe during the second pandemic », *PNAS*, 2018, vol. 115, n° 6, 1304-1309, 2018.

transmission des parasites entre humains : la vitesse de propagation notamment exclut quasi certainement la possibilité que les rats en aient été les principaux vecteurs ! Ne seraient-ce pas plutôt les humains « sales » qui auraient propagé la maladie ?

Une autre étude de 2022 confirme la fausseté de l'image des rats vecteurs de maladies[24]. Les conclusions sont sans appel. Les rats des villes hébergent dix fois moins de pathogènes que ceux des campagnes. D'autre part, les bases de données sont complètement biaisées par la surreprésentation des animaux des villes, cent fois plus étudiés. Dans 97 cas d'épidémies associées à des animaux, il s'agissait à une écrasante majorité soit de primates non-humains, soit d'animaux gardés en captivité (comme les civettes des marchés chinois). Il y a beaucoup plus à craindre de ces derniers pour les futures épidémies à venir. C'est aussi l'occasion de nous faire réfléchir sur cet éternel besoin de se mettre en valeur en s'affichant avec des animaux « exotiques », « mignons » ou « bizarres », qui contribue à renforcer le trafic et surtout qui détruit un peu plus la biodiversité dans les pays où les animaux sont capturés.

Rats... d'égoutants !

Un autre fait va renforcer cette image de saleté accolée aux rats : le développement des réseaux d'égouts dans les villes comme à Paris à la fin du XIXe siècle seulement. C'est un refuge idéal, à l'abri des prédateurs et avec un buffet bien garni : nos déchets. Le simple fait qu'ils vivent dans cet environnement sale (soyons objectifs !) a conduit à les considérer comme sales eux-mêmes. Or, les personnes qui élèvent des rats (animaux de compagnie recyclés des laboratoires où ils constituent un matériel d'expérimentation parmi les plus utilisés) vous le confirmeront : les rats sont des animaux très propres sur eux (tout comme les blattes

---

24. Gregory F. Albery *et al.*, « Urban-adapted mammal species have more known pathogens », *Nature Ecology & Evolution*, 2022.

au passage). Ils passent beaucoup de temps à se toiletter de la tête aux pieds, méticuleusement, éliminant les parasites qu'ils portent ! Certaines personnes disent qu'ils se toilettent plus souvent et mieux que les chats !

Finalement, derrière cette étiquette et cette réputation si anthropomorphique et anthropocentrée se cache une angoisse : celle des espèces qui nous échappent, qui font leur vie, qui occupent les recoins dits « sales » de notre environnement sans que nous puissions les contrôler, sans notre accord.

L'exemple des pigeons bisets de nos villes est également parlant. Ces oiseaux si prisés pendant des siècles, élevés avec soin pour leur viande, leurs œufs, leurs fientes recyclées en engrais et leurs services de messager, ont été mis au chômage technique à la fin du XIXe siècle. C'est un des nombreux cas de marronage d'espèce domestique retournée à la vie sauvage, libre. Remplacés par les poulets, le télégraphe et beaucoup d'autres miracles de la modernité, ils défèquent depuis, avec beaucoup de flegme, sur les statues et sur vos fenêtres. Douze kilogrammes de fientes acides par an et par pigeon, ça n'a pas arrangé leur cas...

Quant aux cafards et aux blattes, faute de place ici je renvoie aux émissions enregistrées avec Philippe Grandcolas, spécialiste national de ces bestioles extrêmement révélatrices elles aussi[25].

25. Disponibles en ligne sur : https://bit.ly/blattes1_bases_BSG.

60. *« Tous les requins sont cruels et se mangent entre eux dans l'utérus de leur mère »*

C'est vrai chez certaines espèces de requins, mais cela ne concerne pas toutes les familles des 557 espèces connues[26] ! De manière générale, la reproduction des requins est « spartiate et mordante », avec les mâles qui attrapent les femelles avec leurs dents pour faire leur affaire. Certaines femelles portent la trace de ces ébats. J'en ai vu une affreusement balafrée lors de ma toute première plongée aux Galapagos.

Comme les raies, les requins sont des « poissons cartilagineux[27] ». On compte 1 400 espèces de poissons cartilagineux ; c'est beaucoup moins que les 35 000 espèces de « poissons osseux » (comme les thons, les truites, les poissons clowns, etc.). Chez les poissons osseux, les mâles arrosent les gamètes femelles avec leur semence pendant le frai : la fécondation est externe. Mais chez les requins (et les autres poissons cartilagineux), la fécondation est interne, comme chez les humains. Selon les espèces, les requins pondent des œufs, ou donnent naissance à des petits comme chez les mammifères, ou encore optent pour un entre-deux.

Les ovipares comme les roussettes

Commençons par ceux qui pondent des œufs, les ovipares. Chez les petits requins qui vivent posés au fond de l'eau, comme les roussettes que vous voyez sur l'étal du poissonnier avec leur robe de guépard et leurs yeux de chat, les femelles pondent des œufs cornus entortillés dans les algues. Ces œufs

---

26. D'après Shark References.

27. Attention toutefois, si on voulait faire preuve d'une rigueur imparable, il vaudrait mieux utiliser le terme de *chondrichtyens* (du grec *chondros*, « cartilage »).

sont poétiquement surnommés « bourses de sirènes ». Elles en pondent peu et ils sont bien cachés dans les algues. Vous avez sans doute parfois vu des restes de ces enveloppes rectangulaires en vous baladant sur la plage. Les embryons sont reliés à une réserve, le « sac vitellin » à partir duquel ils se nourrissent, depuis leur œuf donc.

Les vivipares comme les requins à pointes noires

Certaines espèces sont vivipares. Les embryons se développent grâce à un placenta qui les relie à leur mère, qui donne ensuite naissance à des jeunes bien formés, comme chez les mammifères. C'est le cas des requins à pointes noires ou des requins gris de récif, très répandus partout dans les océans tropicaux.

Les ovovivipares comme les requins blancs

Mais il existe une autre possibilité, l'ovoviviparité. Cela veut dire que des œufs sont fécondés mais restent à l'intérieur de la mère et éclosent à l'abri de son ventre. Ils y séjournent ensuite, jusqu'à ce qu'ils voient le jour, c'est-à-dire jusqu'au moment où ils sont éjectés, parfois après plus d'un an de gestation ! Plusieurs espèces de requins sont ovovivipares, voici quelques exemples :
- Les mathusalems des requins, les requins du Groenland, des géants qui peuvent faire jusqu'à 7 mètres de long et qui cumulent plusieurs records étonnants, comme celui d'être les vertébrés qui vivraient le plus longtemps : certains scientifiques, comme Julius Nielson en 2016, estiment que l'un de ces « requins [a] au moins 272 ans, ou plus précisément que ce requin [a] entre 272 et 512 ans, avec un taux de certitude de 95,5 % (la seconde datation étant également une estimation non vérifiée)[28] ».

---

28. Julius Nielsen *et al.*, « Eye lens radiocarbon reveals centuries of longevity in the Greenland shark (*Somniosus microcephalus*) », *Science*, 12;353(6300) :702-4, 2016 (c'est notre traduction).

– Les requins makos, des cousins des grands requins blancs, de la famille des lamnidés. Les makos peuvent atteindre une vitesse de 70 kilomètres par heure et ainsi rattraper leurs proies, en général des thons, d'autres sprinters hors pair. Et pour piquer leurs sprints, les makos ont une botte secrète : ils peuvent réchauffer leur sang. Les requins blancs le font aussi d'ailleurs. Alors que l'immense majorité des poissons sont à sang froid.

Et c'est justement chez ces grands requins ovovivipares que – ça ne va pas arranger leur réputation – certains petits mangent en effet leurs frères et sœurs. Plus précisément : le petit requin issu du premier œuf éclos dans l'utérus de la femelle mange les autres œufs. On parle de « cannibalisme intra-utérin » ou d'« adelphophagie » **(#3)**.

Au-delà de ces modalités pratiques, les populations de grands requins ovovivipares sont fragilisées par leur longue durée de gestation (douze mois pour les requins blancs). Les requins sont en train de disparaître. Selon un rapport 2021 de l'Union internationale pour la conservation de la nature (UICN), plus des deux tiers des 557 espèces connues sont menacées, c'est-à-dire que les effectifs chutent, et un gros tiers des espèces n'existera plus d'ici 2050.

Luminescents, végétariens ou marcheurs, quelques espèces incroyables

Profitons de cette clarification pour glaner quelques informations sur les requins, souvent très mal connus du grand public.

Pour commencer, ils appartiennent à un groupe très ancien qui a survécu à cinq grandes extinctions de masse et qui est aujourd'hui menacé par la sixième en cours.

Ensuite, sur les 557 espèces de requins, seules 3 ou 4 sont dangereuses. La plupart des espèces sont inoffensives et inconnues du grand public. Exemples :

- **Les sagres elfes**, ou requins lanternes nains sont la plus petite espèce de requins. Ils ne mesurent que 20 centimètres. Les adultes ne sont pas plus grands qu'une main. Ils pèsent cent mille fois moins que les requins-baleines, des géants tranquilles qui font eux la taille d'un bus (20 mètres de long pour les plus grands). Ces colosses tachetés, les plus grands « poissons » de l'océan, sont des mangeurs de plancton et de petits poissons.
- **Il existe des requins qui sont partiellement végétariens.** C'est le cas des requins-marteaux tiburos. On a découvert en 2018 que la moitié de leur estomac était remplie d'herbes marines, qu'ils semblent digérer parfaitement[29].
- Tout aussi surprenant, **les requins-chabots** capables de marcher hors de l'eau, en apnée, tandis que leurs cousins les requins-lanternes ninjas brillent dans le noir, apparemment pour communiquer.
- **Les requins makos** comptent parmi les meilleurs sprinters des océans avec des pointes à 70 kilomètres par heure, même si on est loin des marlins bleus, qui peuvent aller à 114 kilomètres par heure, plus rapides dans l'eau que les guépards sur terre. En comparaison, les requins du Groenland possèdent le record de lenteur et se déplacent à 1,5 kilomètre par heure.

29. Samantha C. Leigh, Yannis P. Papastamatiou et Donovan P. German, « Seegrass digestion by a notorious "carnivore" », *Proc. R. Soc. B.*, 2018.

61. *« Bouh que cet animal est moche... mais heureusement il est utile »*

Les limules sont des créatures d'allure dite « préhistorique », vampirisées par la médecine humaine. Les limules ont traversé 500 millions d'années sans quasiment sans changer de forme. Mais il serait faux de dire que ce sont des « reliques vivantes » : elles ont changé et évolué (comme les blattes, les requins ou les ginkgos bilobas, **#8**).

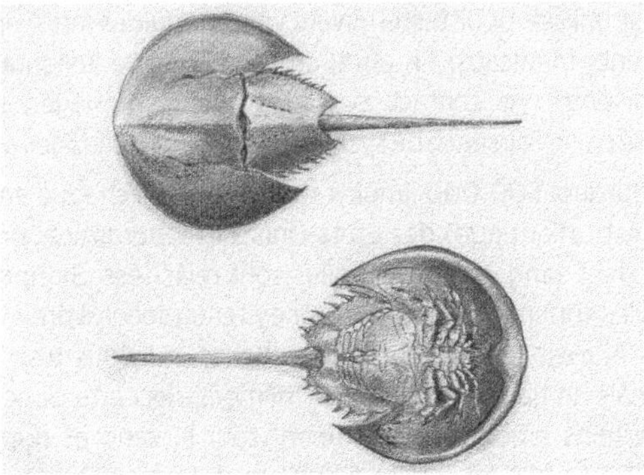

Limule, vues dorsale et ventrale, dessin de Bérénice Toutant, 2024.

Les 4 espèces actuelles sont menacées. Les limules possèdent 10 yeux, peuvent mesurer jusqu'à 50 centimètres et vivre trente ans. A priori, pas très ragoûtant. Mais qu'est-ce que cela peut bien nous faire ? Les limules sont des arthropodes[30], mais pas des crustacés, malgré leur surnom de « crabes fer à cheval » ! Ce sont des chélicérates, comme les araignées et les scorpions. Les 4 espèces de limules vivent dans les eaux côtières, en zone intertidale (délimitée par les marées haute et basse). Elles sont

30. L'embranchement des arthropodes rassemble les animaux articulés comme les insectes, les araignées ou les crustacés.

consommées dans certains pays d'Asie et utilisées comme appât de pêche ou comme engrais, parfois sous prétexte qu'elles mangent trop de mollusques. Toujours cette histoire de concurrence mal vécue par l'humain...

Dans les années 1960, des propriétés uniques et intéressantes de leur sang sont découvertes et (sur)exploitées. En effet, le sang des limules est de couleur bleue. Cette couleur vient du cuivre associé à l'hémocyanine, la protéine qui transporte l'oxygène (similaire à notre l'hémoglobine couplée au fer, d'où la couleur rouge de notre sang). L'hémolymphe des limules (terme plus correct que *sang*) est utilisée pour tester divers vaccins, fluides intraveineux et instruments médicaux. En effet, ce sang coagule instantanément quand il entre en contact avec des agents pathogènes. Cette propriété pallie l'absence de système immunitaire chez ces animaux.

C'est pourquoi 500 000 limules sont capturées chaque année sur la côte est (atlantique) des États-Unis. Les laboratoires prélèvent 30 % de leur sang, après quoi elles sont relâchées. Sympathiquement, elles sont marquées pour leur éviter un second prélèvement. En réalité, c'est pour éviter d'anéantir les individus trop rapidement, mais un tiers meurt tout de même après cette ponction. En Asie, certains laboratoires pompent tout le sang et tuent cette manne. Cette fois on assiste à une opposition entre la recherche du produit immédiat *vs* le maintien d'une exploitation durable.

En 2023, le litre se vendait autour de 14 000 euros ! Il existe pourtant une alternative synthétique, que les pays tardent à adopter, alors que le brevet de cette alternative est expiré et donc exploitable gratuitement. Espoir : l'usage de cette solution de remplacement a été autorisé par l'Union européenne en 2020.

Moralité : Les limules ne sont pas aussi charismatiques que les baleines, les ours polaires ou les pandas, mais elles ont permis, entre autres, la mise au point du vaccin contre le covid. leur précieux sang protège et sauve chaque jour des vies humaines... mais consume les leurs. Il est temps de leur montrer enfin un peu de gratitude, comme à tous ces êtres vivants jugés « moches » ou « rigolos », « utiles » ou « inutiles ».

IX. LA DISCULPATION DES ACTIVITÉS HUMAINES

« Moins on a de connaissances,
plus on a de certitudes. »
Boris Cyrulnik

62. *« Les chasseuses et les chasseurs sont les premiers écologistes de France »*

Il y a près de 960 000 chasseurs en France en 2024 (dont 25 000 chasseuses), deux fois moins qu'il y a vingt ans. En 2018, l'année où les lobbyistes de la chasse « ont eu la peau » du ministre de l'Écologie, Nicolas Hulot, une campagne de publicité étonnante a fleuri sur tous les murs :

« Les chasseurs premiers écologistes de France. »

Quand j'ai vu cette campagne, je me suis dit qu'ils étaient forts à la Fédération nationale des chasseurs (FNC) dirigée par l'inflexible Willy Schraen. Commençons par jeter un coup d'œil aux arguments.

Argument 1 : « On est chez nous, on fait ce qu'on veut. »

Il faut en effet savoir qu'en France, 75 % de la forêt est privée **(#35)** ! Pas très pratique pour la gestion de la biodiversité. Ici on protège, là on tire.

Argument 2 : « On est les défenseurs et défenseuses de la tradition et de la ruralité. »

Autre *argumentum ad baculum*[1] : les chasseuses et chasseurs veulent continuer à chasser parce qu'ils considèrent que c'est leur droit, qu'ils sont chez eux, et qu'ils défendent les traditions.

---

1. « Argument massue ». Le *baculum*, « gourdin », est aussi le nom de l'os pénien qui équipe certains mammifères mâles, dont les carnivores, primates (sauf l'humain), rongeurs, hérissons et chauves-souris. Les cétacés et tous les mammifères à sabots en sont dépourvus. Cet os servant à maintenir l'érection serait apparu et aurait disparu à de multiples reprises au cours de l'évolution des mammifères, pour des raisons encore peu claires, mais passionnantes et très discutées. L'équivalent féminin s'appelle le *baubellum* (« pierre précieuse »). Cette note est un clin d'œil à Maxime Thuillez du Greenletter Club, qui m'a dit que je ne

Argument 3 : « On régule les espèces nuisibles. »

Les scientifiques expliquent qu'un tiers des espèces d'oiseaux chassables sont menacées, mais, en France, les chasseurs et chasseuses ont le droit d'abattre 89 espèces, dont 64 espèces d'oiseaux[2]. Et sur ces 64 espèces d'oiseaux, 20 sont des espèces menacées (comme les barges à queue noire ou les tourterelles des bois).

La chasse tue plus de 30 millions d'animaux par an, soit 3 500 animaux par heure et 60 par minute[3]. Près de 95 % des animaux tués à la chasse n'ont pas besoin d'être régulés[4], 80 % sont des oiseaux dont 5 millions de palombes, alias les pigeons ramiers (ces gros pigeons avec un trait blanc derrière la nuque) et 3 millions de faisans[5]. Les pigeons ramiers peuvent causer des dégâts sur les cultures, c'est vrai, mais un quart des autres animaux sont issus d'élevages (faisans, perdrix, lapins, cerfs, daims, etc.)[6] !

Quant aux emblématiques sangliers, ils ne représentent que 2 % du total[7]. Les chasseuses et chasseurs tuent des sangliers

---

serais pas chiche (tu me dois un resto Max !). Notez au passage qu'on a toujours raison de lire les notes.

2. Ministère de la Transition écologique et de la Cohésion des territoires, « Chasse en France », décembre 2023.

3. ASPAS, « Vérité sur la chasse 9/10 : la chasse en France, c'est 30 millions d'animaux par an, massacrés pour le plaisir », 2016.

4. Pierre Rigaux, *Pas de fusil dans la nature*, HumenSciences, Paris, 2019.

5. L'infographie « Les chasseurs français tuent 22 millions d'animaux par an », *Libération*, 2021, est très informatrice.

6. La filière produirait chaque année 14 millions de faisans, 5 millions de perdrix grises et rouges, 1 million de canards colvert, 100 000 lapins de garenne, 40 000 lièvres de France, 10 000 cerfs et 7 000 daims. 40 à 50 % est destiné à l'export, principalement vers l'Espagne, le Royaume-Uni et l'Italie, d'après Claire Cambier, « Un animal sur quatre tué par les chasseurs provient-il vraiment d'élevages ? », TF1, 2019.

7. Office national de la chasse et de la faune sauvage, « Enquête nationale sur les tableaux de chasse à tir. Saison 2013-2014 », disponible en ligne sur : https://professionnels.ofb.fr/sites/default/files/pdf/RevueFS/FauneSauvageHS_2019_Art7.pdf.

d'un côté... et de l'autre les nourrissent en pratiquant l'agrainage ! Leur but est, bien sûr, de ne pas faire (trop) baisser les populations de ces animaux qui sont leur petit plaisir du week-end ! Or les populations de sangliers ne baissent pas, dès lors, pourquoi ne pas confier la gestion du problème à des professionnels impartiaux, comme c'est le cas en Suisse ?

Il existe, au XXIe siècle, d'autres méthodes **(#ci-après)**. Par ailleurs, tous ces animaux élevés et lâchés (dont la moitié survivrait au massacre) sont potentiellement une menace pour le sauvage, au moins en termes de maladies. Et enfin, en quoi les renards, les belettes, les blaireaux ou les martres sont-ils nuisibles ? Ils prédatent surtout le petit gibier (faisans, perdrix, lapins). Pour les chasseuses et chasseurs, ce sont des concurrents ! Dommage car les renards peuvent éliminer des milliers de rongeurs par an (jusqu'à 6 000 !) : ils sont donc surtout utiles à l'agriculture. Une récente étude pourrait redorer leur image auprès du grand public. En effet, il y a une corrélation entre leur activité de prédateurs et la prévalence des maladies transmises par les tiques. En régulant les populations de rongeurs porteuses de tiques, les renards abaissent donc le nombre de tiques infectées par des agents pathogènes transmissibles. Leur présence contribue donc à ralentir la propagation de maladies comme la maladie de Lyme[8].

S'il y a plus de sangliers, c'est d'abord parce que les grands prédateurs que sont les loups, les lynx et les ours ont été éliminés **(#55)**. Les populations d'herbivores ont explosé et causent bien des dommages aux forêts, dont nous avons par ailleurs tant besoin, ne serait-ce que pour capter le carbone. Aujourd'hui, les chasseurs et chasseuses considèrent aussi ces grands prédateurs comme des rivaux. Timidement réintroduits

8. Tim R. Hofmeester, Patrick A. Jansen, Hedrikus J. Wijnen *et al.*, « Cascading effects of predator activity on tick-borne disease risk ». *Proc. R. Soc. B.*, 284 : 20170453, 2017.

depuis, le droit de vivre de ces animaux est constamment remis en question[9] !

Argument 4 : « On donne beaucoup d'argent pour la nature et aux agriculteurs et agricultrices pour réparer les dégâts. »

C'est vrai. Les chasseuses et chasseurs versent près de 50 millions d'euros par an d'indemnisations diverses pour le monde agricole[10]. Ils prétendent aussi que leurs activités rapportent 381 millions d'euros de plus-values[11]. Sous la présidence d'Emmanuel Macron, les subventions accordées ont bondi de 42 % entre 2017 et aujourd'hui, dont une partie accordée par l'office français de la biodiversité, le gendarme de l'environnement en France[12]. Chaque chasseur ou chasseuse dépense en moyenne 2 200 euros par an pour sa passion (matériel, logistique, permis à 200 euros – dont le prix a été divisé par deux sous le mandat d'Emmanuel Macron –, etc.)[13].

Il est vrai aussi que les chasseurs et chasseuses participent à la surveillance de la santé de la faune sauvage et protègent indirectement les animaux d'élevage.

---

9. Dont encore à la fin de l'année 2023 par Ursula von der Leyen, la présidente de le Commission européenne, qui propose qu'on puisse tirer les loups plus facilement. Même son de cloche du côté du gouvernement français.

10. Chiffres de la fédération nationale des chasseurs. Pour 2019, le coût total de l'indemnisation de ces dégâts a représenté un budget de 77,3 millions d'euros : 46 pour l'indemnisation des agriculteurs et agricultrices ; 25,3 pour la gestion administrative des dossiers et 6 pour des actions de prévention.

11. Étienne Jobard, Jacques Marquay, Quentin Prigent *et al.*, « Rapport. Évaluation du service écosystémique chasse en 2015 », *BIPE*, 2016, p. 59-60.

12. Anne-Laure Barral et Cellule investigation de Radio France, « Les étonnantes subventions allouées aux chasseurs au nom de la biodiversité », France Info, 2023.

13. Fédération nationale des chasseurs, « Les chasseurs aujourd'hui ».

Des tonnes de plomb polluant déversées

Selon l'Agence européenne des produits chimiques, près de 20 000 tonnes de plombes issus de la chasse sont dispersées dans la nature chaque année en Europe[14]. Excellent pour les animaux sauvages, domestiques et aussi pour les nappes phréatiques ! Le plomb est un neurotoxique et provoque le saturnisme. Le Parlement européen a voté en novembre 2020 l'interdiction de l'utilisation de munitions au plomb dans toutes les zones humides d'Europe, ce qui a soulevé une vive opposition des chasseuses et chasseurs. Le texte a été publié en janvier 2021 pour un début d'application en février 2023.

Jour sans chasse : quid des autres pays européens ?

Selon un sondage IFOP de 2022[15], 8 Français·es sur 10 sont favorables à l'interdiction de la chasse le dimanche. 70 % des personnes interrogées disent ne pas se sentir en sécurité en période de chasse, contre 54 % en 2009. Et contrairement aux raccourcis qui associent chasse et ruralité, ce sont bien les habitant·es des campagnes les plus inquiet·es (74 % contre 67 % pour les Parisien·nes par exemple).

La France, après la Norvège, est le pays européen qui compte, en proportion, le plus de personnes qui chassent : un quart des chasseuses et chasseurs européens[16] ! La période de chasse française (de septembre à fin février) est la plus longue d'Europe. La France coche toutes les cases et compte deux à trois fois plus d'espèces chassables (près de 90 au total) que ses voisins, dont des espèces migratrices menacées, protégées ailleurs mais tuées chez nous ! Notre pays est régulièrement rappelé à l'ordre par l'Union européenne. Les battues

14. ECHA, « ECHA Identifies risks to terrestrial environment from lead ammunition », 2018.

15. IFOP, « Les Français et la chasse. Sondage 2022 », 2022.

16. Cour de comptes, « Rapport public thématique. Les soutiens publics aux fédérations de chasseurs. Annexes », juillet 2023.

administratives contre les « nuisibles » (ou « espèces susceptibles d'occasionner des dégâts », les « ESOD », **#56**) et le piégeage, par exemple, sont autorisés toute l'année.

La notion de partage, d'écoute et de compromis semble avoir germé chez nos voisins. L'Angleterre, les Pays-Bas, la Suisse, l'Espagne, l'Italie et le Portugal ont depuis longtemps instauré un ou plusieurs jours sans chasse. Mais la France reste obstinément et volontairement à la traîne : elle est le dernier pays d'Europe à ne pas avoir de jour sans chasse dans la semaine. Au Royaume-Uni, par exemple, il n'y a pas de chasse le dimanche depuis le Game Act 1831. Aux Pays-Bas, non plus. En Suisse, dans le canton de Neuchâtel, il y a trois jours sans chasse (dont le dimanche) et dans le canton de Genève, plus de chasse du tout depuis plus de quarante ans. La régulation étant confiée à des professionnels, ce qui fonctionne parfaitement[17]. Il y a même des pays où la logique est inversée, en faveur des promeneurs et promeneuses : il y a des jours de chasse ponctuels bien définis, et le reste du temps, on peut se promener dans la nature sans crainte. C'est le cas du Portugal (où l'on ne peut chasser que le jeudi et le dimanche) et de l'Espagne (seulement trois jours de chasse en Castille-et-Léon, deux en Galice), de l'Italie (seulement trois jours aussi).

Ces choix français sont totalement le fait du prince politique, et c'est un déni de démocratie.

---

17. Manue Piachaud, *Une gestion de la faune sans chasseurs. Effets économiques, sociaux et environnementaux d'une gestion des animaux sauvages sans les chasseurs. Étude de cas du canton de Genève*, août 2018, disponible en ligne sur : https://projetfaune.com/wp-content/uploads/2020/04/Piachaud-2018_brochure-illustr%C3%A9e.pdf.

63. *« L'écologie est l'ennemie des agriculteurs et agricultrices »*

En janvier 2024, dans le sillon de certain·es collègues européen·nes (Allemagne, Pays-Bas et Roumanie en tête), les agricultrices et agriculteurs français ont exprimé leur colère et leur ras-le-bol face aux conditions de plus en plus difficiles de leur métier. La plupart des professions agricoles (céréales, viticulture, maraîchage, élevage, horticulture) ont fait converger leurs luttes. Après avoir bloqué des autoroutes et envisagé un siège de Paris, elles ont réclamé :
- une meilleure rémunération de leur travail, à des prix supérieurs aux coûts de production ;
- le maintien de la détaxation du gazole non routier (GNR) ;
- la simplification des normes environnementales à respecter pour toucher les subventions européennes de la PAC (politique agricole commune), et la fin des contrôles inopinés, visant à faire respecter ces normes ;
- un meilleur accès à l'eau, ce qui sous-entend la possibilité de la stocker sous forme de mégabassines.
- l'arrêt des interdictions d'intrants sans solutions alternatives ;
- la protection de la souveraineté alimentaire (et donc des revenus du secteur) face aux accords de libre-échange (surtout le Mercosur entre l'Union européenne et l'Amérique du Sud), qui permettent l'importation de produits moins chers et de moindre qualité ;
- une meilleure considération par les citoyen·nes, dont une partie les voit comme des pollueurs et pollueuses, utilisant des pesticides et autres produits dangereux à gogo.

Le gouvernement plie sans coup férir, l'écologie est sacrifiée d'un trait de plume

Le 25 janvier, le ministre de l'Intérieur Gérald Darmanin déclare au journal télévisé de TF1 :

> « On ne répond pas à la souffrance en envoyant les CRS. »

Cette indulgence de l'État par rapport à d'autres manifestations (gilets jaunes, opposition à la réforme des retraites ou encore aux mégabassines) est remarquée voire dénoncée. Dans une tribune du journal *Le Monde*[18], le sociologue Fabien Jobard explique ce « deux poids, deux mesures » par deux raisons : d'une part parce que le mouvement de 2024 reste inféodé aux mêmes fondamentaux capitalo-productivistes, et d'autre part, plus prosaïquement, par un rapport de force en faveur des agriculteurs et agricultrices. Que faire, en effet, contre des centaines de tracteurs ?

Le 26 janvier, le ministre de l'Économie, Bruno Le Maire, annonce qu'il prendra des sanctions contre les distributeurs et les industriels qui ne respecteraient pas la loi EGAlim, qui garantit une rémunération plus juste des agricultrices et agriculteurs. L'amende pourra atteindre 2 % du chiffre d'affaires.

Le 1er février, le premier ministre Gabriel Attal fraîchement nommé annonce un train de mesures, dont une enveloppe de 400 millions d'euros, un contrôle renforcé des industriels et des supermarchés, et surtout la mise en pause du plan Écophyto visant à réduire l'usage des pesticides.

Mécanique d'un échec annoncé

La France et l'Union européenne ont fixé arbitrairement un objectif chiffré sans concertation, étude d'impact, accompagnement ni plan d'ensemble. La mesure clé du Green Deal européen est au cœur des protestations. Ce grand plan prévoit d'ici 2030 une réduction des émissions de gaz à effet de serre de 55 % par rapport à celles de 1990, le tout avec l'inversion de la carotte et du bâton : « Tu ne respectes pas ? Tu auras moins d'aides ! » L'Union européenne et les gouvernements tendent, à raison, à faire des agricultrices et agriculteurs des gardiens de l'environnement, mais

---

18. Fabien Jobard, « Tribune. Les protestations des agriculteurs ne relèvent pas du désordre, mais du rituel », *Le Monde*, 1er février 2024.

ils punissent pour le non-respect de normes compliquées et non concertées au lieu de les récompenser pour leurs actions en faveur de la biodiversité.

Ce n'est pas l'écologie qui est punitive c'est, en l'occurrence, la PAC et sa traduction dans chaque pays. En tout cas, les victimes de ce genre de politique du fait accompli se révoltent et les gouvernements démocratiques reculent en faisant des chèques et des concessions qui plombent la situation et nous reportent quinze ans en arrière. Tout le monde y perd. Le vivant encore davantage.

Comme l'a bien résumé David Djaïz, dans son livre *La Révolution obligée*[19] :

> « Un catalogue de normes et de taxes ne fait pas un projet de société. »

Dans ce même livre, il rapporte aussi cette phrase de Joe Biden qui peut et doit faire réfléchir les Européen·nes :

> « Quand je pense au climat, je pense emplois[20]. »

« … Et à la fin, c'est l'écologie qui perd »

Le titre de *Libération* du 2 février résume malicieusement la situation : « … Et à la fin, c'est l'écologie qui perd ». Dans cette révolte bien compréhensible, l'écologie ainsi que ses défenseuses et défenseurs ont servi de boucs émissaires particulièrement commodes. « Ce quinquennat sera écologique ou ne sera pas. » La phrase d'Emmanuel Macron tonitruée en 2022 a du plomb dans l'aile, manifestement. C'est un peu facile de faire porter le chapeau aux écologistes de tous bords (politiques, associations, citoyen·nes) et de les accuser de tous les maux, dont celui de l'écologie punitive, alors que les écologistes ne gouvernent pas et sont loin du pouvoir et des décisions.

---

19. David Djaïz et Xavier Desjardins, *La Révolution obligée*, Paris, Allary, 2024.
20. Joe Biden, « Discours au Congrès », avril 2021.

En attendant, c'est encore le vivant qui paie la facture de cette crise. Or, ce vivant invisible et muet n'est pas responsable des malheurs des agricultrices et agriculteurs. La biodiversité est leur meilleure alliée pour conserver des sols et des produits sains. Mais au nom de l'indépendance alimentaire, et du dit « progrès », l'agriculture s'est vendue aux industriels : pesticides, remembrement, disparitions des trois quarts des haies, mécanisation, standardisation et automatisation transforment toutes les fermes. Conséquence : la biodiversité s'est effondrée dans nos campagnes depuis la Seconde Guerre mondiale. Et ça empire ! Selon les scientifiques, éternelle laissée-pour-compte dans les débats, notre souveraineté alimentaire n'est pas menacée par des pratiques plus respectueuses du vivant. Elle est surtout menacée par le dérèglement climatique et par l'effondrement de la biodiversité, qui sont liés. Peu d'agricultrices et agriculteurs ignorent qu'elle est essentielle pour la fertilité des sols et la pollinisation des cultures. Malgré cela, nos bocages ont disparu, idem pour les zones humides. Le vivant est massacré, les cycles de la vie et de l'eau sont bafoués, niés, combattus.

Haro sur l'eau, les haies et les jachères !

Depuis 1950, près de 70 % des haies ont disparu en France. L'agriculture intensive défriche plus de 20 000 kilomètres de haies et de bocage par an, sur un linéaire de 800 000 kilomètres encore existant[21]. Pourtant, ces haies sont le dernier refuge de nombreuses espèces sauvages. Elles limitent l'érosion des sols, facilitent le stockage de l'eau et du carbone. Elles fournissent aussi de l'ombre au bétail. Le 29 septembre 2023, le ministre de l'Agriculture, Marc Fesneau, voulait ajouter 50 000 kilomètres de haies d'ici 2030. Plus de 100 millions d'euros ont été

---

21. LPO, « La biodiversité sacrifiée sur l'autel de la crise agricole », février 2024.

budgétés par l'État pour ce faire. À la suite de cette crise, il a retourné son Barbour !

Les jachères, quant à elles, représentent 300 000 hectares de terres arables en France, soit moins de 2 % de la surface totale. La grande majorité est constituée de sols pauvres, peu rentables ou difficiles d'accès. Elles jouent en revanche un rôle écologique essentiel pour la qualité et le cycle de l'eau, des sols. Elles abritent la faune sauvage et séquestrent du carbone. Beaucoup d'espèces d'oiseaux des champs (moins 60 % en quarante ans, **#31**) y trouvent leur dernier refuge, comme pour les haies, avec les survivants d'une biodiversité déjà très mal en point.

Enfin, les zones humides et les tourbières disparaissent trois fois plus vite que les forêts. Depuis 1970 dans le monde, plus de 30 % ont disparu à cause de l'agriculture intensive et de l'urbanisation. En France, cette proportion est de... 60 % ! Selon la LPO, les neuf dixièmes des dernières zones humides françaises sont en souffrance, en mauvais état de conservation. Elles hébergent pourtant 50 % des oiseaux et 30 % des espèces végétales. Face au dérèglement climatique, aux sécheresses et aux inondations, ce sont des atouts. Le gouvernement a annoncé vouloir protéger 50 000 hectares d'ici 2026. Mais, machine arrière toute ! Les vannes sont à nouveau grandes ouvertes pour les projets de retenues collinaires et de mégabassines, destinées à moins de 6 % des agricultrices et agriculteurs (surtout de maïs, très gourmand en eau) au détriment de tous les autres, comme l'a expliqué le député européen et agriculteur Benoît Biteau dans le podcast *Combats*[22], peu après la manifestation du 25 mars 2023 menée par le collectif les Soulèvements de la terre à Sainte-Soline. Ce rassemblement avait au passage été traité avec moins de clémence. En l'occurrence, Gérald Darmanin avait sorti l'artillerie lourde, les tirs de LBD en quad et le terme assez douteux d'*écoterroriste*.

22. Disponible en ligne sur : https://bit.ly/megabassines_BB1_CBT.

Les vrais coupables : l'agrobusiness et l'agrochimie

C'est le modèle agro-industriel, climaticide et écocidaire qui étrangle les agriculteurs et agricultrices, pas l'écologie. Ce sont les industries et les multinationales de l'agroalimentaire qui tuent à bas bruit le monde agricole. Tout le monde le sait mais regarde ailleurs, vers son porte-monnaie en l'occurrence.

Alors que les effets tout aussi mortifères des pesticides sont démontrés – et dont les agriculteurs et agricultrices sont les premières victimes – notre agriculture se shoote toujours plus. En novembre 2023, le Parlement européen a prolongé de dix ans l'autorisation du glyphosate et a rejeté le projet d'usage durable des produits phytosanitaires. En France, le plan Ecophyto mis en pause en 2024 pour acheter la paix sociale n'a jamais fonctionné. Les ressources mobilisées ont été colossales, mais seule une fraction a été dirigée vers l'accompagnement dans la réduction de l'usage des pesticides.

En 2022, le nombre de doses unités (NODU), l'indicateur de référence sur l'utilisation des pesticides, un des plus efficaces d'Europe, a augmenté de 3,5 % par rapport à 2021 ! Les ventes de produits à tête de mort sont repassées au-dessus des 68 000 tonnes par an. La réponse du gouvernement ? Changer d'indicateur, en trouver un autre, moins alarmiste, plus permissif, casser le thermomètre en somme !

Casser le modèle productiviste...

Nos agricultrices et agriculteurs ont agrandi leurs parcelles, et les ont transformées en monocultures. Ces exploitations (le mot est lourd de sens) sont des déserts de biodiversité (idem pour la sylviculture au passage, **#35**). Au fil des décennies, la majorité a TOUT sacrifié sur l'autel de la productivité à bas prix. La plupart le savent très bien. Ils sont prisonniers de ce modèle, comme l'expliquait un des adolescents du film *Animal* de Cyril Dion dans

Combats[23]. Beaucoup souhaitent en sortir, mais le rythme imposé par Bruxelles et le gouvernement français, déconnecté et sans concertation, n'est ni tenable ni faisable. Ils sont à la fois le maillon primordial et le plus vulnérable de la chaîne agricole et alimentaire.

Chacun·e s'accorde à dire qu'il faut tout faire pour les aider à produire une nourriture saine en touchant des revenus dignes. Aucun débat là-dessus. Mais au lieu de ça, les subventions sont versées pour augmenter les monocultures mortifères et l'élevage intensif, bref, perpétuer le statu quo (comme pour la surpêche au passage). L'agriculture est perfusée aux subventions. Selon les données de l'Agreste, le service statistique du ministère de l'Agriculture : en 2022, 92 % des agriculteurs et agricultrices ont perçu des subventions pour un montant moyen de 39 586 euros, soit plus de 70 % du revenu courant avant impôts moyens. Il faut réformer la PAC, qui contredit le Green Deal. Pas facile de changer quand ce modèle est exigé et défendu par certains syndicats agricoles comme la Fédération nationale des syndicats d'exploitants agricoles.

Une agricultrice ou un agriculteur est un entrepreneur soumis à des charges et à une inflation galopante. Le prix des intrants, de l'énergie, en un mot de ses charges, augmente. D'un autre côté, ses recettes sont en baisse parce que les prix sont en permanence écrasés par la grande distribution, mais aussi par les « consom'acteurs » ! Depuis 1960, les ménages consacrent à l'alimentation une part de plus en plus réduite, autour de 20 % aujourd'hui contre 35 % en 1960. On choisit la nourriture au prix le plus bas possible. C'est un des premiers postes sacrifiés en cas de vaches maigres.

23. Disponible en ligne sur : https://bit.ly/animal1_CBT.

... et concerner tous les acteurs et actrices

Le dérèglement climatique pose aujourd'hui un défi encore plus important que celui de la modernisation qui a transformé l'agriculture dans les années 1960. L'enjeu est de recréer une agriculture à haute valeur environnementale, sociale et productive, de réconcilier ces trois dimensions, au lieu de les laisser s'affoler !

Il faut donc aussi faire porter le poids des transformations inéluctablement nécessaires sur les autres maillons : les multinationales vendeuses de semence, de phytosanitaires et de matériel, les industriels, les distributeurs et bien sûr les consommateurs et consommatrices.

À l'heure où j'écris ces lignes, juste avant le salon de l'agriculture (février 2024), la crise n'est pas finie, les braises couvent. La plupart des agricultrices et agriculteurs sont conscients de la nocivité du modèle actuel, pour eux comme pour le vivant. Beaucoup veulent passer de leur modèle intensif au bio ou, du moins, à des pratiques plus durables. Mais sans concertations, avec toujours plus de bâtons et pas assez de carottes, comment amorcer et opérer cette transition, pour le coup obligé ? Qui consentirait à vivre des années sans revenus pour respecter la biodiversité ?

Pour toutes ces raisons, de plus en plus de spécialistes autrement plus averti·es que moi appellent à la tenue d'un nouveau Grenelle de l'Environnement. Il est urgent de réunir l'ensemble des acteurs et actrices pour élaborer des solutions innovantes et prendre des décisions courageuses à la hauteur des enjeux. On ne pourra toujours reculer, il va falloir sauter le pas. Autant choisir plutôt que de subir non ? L'ennemi, je le redis, c'est ce modèle ultralibéral de production. Les agricultrices et agriculteurs français ne pourront pas maintenir leur outil de travail, leur santé et NOTRE patrimoine commun (la terre, les sols, la vie) en les bafouant davantage. Ils et elles le savent, mais nous n'y parviendrons que si chacun·e assume sa part et fait un pas vers le collectif.

Quelques chiffres clés

- **Un agriculteur ou une agricultrice se suicide tous les deux jours.**
- **Il y a aujourd'hui sept fois moins d'agriculteurs et agricultrices que dans les années 1950.** Il reste autour de 380 000 exploitations. Dans le même temps, le nombre de fermes a chuté de 70 %[24].
- **Le nombre de salarié·es agricoles** est passé de 6,3 millions en 1946, à 750 000 au dernier recensement de 2020, plus de huit fois moins[25].
- **50 % partiront à la retraite** dans dix ans sans être sûrs de pouvoir transmettre leur exploitation.
- **Les écarts de salaire** dans la profession sont énormes. Tout le monde est loin d'être à la même enseigne. Le revenu moyen net est de plus de 2 000 euros par mois, mais le salaire médian n'est lui que de 1 035 euros par mois... pour 70 heures de travail par semaine. Beaucoup plus de très pauvres que de très riches en somme. Beaucoup de petits exploitants et exploitantes pour une poignée de magnats de l'agrobusiness.
- Les accords de libre-échange internationaux mettent en concurrence les agricultrices et agriculteurs du monde, condamnés à s'agrandir en monocultures toujours plus endettées. **La polyculture-élevage à l'ancienne ne représente plus que 11 % des exploitations.**
- Dans le monde, **le pourcentage du prix de vente revenant aux agriculteurs et agricultrices est passé de 40 % en 1910 à 7 % en 1997**, selon l'Organisation des Nations unies pour l'agriculture et l'alimentation. Dans le même temps, la marge brute des distributeurs et des industriels agroalimentaires s'est envolée.
- La France est le pays européen qui a à la fois **le plus d'aides de l'Union européenne** (9,5 milliards d'euros en 2023) et qui émet le plus d'émissions de CO_2 sur le secteur agricole. Cherchez l'erreur...
- L'agriculture est **la deuxième source d'émissions de gaz à effet de serre en France en 2022** (19 % des émissions brutes de gaz à effet de serre en 2022) derrière les transports (32 %) et devant l'industrie (18 %), les bâtiments (16 %) et l'énergie (11 %)[26].

---

24. David Djaïz et Xavier Desjardins, *op. cit.*
25. « Position et appel des Soulèvements de la terre sur le mouvement agricole en cours », *Lundimatin*, janvier 2024.
26. Notre-environnement, « Les émissions de gaz à effet de serre de l'agriculture », 2021.

64. « Le labourage, c'est bon pour les sols »

Vers de terre, cloportes, nématodes, collemboles ou encore acariens, bactéries et champignons, tous grouillent dans un sol qui est un des principaux écosystèmes de la planète. À lui seul il représente 50 % de la biomasse vivante, et 23 % des espèces vivantes connues.

La pédogenèse (du grec *pedon*, « sol », et de *geneseôs*, « naissance ») dépend du vivant. Les champignons, les animaux fouisseurs ou les racines des plantes brassent le sol, recyclent la matière organique, attaquent les roches, les bactéries transforment l'azote gazeux en azote assimilable, etc. Comme le résume Marc-André Selosse :

> « Les sols font le monde.[27] »

Il faut cent à plusieurs milliers d'années pour faire un sol... Nous avons peu conscience qu'ils sont eux aussi un patrimoine qu'on ne peut remplacer et qu'il faut protéger. Nous héritons les sols de nos ancêtres et nous les devons à nos enfants.

Le labour ramène la fertilité en surface, aère le sol et désherbe nos champs mais sur le long terme, cette pratique récurrente et profonde est dommageable pour la vie du sol et rejette du dioxyde de carbone et du méthane en plus. En effet, il réduit la diversité et l'abondance des vers de terre dont on connaît l'importance pour la fonctionnalité des sols **(#28)**. Il provoque aussi le tassement des sols via le passage des lourds engins. Une étude danoise vient même de montrer que le labour est plus dommageable que les pesticides, quand on dresse un bilan global[28].

---

27. Marc-André Selosse, édito du dossier « L'avenir des sols entre nos mains », *Espaces naturels*, n°72, novembre-décembre 2020.

28. Frédérique Hupin, Soren O. Petersen et Paul Henning Krogh, « Labourer. Globalement plus néfaste sur la vie du sol que les pesticides », *Agronomie, écologie et innovation*, TCS n°92, 2017.

Une solution contre l'effet de serre est d'enfouir nos déchets organiques dans les sols. Augmenter de 0,4 % par an la teneur en matière organique dans les sols stockerait l'équivalent de nos émissions annuelles de CO_2 ! Nos sociétés modernes, pressées de faire suinter le plus rentable au détriment du plus durable, n'ont pas compris cela.

65. *« Pour mieux réguler les pucerons, on peut introduire des coccinelles asiatiques »*

La chasse et la pêche ont été, et sont toujours, les grandes championnes de l'introduction d'espèces pour le plaisir ou pour le commerce, partout dans le monde : perches du Nil, silures, truites arc-en-ciel, faisans de Colchide (cette espèce bien que très commune en Europe est originaire d'Asie... et de Colchide, l'ancien nom donné à la région orientale de la mer Noire). Elles sont responsables des pires catastrophes écologiques de tous les temps. Mais d'autres motivations pour certaines personnes à vouloir introduire des espèces. Quelques exemples !

Le cas emblématique de la myxomatose

Arrêtons-nous sur l'exemple du docteur Paul-Félix Armand-Delille, membre de l'Académie de médecine et vice-président de la Société de biologie. Cet esprit éclairé veut éradiquer les lapins de sa propriété grâce à la myxomatose. Le 19 janvier 1952, il reçoit de Suisse un échantillon de cultures du virus de la myxomatose. L'inoculation aux lapins sauvages déclenche l'épizootie. Moins de deux mois plus tard, près de 90 % des lapins de son domaine sont morts ou mourants. La maladie se répand alors très rapidement en France. Entre 1952 et 1955, 90 à 98 % des lapins sauvages sont morts de la myxomatose en

France[29]. En 1953 de cette même année, le virus gagne l'Angleterre. Il est détecté en Italie et en Espagne en 1955-1956. À la fin des années 1950, c'est l'ensemble de l'Europe qui est touchée. L'Afrique du Nord aussi. Les lapins sauvages, et les clapiers familiaux et industriels sont décimés.

Les effets de cette maladie introduite se font encore sentir sur le lapin de garenne en France, pourtant, le 4 août 1956, une médaille d'or est offerte à Armand-Delille, portant l'inscription :

« La sylviculture et l'agriculture reconnaissantes. »

L'édifiante histoire de l'introduction des coccinelles asiatiques

Il existe près de 6 000 espèces de coccinelles dans le monde dont 125 en France. Les coccinelles vivent entre 1 et 3 ans, selon les espèces. Elles appartiennent à l'ordre des coléoptères (« ailes recouvertes d'un étui »). Ces différentes espèces peuvent être identifiables selon leur taille, leur couleur et le nombre de points présents sur leurs élytres. Mais attention, certaines espèces ont comme particularité d'avoir un nombre de points... très variable ! Les plus connues ont 2, 7 ou 11, 14 ou 22 points. Certaines sont noires, blanches ou jaunes, d'autres sont ornées de damiers ou de virgules. Les coccinelles à 7 points sont très présentes dans les potagers et autour des plantes sauvages. Les coccinelles à 2 points s'observent près des arbres fruitiers et des arbustes. Les jaunes à 14 points apprécient les légumes, tandis que les rouges à 22 points sont visibles autour des fleurs sauvages, comme les pissenlits. Et puis il y a cette espèce invasive venue d'Asie (nous allons y revenir !).

Les « bêtes à Bon Dieu » sont pour la plupart de redoutables dévoreuses de pucerons, indispensables aux jardiniers. Mais pas toutes : d'autres préfèrent les cochenilles ou les acariens. Il y a aussi des végétariennes comme les coccinelles du melon,

---

29. C. P. Arthur et C. Louzi, « La myxomatose du lapin en France : une revue », *Rev sci. tech. Off. int. Epiz.*, 7 (4), 1988, p. 937-957.

spécialisées en feuilles de cucurbitacées ! Quant aux petites jaunes à 22 points, très communes, elles se nourrissent même des champignons parasites des plantes (rouilles) !

Les coccinelles à 7 points réapparaissent au printemps, quand les températures dépassent les 12 degrés Celsius, après avoir passé l'hiver en hibernation. La ponte a lieu d'avril à mai. 500 à 1 000 œufs sont pondus en petits paquets, au beau milieu des colonies de pucerons. Les larves affamées éclosent en quelques jours et consomment jusqu'à 100 pucerons par jour ! Qui dit mieux ? Trois semaines plus tard, les larves se transforment en nymphes, et deviennent adultes au bout d'une semaine. Ces jeunes adultes sont jaunes le premier jour ! En effet, les élytres (ailes extérieures protectrices, l'« étui ») mettent vingt-quatre heures à rougir.

Revenons à nos coccinelles asiatiques (*Harmonia axyridis*). Son introduction partait d'une bonne intention. Les petites bêtes viennent à l'origine de Chine, du Japon et de l'est de la Russie. Connues pour leur appétit gargantuesque, elles ont été volontairement importées en Europe et aux États-Unis dans les années 1980 pour lutter comme auxiliaire de culture biologique contre les pucerons. L'espèce est extraordinairement variable : rouges à points noirs, noires à points rouges. Elles peuvent compter de 0 à 19 points et mesurent entre 5 et 7 millimètres.

Leur comportement les différencie des coccinelles locales. En automne, elles cherchent à entrer dans les bâtiments et les maisons pour hiverner en groupes de plusieurs dizaines à plusieurs milliers d'individus. Elles s'installent et s'agglutinent alors au plafond, dans les angles des murs, ou encore dans les caissons des volets. Les coccinelles asiatiques sont aussi plus grosses et plus voraces. Elles mangent d'énormes quantités de pucerons. Adultes, elles peuvent dévorer 90 à 270 pucerons par jour, contre 50 à 100 pour les autres. Et elles sont encore plus voraces quand elles n'en sont encore qu'au stade de larve. Quand elles passent quelque part, les coccinelles autochtones n'ont souvent plus rien à manger. Par-dessus le marché, elles sont cannibales ! Au stade larvaire comme à l'âge adulte, les coccinelles asiatiques attaquent les œufs des autres espèces d'insectes, coccinelles mais aussi syrphes ou chrysopes communes, d'autres excellents insecticides naturels.

En France c'est l'Institut national de recherche pour l'agriculture (INRA)[30] qui décide d'importer ces stakhanovistes des pucerons dans les années 1980. Au début, elles étaient lâchées dans la nature où elles mangeaient les pucerons mais ne s'installaient pas. En effet, la plupart mourraient car la souche de coccinelles asiatiques choisie par l'INRA avait des ailes atrophiées et était peu mobile, donc non susceptible d'être invasive. Peu résistantes au froid de l'hiver européen, elles ne pouvaient ainsi pas s'installer durablement.

Satisfaite et rassurée par ces observations, l'INRA transmet alors cette souche à Biotop, une société spécialisée dans la lutte biologique pour la commercialiser. Mais le scénario tourne mal. D'autres contingents de coccinelles asiatiques arrivent en France clandestinement, dont du continent américain, où elles avaient aussi été introduites. Des hybrides se propagent dans le nord-est de la France, notamment en Alsace, soulevant bien des polémiques. La société Biotop décide en 2011 de cesser sa commercialisation et les remplace par d'autres espèces locales, comme les coccinelles à 2 points et à 11 points.

Finalement, les entomologistes de terrain s'aperçoivent que les terribles coccinelles asiatiques ne sont plus si invasives que ça. Après les ravages des années 2010, elles ont plus ou moins fini par trouver leur créneau. Mais il n'empêche que ceux qui les ont introduites ont joué aux apprentis sorciers, comme toujours. Moralité : la lutte biologique, comme on l'appelle, présente aussi des sérieux biais dès qu'elle repose sur l'utilisation d'espèces extérieures !

---

30. Aujourd'hui INRAE, l'Institut national de recherche pour l'agriculture, l'alimentation et l'environnement.

« Les points des coccinelles indiquent leur âge »

Bon, faisons simple : non. C'est un peu comme pour le père Noël ou la petite souris sous l'oreiller. Allez, à la place, je vous raconte une belle histoire… vraie !

Savez-vous pourquoi ces insectes (qui font partie des rares insectes très aimés avec les abeilles à miel et les papillons qu'on trouve jolis) sont surnommés les « bêtes à bon Dieu » ?

Selon la légende, au Moyen Âge, un homme avait été accusé d'un crime qu'il n'avait pas commis. Il devait être décapité. Mais lorsqu'il mit la tête sur le billot, une coccinelle se posa sur son cou. Le bourreau tenta de l'éloigner mais elle revint obstinément. Le roi, Robert II le Pieux, présent à cette exécution, y vit une intervention divine et gracia l'homme. Le vrai meurtrier aurait été finalement retrouvé quelques jours plus tard. Cette histoire valut aux coléoptères leur réputation de porte-bonheur et leur surnom.

Dans d'autres langues, le nom des coccinelles est aussi porteur de références religieuses :

- en breton, c'est la *buoc'hig-Doue*, « petite vache du bon Dieu » ;
- en anglais, c'est *ladybird* ou *ladybug* (à l'origine « *Our Lady's bird* », « oiseau de Notre-Dame », la Vierge Marie) ;
- en espagnol, c'est *mariquita*, « petite Marie » ;
- en allemand, c'est *Marienkäfer*, « scarabée de Marie ».

Les références à Marie viendraient du lien fait entre les 7 points que l'on trouve sur la carapace de l'une des espèces les plus courantes, et les 7 joies et 7 douleurs de Marie.

66. « *Pour protéger certains éleveurs et éleveuses des risques de maladies, il faut abattre des bouquetins* »

Voilà une histoire qui illustre bien la place accordée au sauvage en France, dès qu'il gêne l'élevage et/ou l'industrie alimentaire aux entournures.

Les bouquetins des Alpes (*Capra ibex*), une espèce patrimoniale protégée qui avait presque disparu de cette région (il ne restait qu'une population en Haute Maurienne), ont été réintroduits depuis les années 1970-1980 dans les Alpes. Il y en aurait autour de 50 000 dans tout l'arc alpin, dont environ 10 000 en France. Près de 230 bouquetins ibériques (*Capra pyrenaica*), une espèce proche plus petite, ont été réintroduits dans les Pyrénées depuis l'Espagne.

À la fin du mois de novembre 2023, le tribunal administratif de Grenoble a décidé d'annuler l'arrêté préfectoral de la Haute-Savoie, datant de mars 2022, autorisant l'abattage indiscriminé, qu'ils soient malades ou pas, de 170 bouquetins des Alpes (sur une population totale de 370) dans le massif du Bargy pour lutter contre la brucellose, une maladie qui peut se transmettre aux vaches. Sur ordre du préfet, et sous la pression des producteurs de reblochon du coin, 61 bouquetins sur les 170 avaient d'abord été abattus, de manière indiscriminée en près de deux jours. Cela représentait 20 % de leur population. Les individus tués étaient à 95 % sains. À la suite de cet arrêté, un référé-suspension déposé par plusieurs associations environnementales avait interrompu les tirs[31].

La brucellose avait notamment provoqué l'abattage en janvier 2022 d'un troupeau d'environ 220 bovins, après la découverte d'un cas

---

31. Le recours suspensif a été déposé par France Nature Environnement, l'AJAS (Association Justice Animaux Savoie, Animal Cross association), l'ASPAS (Association pour la protection des animaux sauvages), l'AVES et One Voice.

parmi le cheptel, à Saint Laurent une petite commune de Haute-Savoie proche du Grand Bornand. En 2012 la moitié des bouquetins avaient déjà été abattus pour les mêmes raisons.

La brucellose circule toujours dans le sauvage, c'est un fait. Pour autant, faut-il à chaque fois éradiquer massivement les populations sauvages ? Selon l'Agence nationale de sécurité sanitaire, de l'alimentation, de l'environnement et du travail (ANSES), de tels abattages menacent l'espèce. Des tirs sur les seules bêtes contaminées seraient plus judicieux. Si l'euthanasie d'animaux séropositifs est acceptable, l'abattage indiscriminé d'individus sains est inutile et contre-productif : le ciblage des femelles en âge de procréer désorganise et disperse les hardes... et la brucellose ! La faune sauvage saine ne peut pas, ne doit pas être abattue comme les animaux d'élevages en cas d'épidémie : même au nom du principe de précaution.

Quelques repères sur l'élevage dans le monde

- **18 % des émissions mondiales de gaz à effet de serre** proviennent du bétail. L'élevage accentue l'effet de serre et la déforestation et grignote la part du vivant sauvage pour le profit.
- **70 à 75 % des terres agricoles émergées** (4,8 milliards d'hectares) sont utilisés pour l'agriculture dans le monde. Les trois quarts soit 3,4 milliards sur les 4,8 sont des prairies.
- **Depuis les débuts de l'élevage** (il y a 11 000 ans), le ratio animaux sauvages/animaux domestiqués s'est inversé. Aujourd'hui 95 % des mammifères peuplant la planète sont des animaux domestiques élevés en majorité pour être mangés, souvent dans des conditions indignes (non, ce n'est en effet pas le cas des vaches à reblochon). Il ne reste dans le monde que 5 % de mammifères sauvages **(#29)**.
- **Entre 1970 et 2018**, les populations de vertébrés sauvages ont décliné de 69 %, selon le dernier rapport du WWF[32].

32. WWF, « Rapport *Planète vivante 2022* », 2022, disponible en ligne sur : https://www.wwf.fr/rapport-planete-vivante.

67. *« En tuant les requins, il y a davantage de poissons à pêcher »*

Comme le disait souvent l'astrophysicien Hubert Reeves :

> « Nous menons une guerre contre la nature. Si nous la gagnons, nous sommes perdus. »

Une illustration de cette fulgurance concerne par exemple l'élimination de ceux qu'on appelle les « prédateurs apicaux », ceux qui trônent en haut des chaînes alimentaires, les super-prédateurs si vous préférez, les orques et les grands requins par exemple. Une réalité des plus actuelles, dans l'eau et sur terre. Ceux qui sont juste en dessous s'appellent les « prédateurs intermédiaires » ou « mésoprédateurs » : les thons par exemple, ou les petits requins. Mais qui dit « chaîne alimentaire » ou « trophique » **(#23)**, dit « effets en cascade ». Lorsqu'on fait disparaître un maillon dans cette chaîne trophique, il y a forcément des répercussions en amont et en aval.

Un exemple a beaucoup fait parler de lui dans les années 2000, celui de Chesapeake Bay. Chesapeake Bay est située sur la côte est des États-Unis, à cheval sur les États de Virginie et du Maryland. Après une enquête de plus de trente ans dans cette baie, qui est un paradis pour les pêcheries notamment de coquillages variés, une équipe de recherche a constaté le déclin de 90 à 99 % de la population de sept espèces de grands requins (requins gris, requins à pointes noires, requins-tigres, requins-marteaux halicornes et communs, requins-bouledogues et requins sombres), principalement à cause de la surpêche[33]. Selon cette enquête, la disparition de ces grands prédateurs a permis l'envolée des populations de raies mourines, des méso-prédateurs qui auraient anéanti les populations de beaucoup de coquillages, dont les palourdes qui faisaient la prospérité de la baie. Cette étude est discutée depuis quelques années et

---

33. Ransom A. Myers *et al.*, « Cascading effects of the loss of apex predatory sharks from a coastal ocean », *Science*, 315, 1846, 2007.

d'autres recherches ont montré que la disparition des requins n'était pas le seul facteur de cette catastrophe et que les explications étaient un peu plus complexes.

Un autre exemple peut être cité, celui du retour des loups dans le Parc du Yellowstone **(#14)**. Là aussi des recherches ultérieures ont montré que l'explication n'était pas si simple.

Des enquêtes sur la pêche à la palangre dans le Pacifique tropical ont montré que les taux de capture de 12 grands prédateurs pélagiques (thons, espadons, marlins, requins, etc.) ont été divisés par 10 entre 1950 et 2000. Dans le même temps, les captures de raies et d'autres consommateurs intermédiaires de plus petite taille ont été multipliés par 10 ou 100, ce qui aboutit à des déséquilibres dans les milieux. Le même phénomène a été constaté dans d'autres études, d'Hawaï aux Galapagos, en passant par la mer d'Ariake au Japon, ou encore le long des côtes du Kwazulu Natal en Afrique du Sud.

À la lumière de ces exemples, et, malgré les nuances et explications supplémentaires que l'on peut apporter, le principe général reste donc exact : les prédateurs apicaux régulent directement les populations de prédateurs intermédiaires et donc, indirectement, les populations des autres maillons des chaînes alimentaires. Si les gros sont éliminés, les moyens prolifèrent et exterminent les petits, ce qui peut faire disparaître les moyens à leur tour et ainsi de suite. D'ailleurs, les requins ne font pas que réguler ou disperser les populations de proies. Ils contribuent à la bonne santé de l'écosystème des océans. En éliminant les faibles et les malades, ils participent au maintien de populations de proies potentielles saines. Le fait de s'attaquer aux individus les plus faibles renforce également le patrimoine génétique des proies : les individus forts et en bonne santé qui restent donneront naissance à des populations plus saines.

Génétiquement, les thons sont beaucoup plus proches des humains que des requins !

Les truites ou les thons sont beaucoup plus proches de l'humain, en termes de parenté génétique, dans le grand buisson de la vie, que des requins. Or, la science a montré que nous accordions plus d'empathie, de sympathie et de considération, aux espèces dont nous sommes proches. C'est ce qui nous ferait préférer les pandas aux cafards ou les dauphins aux requins. En effet, les dauphins, en plus d'être en apparence souriants, joueurs et sympathiques sont des mammifères, comme nous. Les requins, eux, en plus d'être beaucoup plus éloignés de nous, n'ont pas du tout l'air sympathiques. Comme disait Coluche, « il a un air patibulaire, mais presque » ! Ils nagent souvent lentement, sans cabrioles, et quand ils s'énervent c'est pour attaquer et manger frénétiquement. Ce cliché est en train de changer doucement, mais c'est encore l'image des requins dans l'inconscient collectif.

68. *« Les requins sont massacrés partout sauf en Europe »*

Plus de 85 pays exportent des ailerons séchés, pour être envoyés vers les marchés asiatiques. Les principaux pays pêcheurs sont les Émirats arabes unis, l'Espagne, l'Indonésie, l'Inde et Taïwan. Aujourd'hui, près de la moitié des pays ont interdit cette pratique, dont les États-Unis fin 2022.

Selon l'International Fund for Animal Welfare (IFAW ou « Fonds international pour la protection des animaux »), une centaine de millions de requins sont tués chaque année dans le monde par la pêche commerciale[34]. Alors que 37 % de toutes les espèces

34. IFAW, « Rapport. L'offre et la demande : Le rôle de l'UE dans le commerce mondial de requins », 2020, disponible en ligne sur : https://www.ifaw.org/fr/resources/rapport-commerce-mondial-requin-role-ue.

de requins sont menacées d'extinction[35], seul le quart du commerce international des ailerons de requin est soumis à des exigences de durabilité en matière d'approvisionnement.

L'Union européenne fournit… 45 % des ailerons vendus en Asie

Dans son étude publiée en 2022, l'IFAW a examiné les données douanières des trois principales plaques tournantes du commerce en Asie (où transite plus de 50 % du commerce mondial des ailerons) : Hong Kong, Singapour et Taïwan[36]. Or la proportion d'ailerons provenant de l'Union européenne s'élève à plus de 45 % en 2020[37] ! Dans l'Union européenne, l'Italie, l'Espagne et la Grèce sont les premiers importateurs de viande de requin, tandis que les premiers États membres exportateurs de nageoires de requin sont l'Espagne, le Portugal, les Pays-Bas, la France et l'Italie.

Le kilogramme se monnaie de 500 à 1 000 euros. De quoi aiguiser les appétits des pêcheurs et des braconniers partout dans le monde. Le commerce international légal de la faune et de la flore sauvage s'élève chaque année à 100 milliards de dollars, dont le demi-milliard de dollars des ailerons de requin. Le trafic illégal, nourri par le braconnage et la contrebande, rapporte, lui, entre 7 et 23 milliards de dollars chaque année aux mafias[38].

35. UICN, « Liste rouge UICN des espèces menacées », disponible en ligne sur : https://www.iucnredlist.org/.

36. IFAW, « Les chiffres sur les requins ne mentent pas : l'UE doit limiter le commerce », 2022, disponible en ligne sur : https://www.ifaw.org/fr/journal/chiffres-etudes-commerce-requins.

37. *Ibid.*

38. Interpol, « La crise de la criminalité environnementale. Le commerce et l'exploitation illégale de la faune et des ressources forestières menacent le développement durable », 2014.

Comment les pêcheuses et pêcheurs européens contournent le finning

Le *finning*, une pratique qui consiste à pêcher des requins, mais également des raies, afin de leur couper ailerons et nageoires avant de les rejeter en mer pour les laisser agoniser, est interdit dans l'Union européenne depuis 2013, mais les bateaux, surtout espagnols, continuent à pêcher des requins en masse. Ils sont obligés de rapporter leurs prises *fins attached* (c'est-à-dire avec les nageoires attachées au corps). Toutefois, dès leur arrivée au port, les ailerons sont coupés et envoyés en Asie.

En clair, cette réglementation n'est pas efficace. C'est un cache-misère et les requins continuent d'être exterminés. Pire, cette pêche est subventionnée par l'Union européenne. Nos impôts financent aussi une flottille de bateaux qui extermine les grands requins à la Réunion. Soit 2 millions d'euros par an, pour que les surfeurs et surfeuses puissent s'amuser. Il y a eu 11 morts depuis 2011[39] là-bas et la réaction est de tuer les requins avec des *drumlines* (ou « palangres de surface ») non discriminantes, habituellement utilisées pour capturer de grands requins grâce à des hameçons appâtés. Résultat : beaucoup d'autres espèces (tortues marines, mérous, autres espèces de requins non visées) en font aussi les frais.

Ces pratiques et ces chiffres ne sont pas relayés par les médias, ni par nos politiques, ni même par la plupart des grandes ONG.

L'espoir fait vivre

Les requins sont en train de disparaître. Mais est-ce inéluctable ? Saurons-nous changer notre regard, nos habitudes ? Saurons-nous leur laisser une petite place ? Des signes d'espoir nous

39. Dans le monde, chaque année, il y a autour de 10 morts causées par les requins. Par comparaison, les moustiques font 725 000 victimes avec le paludisme, d'après l'International Shark Attack File.

viennent d'autres pays : le Canada a interdit l'importation et l'exportation d'ailerons de requin détachés dès 2019[40], les États-Unis et le Royaume-Uni viennent d'emboîter le pas. Beaucoup de pays adoptent des lois pour protéger de plus en plus d'espèces, c'est notamment le cas un peu partout pour les requins blancs. Ces derniers sont, par exemple, protégés depuis 1991 en Afrique du Sud, depuis 1994 sur la côte ouest des États-Unis, depuis 1997 sur la côte est. Ce sont des bonnes nouvelles. Même si, dans la majorité des cas, seul le commerce est interdit, et toujours pas la pêche !

Autre raison d'espérer, les ONG environnementales, constatent que la demande et les prix des ailerons commencent à baisser en Chine, signe que les campagnes de sensibilisation ont un impact.

En novembre 2022, une grande bouffée d'espoir est sortie de la dernière grande réunion de la Convention sur le commerce international des espèces de faune et de flore sauvages menacées d'extinction (CITES) : 54 espèces de requins de la famille des carcharhinidés ont été inscrites à son Annexe II. En clair : ces espèces sont désormais soumises à des règles de commerce plus strictes. Cette famille rassemble 90 % des espèces menacées par le *finning*. Parmi elles : les requins-tigres, les requins-citrons, les requins bleus, les requins à pointes noires, les requins à pointes blanches de récif, etc. Ils y rejoignent ceux qui y sont déjà, à savoir les inoffensifs filtreurs géants requins-pèlerins et les requins-baleines, les requins blancs, les requins longimanes, les requins-taupes, les requins-marteaux ou encore les requins makos. Ces mesures timides donnent l'espoir et ont infléchi la vertigineuse chute libre des effectifs.

---

40. Article 32 Loi sur les pêches, L.R.C. (1985), ch. F-14 : « À compter du 21 juin 2019, il sera interdit d'importer au Canada ou d'exporter du Canada des nageoires de requin et des parties de nageoires de requin qui ne sont pas attachées à une carcasse de requin, à moins de détenir un permis d'importation ou d'exportation délivré par le ministre des Pêches et Océans et la Garde côtière canadienne. »

La haute mer est aujourd'hui une zone de non droit. Des flottilles de navires pillent les océans partout dans le monde, y compris à proximité ou dans les zones marines protégées. Très peu de moyens existent pour contrôler, dissuader et punir. Quasiment tout reste à mettre en place de ce côté-là. Aussi, il faut se raccrocher aux espoirs venant des récents accords de la COP 15 de Montréal, à la fin de l'année 2022. Rappelons la mesure phare : protéger 30 % de la planète sur terre comme dans l'eau, d'ici 2030. C'est le 30/30.

Encore un autre exemple qui fait chaud au cœur : la pêche au requin est interdite dans toute la Polynésie française depuis 2012 ! Nous parlons de 5,5 millions de kilomètres carrés, dix fois la superficie de l'Hexagone. Et l'idée a fait des émules puisque les archipels voisins sont en train de faire de même : c'est le cas de celui des Fidji (300 îles) et des Palaos (500 îles). Un peu partout, doucement, des régions entières se rendent comptent que les requins vivants rapportent davantage, notamment en drainant les touristes, que les requins morts vendus sur les étals.

Tout est bon dans le cochon, tout est bien dans le requin

La peau de requin était utilisée comme abrasif pour polir le verre ou encore pour garnir les sabres des samouraïs. De nos jours, cette dernière est encore utilisée en maroquinerie de luxe, ça s'appelle le « galuchat ».
Les dents sont recyclées en bijoux, **les mâchoires** en trophées.
L'huile extraite de foie de requin, le squalène, est riche en vitamine A et est utilisée dans les produits cosmétiques ou conditionnée sous forme de gélules. La squalamine des roussettes, une autre substance du foie, possède des propriétés antibiotiques contre certains virus (la dengue, l'hépatite B ou encore la fièvre jaune). Aujourd'hui les requins sont massacrés pour **leur viande, leurs cartilages, leur huile** et surtout pour **leurs ailerons**. Une soupe d'ailerons se monnaie autour de 100 dollars en Chine. C'est un plat d'apparat, servi dans les grandes occasions comme les mariages. Jadis réservé aux élites, ce plat traditionnel est

un signe extérieur de richesse encore très en vogue dans la classe moyenne grandissante dans ce pays (ces soupes sont interdites dans les réceptions officielles depuis 2013, idem pour les snacks en nids d'hirondelle et les ormeaux).

69. *« La chasse à la baleine, c'est fini »*

6 espèces de mysticètes **(#encadré)** sur 13 sont menacées. Pendant des siècles, les humains les ont massacrés pour leur huile qui a servi à éclairer les villes, lubrifier les machines, fabriquer de la margarine, du maquillage, du savon voire de l'engrais. Près de 3 millions de baleines ont encore été tuées au XXe siècle pour ces mêmes raisons[41].

La chasse à la baleine à des fins commerciales a été interdite en 1986 par la Commission baleinière internationale (CBI). Elle reste cependant autorisée à des fins scientifiques tout comme le sont les chasses traditionnelles de subsistance. Or cette précision a ouvert une faille, c'est ainsi qu'en 2010 l'Australie a saisi la Cour internationale de justice (CIJ) contre le Japon. Sous couvert du programme scientifique JARPA II, le Japon aurait chassé 10 000 rorquals depuis 1987 qui se seraient retrouvés sur les étals du pays[42]. Les populations se reconstituent doucement. Les baleines à bosse (celles avec les immenses nageoires) vont plutôt bien. Pour les baleines bleues et les baleines franches, c'est plus timide.

Aujourd'hui, trois pays chassent encore des baleines : la Norvège, l'Islande et le Japon. En tout, près de 1 000 individus

41. Jr. Robert C. Rocha, Phillip J. Clapham, Yulia Ivaschchenko, « Emptying the oceans : a summary of industrial whaling catches in the 20th century », *Marine Fisheries Review*, 76(4):37-48, 2015.

42. Greenpeace, « Baleines : espèces toujours en danger », 2017.

sont tués chaque année. Ces trois pays auraient tué plus de 40 000 individus depuis 1986. Islande et Norvège sont proches de raccrocher les harpons : le commerce n'est plus rentable. Le Japon s'entête. Mais, grâce au combat de Sea Shepherd, créée par le canadien Paul Watson (exclu de Greenpeace en 1977 et de Sea Shepherd en 2022), l'Antarctique est enfin devenu un sanctuaire depuis 2017.

Ajoutons à ces chiffres ceux de la pollution, des collisions avec les bateaux, des filets, de la cacophonie sonore et du dérèglement climatique qui tueraient autour de 300 000 cétacés par an[43].

Dommage, car les baleines sont vitales pour les océans et pour le climat. Leurs déjections nourrissent le plancton végétal qui est au départ des chaînes alimentaires. Les baleines mangent des crevettes[44] ou des poissons qui mangent des crevettes qui mangent du plancton. La macro ensemence le micro. Les baleines stockent du carbone dans leur gigantesque corps **(#27)** : une seule baleine stocke jusqu'à 33 tonnes de CO_2 durant toute sa vie, soit trois ans d'émissions d'une Française ou d'un Français moyen[45]. Lorsqu'elle meurt, son corps coule au fond de l'océan. Le carbone y est séquestré.

---

43. Thomas Moysan, « 330 000 baleines et dauphins sont-ils tués chaque année comme l'affirme Sea Shepherd ? », *Libération*, 7 juillet 2019.

44. L'espèce de krill Antarctique *Euphausia superba* dont se nourrissent les baleines contribue à hauteur de 0,05 gigatonne de carbone à la biomasse mondiale, au même niveau que d'autres espèces éminentes telles que les humains (environ 0,06 gigatonne de carbone) ou les vaches.

45. Andrew J. Pershing, Line B. Christensen, Nicholas R. Record *et al.*, « The impact of whaling on the ocean carbon cycle : why bigger was better », *PLoS ONE*, 5(8) : e12444, 2010.

Cétacés : finalement c'était mieux dans l'eau

Les cétacés ont pour ancêtres des animaux terrestres. Ils sont apparentés aux cochons, aux ruminants et, surtout, aux hippopotames mais pas aux phoques ou loutres, des carnivores, qui sont, comme eux, retournés vivre dans l'eau. Il existe entre 80 et 100 espèces de cétacés (le nombre n'est pas fixé car les chercheuses et chercheurs débattent encore sur le nom de sous-espèces) :
- **Les dulçaquicoles**, sont les cétacés qui vivent en eau douce. On compte 5 espèces, parmi elles : les dauphins botos (les dauphins roses d'Amazonie), les dauphins platanistes, les dauphins sousoucs.
- **Les mysticètes** (du grec *mystax*, « lèvre supérieure », qui a donné « moustache ») sont des cétacés à fanons (*baleen* en anglais, un autre faux ami) : les baleines. On utilisait autrefois leurs fanons pour fabriquer les baleines des corsets.
- **Les odontocètes** sont les « cétacés à dents » : dauphins, marsouins et orques.

Seuls les odontocètes sont équipés d'un sonar. Les mysticètes en sont dépourvus. Mais ils ont un évent double au-dessus de la tête, alors que les dauphins et les orques n'ont qu'un seul orifice.

70. *« Le recyclage et la collecte du plastique permettront de dépolluer l'océan »*

Le plastique est un matériau miracle. Après avoir conquis le monde entier, il est aujourd'hui devenu un fléau. Des plus hauts sommets aux tréfonds des abysses, en passant par notre sang et le lait maternel, il est partout. Deux objets sur trois de notre quotidien en contiennent[46] **(#encadré)**. Déversés depuis soixante-dix ans par les autoroutes à plastiques que sont les grands fleuves, portés par les courants, ces déchets se

46. Nelly Pons, *Océan plastique. Enquête sur une pollution globale*, Arles, Actes Sud, 2020.

délitent en une multitude de micro et nanoparticules qui envahissent écosystèmes et organismes marins, sans que nous ayons fini d'en cerner les ravages.

Malgré les problèmes de santé et de pollution que le plastique pose, qui parvient à vivre sans ? Outre la prise de conscience et les efforts d'une fraction infime des consommateurs et consommatrices, des acteurs et actrices du secteur et des décisionnaires, il subsiste pléthore d'idées fausses et de fausses bonnes idées.

La pollution des océans n'est que peu visible dans notre quotidien. Les apparences, une fois encore, sont trompeuses. Seulement 1% de cette pollution se trouve en surface et 5 % sur nos plages. Les 94 % restants sont dans la colonne d'eau (c'est-à-dire ce qui se situe entre la surface et le fond de l'océan) et au fond de l'océan[47]. L'annonce de la fondation Ellen McArthur a fait date : « À cette vitesse, en 2050, il y aura autant de masse de poisson que de plastique dans nos océans.[48] » Cette étude a été discutée depuis car de telles estimations sont difficiles à prouver. La question n'est pas là.

L'addiction mondiale au plastique et ses conséquences, en huit chiffres[49]

- **460 millions de tonnes** → Production annuelle de plastiques neufs dans le monde. Elle a doublé entre 2000 et 2019 et si rien n'est fait, elle triplera d'ici à 2060.
- **353 millions de tonnes** → Production de déchets plastiques en 2019. 21% proviennent des États-Unis, 19 % de la Chine, 28 % des pays de l'OCDE, 5 % de l'Inde. Le reste du monde concentre 27 %.

47. Innovations océans sans plastique, « Qu'attendons-nous pour agir ? ».

48. World Economic Forum, « The New Plastics Economy. Rethinking the future of plastic », 2016, disponible en ligne sur : https://www3.weforum.org/docs/WEF_The_New_Plastics_Economy.pdf.

49. France 24, « Infographie. L'addiction mondiale au plastique et ses conséquences en dix chiffres », 2023.

- **5 ans** → Durée de vie utile maximum de près de deux tiers des plastiques produits chaque année.
- **9 %** → Pourcentage de déchets plastiques recyclés dans le monde. Pour le reste, 50 % finissent dans des décharges, 19 % sont incinérés et 22 % sont abandonnés dans la nature ou brûlés à l'air libre.
- **35,4 kilogrammes** → Quantité de déchets plastiques jetés chaque année en moyenne par Français·e, un peu plus que la moyenne d'un·e Européen·ne (35 kilogrammes).
- **3,4 %** → Part du plastique dans les émissions mondiales de gaz à effet de serre en 2019.
- **100 000** → Nombre de mammifères marins qui meurent chaque année à cause de l'ingestion de plastiques ou de l'emmêlement dans des débris. Les oiseaux, tortues, poissons et autres groupes ne sont pas compris.
- **5 grammes** → Quantité de plastique absorbé par un humain chaque semaine, l'équivalent d'une carte de crédit, dont 90 % proviennent de l'eau en bouteille ou du robinet.

Cœur du problème : l'usage unique

Presque la moitié des matières plastiques produites chaque année est destinée à un usage unique (emballages et objets jetables). La moitié d'entre eux va presque directement de l'usine à la poubelle... puis dans la nature et, enfin, dans l'océan. On estime que 75 % de tout le plastique produit depuis 1950 est aujourd'hui déchet, soit près de 6 milliards de tonnes. Chaque minute, dans le monde, l'équivalent d'un camion poubelle de plastique se retrouve dans l'océan.

Lors d'une interview que j'ai pu faire avec elle en 2021[50], Nelly Pons, l'autrice d'*Océan plastique*[51], raconte qu'au moment où elle a commencé son enquête en 2016, le monde entier était fasciné par le projet Ocean Cleanup du jeune Néerlandais Boyan Slat. La technique qu'il proposait suscitait à cette époque un

50. Disponible en ligne sur : https://bit.ly/oceanplastiq1_BSG.
51. Nellys Pons, *Océan plastique*, *op. cit.*

grand espoir : celui de parvenir à piéger et enlever une partie des déchets concentrés dans les « gyres », ces continents de plastiques flottants entre deux eaux dans les océans. Ces zones de convergence de différents courants marins forment d'énormes tourbillons permanents. Il y en a principalement cinq : deux dans l'Atlantique nord et sud, deux dans le Pacifique nord et sud, et un dans l'océan Indien. Et il y en a d'autres, plus petits, notamment autour de l'Antarctique. Au centre de ces systèmes, des milliers de tonnes de détritus en plastique, beaucoup plus concentrés qu'ailleurs.

Seule véritable solution : réduire la production de plastique à la source

Comme on l'a dit, 1 % des plastiques se trouve à la surface des océans. Le reste est fragmenté et dispersé au fond et dans la colonne d'eau. Donc ratisser la surface ne sera jamais une solution. Faut-il filtrer les fleuves et les rivières ? Lors d'une inondation, avant de commencer à éponger, il faut fermer le robinet. Pour le plastique, c'est pareil : la priorité, c'est de d'abord réduire drastiquement notre production et notre consommation. Toutes les autres approches techno-solutionnistes ont les mêmes défauts : en plus d'être inefficaces, elles laissent perfuser l'idée qu'on peut continuer à utiliser ces matériaux comme par le passé. Ce ne sera pas possible, il faut s'y faire une fois pour toutes et arrêter de (se) mentir.

Cette pollution ne peut donc être endiguée qu'en amont. Après une série de négociations au Kenya, puis Canada, 175 pays espèrent aboutir à un traité mondial, à la fin 2024 en Corée du Sud, pour endiguer le fléau du plastique. Selon Sabine Roux de Bézieux, présidente de la Fondation de la mer :

> « Il y a deux types de pays qui ont beaucoup à perdre : les producteurs de plastique comme l'Arabie saoudite, et des pays qui ont fondé leur mode de vie sur le plastique, comme les États-Unis [...]. Les [États-Uniens] consomment, par habitant et par an, quatre fois plus de plastique que l'habitant moyen de

> la planète [...]. Dans le monde, on consomme 60 kilogrammes par an et par habitant ; en Europe, 120 kilogrammes ; et aux États-Unis, 240 kilogrammes [52]. »

Aujourd'hui, avec à peine 22 % de plastiques recyclés, la France est l'une des plus mauvaises élèves de l'Union européenne. La France interdit graduellement la vente de plastiques jetables [53]. Il faut s'en féliciter. La France prévoit aussi de « tendre vers » 100 % de plastiques recyclés d'ici à 2025. L'Europe s'est fixé un objectif plus réaliste : 55 % de plastiques recyclés. Mais au-delà de ces déclarations d'intention qui n'engagent que les personnes qui y croient, le recyclage est un mythe. Les poubelles jaunes ne sont qu'un paravent de plus pour les bonnes consciences. Actuellement, ni les technologies, ni la nature des plastiques ne s'y prêtent vraiment. Il faudra encore de gros efforts de recherche et développement. « L'alibi du jetable » est bidon, comme l'écrit et le démontre Flore Berlingen dans son livre *Recyclage, le grand enfumage.* Dans le monde, seuls 14 % des plastiques sont collectés et 10 % recyclés. En Europe, seul un tiers des plastiques collectés sont recyclés.

Les pays riches envoient plus volontiers leurs déchets vers les pays asiatiques « poubelles »... et pauvres. Depuis 2017, la Chine a dit stop. Ce sont désormais ces petits voisins asiatiques et les pays africains qui ont repris le sale boulot. Et en attendant, ce qui n'est pas externalisé ou délocalisé est tout simplement incinéré ou jeté dans la nature.

---

52. « Sabine Roux de Bézieux. Depuis les années 1960, la consommation de plastique a été multiplié par 40 », *L'invité du 6h20*, France Inter, 2023, disponible en ligne sur : https://www.radiofrance.fr/franceinter/podcasts/l-invite-de-6h20/l-invite-de-6h20-du-lundi-13-novembre-2023-2016259.

53. Ministère de l'Économie, des Finances et de la Souveraineté industrielle et numérique, « Interdiction du plastique à usage unique : quels produits sont concernés ? », 2023.

Le cadre législatif européen ne permet toujours pas de responsabiliser les producteurs de la filière. En effet, en Europe, il existe ce qu'on appelle la « responsabilité élargie des producteurs » (REP) qui leur impose de prendre en charge la gestion de la fin de vie des produits qu'ils commercialisent, comme le plastique mais aussi le carton, le verre, etc. Pour cela, ils financent des éco-organismes qui ont la charge de soutenir les collectivités afin d'organiser la collecte et le recyclage des déchets ménagers, et de sensibiliser les citoyens et citoyennes au tri. Mais ces actions font reposer le bon fonctionnement du système sur les épaules des individus sans que jamais ne soit remise en question la source du problème : à savoir la production collective sans limitation de plastique.

Plastiques biosourcés et biodégradables : un enfumage de plus

Autre idée reçue : les bioplastiques ne sont pas bios. Comme l'explique Zero Waste France, le terme *bioplastique* est un terme fourre-tout qui englobe à la fois des critères sur la composition (les plastiques biosourcés) et sur le devenir lui-même de la matière (les plastiques biodégradables). Il existe ainsi deux types de bioplastiques :

- Les plastiques biosourcés : ils sont en partie composés de matières organiques issues d'une agriculture intensive et industrielle (sucre de canne, amidon de maïs ou fécule de pomme de terre, etc.). Ils peuvent contenir jusqu'à 75 % de pétrole.
- Les plastiques biodégradables : ils se dégradent sous l'effet de micro-organismes et dans des conditions bien spécifiques. On ne peut donc pas les jeter dans la nature en pensant qu'ils vont disparaître par magie.

Là où ça se complique c'est qu'un plastique biosourcé n'est généralement pas biodégradable et qu'un plastique biodégradable n'est généralement pas biosourcé. De plus, les biosourcés sont la plupart du temps incinérés et les biodégradables restent présents dans la nature très longtemps car il faut des conditions très spécifiques pour permettre leur décomposition (rarement réunies). Après les tests, ils sont toujours là intacts après des mois de compostage. Ainsi, finalement, l'ensemble de ces bioplastiques posent autant de problèmes que les plastiques conventionnels : leur fabrication est toute aussi polluante et la question de leur fin de vie n'est absolument pas résolue. Ça revient à planquer la poussière sous le tapis !

« Refuser, réduire, réutiliser, recycler et rendre à la terre »

Grâce à cette « règle des 5 R », chacune ou chacun peut se convaincre et convaincre ses proches d'arrêter d'acheter des contenants en plastique. On peut éviter d'acheter des packs d'eau minérale (l'eau du robinet est souvent de qualité égale voire meilleure pour la santé). De plus en plus de personnes achètent leurs shampoings et gels douche en blocs solides. Patiemment, avec bienveillance, on peut passer le mot autour de soi, et une fois de plus, agir par l'exemple plutôt que par le discours.

Le plastique est une invention du XIXe siècle pour remplacer l'ivoire des boules de billard[54]

La découverte des propriétés plastiques de certains matériaux date de plusieurs siècles avant notre ère. En Amérique du Sud, le caoutchouc naturel, un polymère obtenu à partir d'une substance laiteuse appelée « latex », est récolté grâce à la saignée de l'*Hevea brasiliensis* pour faire des figurines et des balles depuis au moins le IIe siècle avant notre ère. Ces premiers plastiques comme l'ambre, la corne ou l'écaille de tortue étaient donc d'origine naturelle, et étaient chauffés ou moulés afin de fabriquer des objets. Ce n'est qu'à partir de la fin du XIXe siècle que les plastiques artificiels voient le jour avec le développement de la pétrochimie.

54. Les principales dates citées dans cet encadré sont tirées de « L'histoire du plastique en 15 dates clés », Carbiolice, 2023, disponible en ligne sur : https://www.carbiolice.com/blog/lhistoire-du-plastique-en-15-dates-cles.

En 1862, l'Anglais Alexander Parkes présente à l'occasion de l'Exposition universelle de Londres, l'un des plus anciens polymères artificiels : la « parkésine » ! Cette découverte est à la base de l'industrie plastique moderne.
L'un des autres jalons de cette saga de la plasturgie est très surprenant. Une des premières matières plastiques a été inventée en 1870 pour remplacer l'ivoire des boules de billard ! Au XIXe siècle, aux États-Unis et en Europe, le billard gagne en popularité. La demande est telle que l'ivoire servant à fabriquer les boules commence à manquer. L'ivoire des défenses d'éléphants en était depuis plus de deux siècles le seul matériau. Avec une défense, on ne pouvait produire que 4 à 5 boules ! Bien que les populations d'éléphants aient commencé leur déclin à cette époque, notamment à cause des premiers touristes qui trouvaient ça rigolo et valorisant de tuer de si gros animaux (c'est toujours le cas aujourd'hui pour certains), ce n'est pas le problème. En fait, c'est la guerre de Sécession (1861-1864) et le blocus imposé aux Sudistes qui complique l'importation de l'ivoire. Le conflit, né sur le refus d'abolir l'esclavage des Noirs, met des queues de billard dans les roues de ce commerce. Voyant son industrie menacée, la société Phelan et Collander, un fabricant d'accessoires de billard, lance un concours récompensant celui qui trouvera un substitut à l'ivoire.
Le jeune inventeur John Wesley Hyatt se lance dans le défi en utilisant du nitrate de cellulose. Mais cette tête de linotte se blesse un doigt. Alors qu'il se soigne, il se rend compte que le collodion (un antiseptique de l'époque), qu'il a renversé par accident sur sa préparation, a fait durcir l'ensemble. Après ce cadeau du destin, il lui faut encore sept ans pour trouver la bonne formule en ajoutant du camphre. Un brevet est déposé le 12 juillet 1870 : le celluloïd, une des premières matières plastiques est née !
Le celluloïd est utilisé pendant quelque temps à la fabrication des boules de billard, mais il est remplacé au cours du XXe siècle par d'autres matières synthétiques moins fragiles, comme la bakélite. Il devient aussi le support des pellicules de cinéma. De nos jours, les boules de billard sont surtout fabriquées en résine phénolique, une matière qui présente des comportements comparables à l'ivoire, avec quelques qualités en plus : elle se salit moins, elle permet d'avoir des boules parfaitement sphériques et plus résistantes.

71. *« Les zoos permettent de sauver et réintroduire les espèces menacées »*

Depuis 1500, plus de 320 espèces de vertébrés terrestres se sont éteintes[55]. Ces vertébrés représentent moins de 3 % du total des espèces animales. Sur la photo de famille, il manque les insectes, les vers, les escargots, les coquillages, les méduses et les plantes... En les prenant en compte, ce sont 10 % des espèces animales et végétales qui ont disparu en cinq cents ans, soit autour de 200 000 espèces[56] !

Notons au passage que le mot *invertébré* qui regroupe toutes les espèces animales ultra-majoritaires sur Terre (97 %) commence par une négation avec le préfixe *in-* (encore un peu d'anthropocentrisme, **#43-48**). Quand les insectes ou les poulpes auront succédé aux humains en tant qu'espèce dominante, ils nous désigneront peut-être par « inantennés », « insatiables » ou « inharmonieux » selon leurs critères.

Dans la dernière édition 2023.1 de la Liste rouge mondiale de l'Union internationale pour la conservation de la nature (UICN), sur 157 190 espèces étudiées, 44 016 sont menacées dont 41 % sont des amphibiens, 37 % des requins et raies, 36 % des coraux, 34 % des conifères, 26 % des mammifères et 12 % des oiseaux[57].

La France, qui abrite 10 % de la biodiversité mondiale[58], figure parmi les 10 pays hébergeant le plus grand nombre d'espèces menacées : au total, 2 268 espèces menacées au niveau mondial sont présentes dans l'Hexagone mais aussi, et surtout, en outre-mer.

---

55. Rodolfo Dirzo, Hillary S. Young *et al.*, « Defaunation in the Anthropocene », *Science*, vol. 345, 6195, 401-406, 2014.

56. Robert H. Cowie, Philippe Bouchet et Benoit Fontaine, « The sixth mass extinction : fact, fiction or speculation? », *Biological Reviews*, 97, 2, 2022, p. 640-663.

57. UICN, « Liste rouge UICN des espèces menacées », disponible en ligne sur : https://www.iucnredlist.org/.

58. Notre-environnement, « Biodiversité ».

La bénédiction roborative de l'UICN en faveur des zoos

Pour tenter de freiner cette sixième grande extinction de masse, beaucoup de personnes et d'institutions mènent des actions de conservation. Dans ces efforts, quelle est la part des zoos ? Le 11 octobre 2023, la Commission de la sauvegarde des espèces (CSE) de l'UICN a reconnu le rôle essentiel des jardins botaniques, des aquariums et des zoos (JAZ) dans la conservation des espèces sauvages, en milieu naturel (dit « in situ ») comme en captivité (dit « ex situ »).

L'UICN encourage les différences agences, institutions, associations et gouvernements à collaborer avec ces JAZ sous l'égide d'une « *one plan approach* » (un peu sur le modèle de la « *one health approach* » pour la santé mondiale). Il s'agit de définir une stratégie commune pour sauver les espèces au bord de l'extinction.

Les unions internationales et nationales des JAZ, telles que l'Association mondiale des zoos et aquariums (WAZA), l'Association des zoos et aquariums (AZA) et l'Association française des parcs zoologiques (AFdPZ, l'association des 105 plus grands zoos de France), se sont réjouies de cette prise de position de l'UICN. Elle tombe bien, à une époque où les zoos sont à la fois très prisés du grand public, qui adore aller s'y promener (24 millions de visiteurs et visiteuses chaque année en France, 700 millions dans le monde), mais sont aussi montrés du doigt (y compris par certaines personnes s'y rendent) comme une énième façon d'exploiter le vivant.

En France, l'AFdPZ a précisé, par la voix de son président, Rodolphe Delord, P.-D. G. du ZooParc de Beauval, les efforts collectifs entrepris par ces établissements[59] :

- versement de 5 millions d'euros, en 2022, à plus de 300 programmes de conservation in situ de 70 pays ;

---

59. ZooParc de Beauval, « L'UICN réaffirme le rôle primordial des zoos dans la conservation », octobre 2023.

– dons de plus de 30 000 animaux pour des réintroductions ou des renforcements de population ;
– hébergement et reproduction d'espèces éteintes dans la nature ou en danger critique d'extinction ;
– partage de savoir-faire dans l'acquisition de techniques et d'équipements nécessaires à la sauvegarde et au suivi des animaux dans le milieu naturel ;
– recherches menées dans le sauvage permettant de mieux connaître et donc de mieux protéger les espèces (exemple : études sur les ravages des filets ou des éoliennes).

1 à 4 % des recettes dédiées à la conservation : la part du lionceau ?

Le ZooParc de Beauval est « le quatrième plus beau zoo du monde », selon TripAdvisor, qui pèse pour 40 % dans le chiffre d'affaires des parcs animaliers de France[60]. C'est surtout le plus grand zoo français, en nombre d'animaux et de visiteurs et visiteuses : 35 000 animaux de 800 espèces et 2 millions d'entrées en 2023. Il reverse chaque année 1 % de son chiffre d'affaires, soit 2 millions d'euros, à Beauval Nature, son association dédiée à la conservation et à la recherche. Elle soutient 58 programmes de conservation et 16 de recherche, en France et dans le monde.

Le Bioparc de Doué-la-Fontaine est un des zoos les plus généreux de France en la matière[61]. Pierre Gay, le fils du fondateur Louis Gay (un pionnier reconnu de la conservation en France), a indiqué que son établissement reversait 4 % de ses recettes chaque année à plus d'une trentaine de projets de conservations dans le monde, soit plus de 500 000 euros, pour huit fois moins de visiteurs et visiteuses que Beauval.

60. « On vous dit pourquoi Beauval est le 4e plus beau zoo du monde selon TripAdvisor », Le Berry républicain, 2023.

61. « Doué en Anjou. En 2023, le Bioparc a reversé plus de 520 000 euros pour la préservation de la biodiversité », *Le Kiosque*, 2024.

Tous ces efforts sont louables et symboliques. Mais sont-ils suffisants ? Non. Ces montants sont ridicules par rapport à l'urgence et aux besoins du vivant qui disparaît dans nos marges, partout dans le monde, jusque dans nos jardins. Les zoos restent avant tout des entreprises commerciales, publiques ou privées, dont le but est de gagner de l'argent et non pas de sauver ce qui reste du vivant, personne n'en disconvient. J'ai passé beaucoup de temps à discuter avec les directions des zoos, les vétérinaires, les soigneuses et soigneurs… Tous sont au moins autant que moi amoureux du vivant. Comme certain·es d'entre eux, je rêve du jour où les zoos, avec les collectivités territoriales, les entreprises, les États et l'Union européenne parviendront à faire en sorte qu'au moins 80 % de l'argent généré par les zoos servent à la protection et à la conservation du vivant, au lieu des miettes actuelles.

Un rôle de sensibilisation à prouver et à affiner

En attendant, il faut faire la part des choses. Les zoos mettent en avant leur rôle dans la sensibilisation du grand public. La plupart ont beaucoup investi en la matière. Mais cela fonctionne-t-il ? Jusqu'à aujourd'hui, aucune preuve irréfutable n'a été donnée concernant une inflexion significative des comportements à la suite d'une visite en parc zoologique. Loin des mirettes, loin du cœur. Des spécialistes estiment que les zoos perpétuent plutôt l'idée d'une séparation et d'une domination de l'humain sur le reste du monde animal[62].

Par ailleurs, a-t-on vraiment besoin d'animaux vivants pour sensibiliser ? Il existe des alternatives. Une équipe de scientifiques néo-zélandais élabore des dauphins mécaniques. L'idée n'est pas si farfelue : la détention de cétacés sauvages, dauphins ou orques va être interdite à partir de 2026 en

62. Mathilde Delaup, « Zoo et conservation des espèces : efficace ou opération marketing ? », Fondation Droit animal, 2020.

France[63], mais il reste près de 3 600 cétacés captifs dans le monde. Ces animaux sont ceux qui d'évidence souffrent le plus de la promiscuité des zoos, comme l'a montré le documentaire *Blackfish* avec l'« orque tueuse » Tilikum. Autre initiative, le cirque allemand Roncalli a remplacé ses animaux par des hologrammes. Il existe aussi de safaris en ligne, et il reste les livres, les podcasts et les documentaires animaliers, infiniment plus instructifs et complets.

Le choix des espèces présentées est discutable lui aussi : ne pourrait-on pas sortir des sempiternelles espèces parapluies (pandas, ours polaires, tigres **#14**) ? Certains parcs font le pari, nécessaire et courageux, d'espèces moins charismatiques, comme Micropolis, un parc zoologique dédié aux insectes dans l'Aveyron. Et à Amsterdam, ce sont les microbes qui sont à l'honneur (Micropia) !

Dernière suggestion, mais pas des moindres : pourquoi chaque zoo n'aurait-il pas son centre de soins à la faune sauvage locale ? Ce serait peut-être intéressant d'ancrer le discours, une fraction des moyens et des actions dans le tissu local, en synergie avec les centres de soins de la faune sauvage miséreux qui reposent entièrement sur des bénévoles souvent débordés **(#74)**.

Des échanges d'individus entre zoos pour brasser les gènes

Les pratiques des zoos se sont considérablement assainies en cinquante ans, c'est vrai. L'immense majorité des animaux présentés ne sont plus prélevés dans le sauvage mais proviennent d'échanges entre les zoos, idem pour les aquariums.

---

63. Près de 3 600 cétacés (dont 3 000 dauphins) sont détenus dans les parcs aquatiques à travers le monde. Il existe 336 parcs marins avec des cétacés dans 54 pays. 60 % de tous les cétacés captifs dans le monde sont retenus dans cinq pays : La Chine (23 %), le Japon (16 %), les États-Unis (13 %), le Mexique (8 %) et la Russie (5 %).

Mais il y a une petite faiblesse concernant ces échanges entre zoos, relevée par la fondation Droit animal, où j'ai puisé beaucoup des informations de cette entrée : les échanges et les dons entre les zoos et aquariums sont gérés par l'European Association of Zoos and Aquaria (EAZA). Ils sont soigneusement répertoriés et orchestrés pour permettre le meilleur brassage de gènes possible (grâce à des « stud-books », des recueils précis de données sur le pedigree de chaque individu, comme pour les races de chevaux ou de chiens). Bien qu'une directive européenne de 1999 oblige tous les zoos à s'investir dans la conservation, il n'existe aucune loi qui les oblige à s'inscrire dans l'EAZA ! Aujourd'hui, elle compte seulement 303 membres permanents, alors qu'on estime qu'il existe autour de 3 500 zoos en Europe.

Autre crève-cœur : les reproductions dépendent des moyens et des disponibilités des zoos. Elles ne sont ni la finalité ni la priorité. Une fois qu'un zoo est servi, il n'a plus de place pour d'autres individus, si menacés soient-ils. Dans bien des cas, des espèces en voie de disparition ne sont pas reproduites faute de place et de moyens ! Pire, pour les mêmes raisons, des individus sont tout simplement stérilisés voire euthanasiés : c'est ce qu'on appelle l'« euthanasie de gestion ».

Les conditions de captivités se sont certes aujourd'hui améliorées : les animaux ont de plus en plus d'espace et de moins en moins de barreaux, même si la captivité à des fins surtout récréatives et commerciales reste insupportable pour beaucoup de personnes, dont moi. Mais il y a parfois des trous dans la raquette. Exemple : les 28 requins-marteaux prélevés légalement dans le sauvage entre 2011 et 2018 en Australie pour l'aquarium Nausicaa (le plus grand d'Europe) sont aujourd'hui tous morts. « Légalement » car tout ce qui n'est pas formellement interdit est autorisé.

Une réintroduction dans le sauvage difficile voire impossible

Il faut savoir que la plupart des animaux nés dans les zoos seraient incapables de survivre dans le sauvage. Fin 2019, le fiasco du rachat très médiatisé du zoo de Pont-Scorff par une alliance d'ONG l'a bien montré. Les crédibilités d'Hugo Clément et de Lamya Essemlali de Sea Shepherd France, entre autres apôtres du réensauvagement, en ont souffert.

La réintroduction en milieu naturel n'est pas gagnée. L'adaptation d'une population à la captivité est une domestication progressive, renforcée génétiquement génération après génération[64]. Cette captivité n'est jamais anodine pour un animal et pour la génétique de son espèce. Elle est souvent source de folie et de souffrance. Vous vous souvenez des mois de confinement avec le covid ? Pour les animaux des zoos, le confinement dure toute la vie !

Les capacités d'adaptation et les chances de survie des animaux relâchés dans le sauvage en sont considérablement réduites. En 1995, toujours selon la fondation Droit animal, on estimait que seuls 16 programmes de réintroduction sur 145 auraient réussi. A-t-on progressé depuis ?

Par ailleurs, les milieux sauvages d'origine ont été tellement grignotés et abîmés par les humains qu'il est souvent devenu impossible de relâcher des animaux dans leurs écosystèmes d'origine, sans parler des difficultés administratives et surtout du coût astronomique des opérations, certes médiatisées, mais inaccessibles et rarissimes pour la plupart des zoos. C'est en partie ce qui explique qu'il y a aujourd'hui bien plus de tigres dans les zoos et chez les particuliers que dans le sauvage !

---

64. Série « Les domestications », *Mécaniques du vivant*, France Culture, 2023, disponible en ligne sur : https://www.radiofrance.fr/franceculture/podcasts/serie-mecaniques-du-vivant-saison-5-les-domestications.

À quand un Grenelle du vivant en France, dans l'Union européenne et dans le monde ?

Au lieu de l'invective, des boucs émissaires faciles, des « y a qu'à, faut qu'on », des « c'est pas moi, c'est les autres » et des faux-semblants stériles, je rêve d'une concertation globale entre tous les acteurs et actrices de la biodiversité, de synergies novatrices enfin efficaces, dignement financées et assumées, y compris avec les agriculteurs et agricultrices, les industriels, les entreprises, les chasseurs et chasseuses, et l'ensemble des citoyen·nes.

Je rêve du jour où les zoos seront des établissements dont l'objectif premier sera la conservation et la réintroduction dans des territoires protégés achetés à cet effet, et non de persister à être une autre manière de gagner de l'argent sur le dos du vivant.

Pour cela, au lieu de tirer sur les zoos et les aquariums, il vaudrait mieux se parler, s'écouter et agir ensemble. L'UICN a tendu une main. Mais tant qu'il n'y aura pas de véritable coordination les différentes actions resteront inefficaces et cosmétiques.

72. *« Le bilan carbone des animaux domestiques est négligeable »*

Et si on parlait, factuellement, du bilan carbone et écologique des animaux de compagnie ?

Ils consomment des ressources et polluent, comme leurs maîtres. La France est championne d'Europe de la possession de chiens et de chats. Près de 42 % des foyers possèdent un ou plusieurs chiens ou chats. Nous parlons d'environ 16 millions de chats et 8 millions de chiens selon la Fédération des fabricants d'aliments (qui ne prend pas en compte les animaux féraux, retournés à l'état sauvage ou semi-sauvage). Il faut ajouter les 3,5 millions de petits mammifères, 6 millions d'oiseaux et une palanquée de poissons.

Mettons ici de côté l'impact écologique, surtout des chats et un peu des chiens, sur la petite faune du quotidien, qui est, que cela plaise ou non, énorme **(#54)**. Mais ne soyons ni sans-cœur ni ingrats, les chats et les chiens jouent un grand rôle affectif et anxiolytique. Ils apaisent, comblent les solitudes, font office de béquilles affectives et de bouillotte l'hiver, accompagnent leurs maîtres joggeurs ou vététistes, gardent la chaumière, font baisser le rythme cardiaque et consommation d'anxiolytiques. C'est démontré. Mais un chien consomme aussi en moyenne 164 kilogrammes de viande et 95 kilogrammes de céréales par an. Certes, la majorité de la nourriture pour animaux vient de sous-produits de l'industrie alimentaire humaine, mais les chiffres restent conséquents. En France, 1,2 million de tonnes de produits d'alimentation animale est vendu chaque année, emballée, suremballée, transportée, etc. Une étude a établi que, tous les ans, rien qu'aux États-Unis, l'alimentation des chiens et des chats – estimés à 163 millions dans le pays – produit jusqu'à 64 millions de tonnes de CO_2[65]. C'est l'équivalent du CO_2 émis par 13,6 millions de voitures pendant un an. Si on prend tout en compte, un chien ou un chat a un bilan carbone équivalent à celui d'un SUV. Ouaf !

Selon une autre étude, un chien moyen (10 à 20 kilogrammes) émet sur toute sa vie de 2 à 20 tonnes de CO_2 (contre autour de 12 tonnes en moyenne par an pour un·e Français·e, et 4 pour un·e Terrien·ne)[66]. Il existe bien sûr des solutions pour réduire cet impact, détaillées sur de nombreux sites internet.

---

65. Gregory S. Okin, « Environmental impacts of food consumption by dogs and cats », *PLoS ONE*, 12(8) : e0181301, 2017.

66. Pim Martens, Bingtao Su et Samantha Deblomme, « The ecological paw print of companion dogs and cats », *Bioscience*, 69, 6, 2019, p. 467-474 ; Vivian Pedrinelli, Fabio A. Teixeira, Mariana R. Queiroz et Marcio A. Brunetto, « Environmental impact of diets for dogs and cats », *Sci Rep*, 12, 18510, 2022.

73. *« On peut acheter des animaux sauvages sur Internet »*

Ce n'est malheureusement pas une idée fausse. Mais les choses sont en train de changer (un peu), pour le mieux.

Le 21 septembre 2023 est à marquer d'une pierre relativement blanche : le site Leboncoin a annoncé mettre fin à la vente d'animaux sauvages et de nouveaux animaux de compagnie exotiques (NAC) sur sa plateforme[67]. Super nouvelle ! Il faut saluer cette décision, qui aura pris une dizaine d'années quand même, mais on ne va pas faire les rabat-joie... Il faut aussi remercier l'IFAW qui a mené les négociations avec Leboncoin.

Comment vont désormais faire les influenceurs et autres frimeurs professionnels pour se la péter avec des « animaux-bijoux » qui sont d'abord des êtres vivants ?

En France, le trafic d'espèces sauvages prospère. Selon Interpol, le trafic d'espèces sauvages augmente de 5 à 7 % par an[68]. Au niveau mondial le trafic d'espèces sauvages et de produits dérivés serait même un des plus lucratifs. Il se place à la quatrième place du podium derrière le trafic de drogues, la contrefaçon et le trafic d'êtres humains[69].

En France, un réseau régional de (seulement) 200 inspectrices et inspecteurs de l'environnement est spécialisé dans sa répression, sous l'égide du Service de police judiciaire et

---

67. IFAW, « Communiqué. Leboncoin interdit la vente d'animaux sauvages », 2023, disponible en ligne sur : https://www.ifaw.org/fr/communique-de-presse/leboncoin-interdit-vente-animaux-sauvages-plateforme.

68. UICN, « Présentation du colloque sur la lutte contre le trafic d'espèces sauvages et le braconnage », 2023, disponible en ligne sur : https://uicn.fr/lutte-contre-le-trafic-despeces-sauvages-et-le-braconnage/.

69. WWF, « Lutter contre le braconnage et le commerce illégal des espèces sauvages », disponible en ligne sur : https://www.wwf.fr/champs-daction/vie-sauvage/braconnage.

renseignement (SPJR) de l'office français de la biodiversité, en gros les gendarmes de l'environnement. Leurs pouvoirs ont été étendus et les sanctions alourdies. Il y a quelques années, l'amende encourue par un revendeur illégal ne dépassait pas 15 000 euros d'amende et aucune peine n'était prononcée. Avec des perroquets rares comme les aras de Lear, qui se négocient à 60 000 euros et des cornes de rhinocéros qui atteignent 40 000 euros au kilogramme[70], la sanction était ridicule, donc non dissuasive. Aujourd'hui, un trafiquant d'espèce sauvage risque jusqu'à 150 000 euros d'amende et trois ans de prison, bien davantage si c'est en bande organisée.

Mais le nerf de la guerre ne réside pas que dans la répression. Il faudrait sensibiliser et responsabiliser les acheteurs : arrêtons d'en acheter ou d'en offrir sur des coups de tête. S'il est difficile d'obtenir des chiffres précis, au moins 100 000 animaux sont abandonnés chaque année en France selon la Société protectrice des animaux (SPA)[71], de nombreuses associations de protection animale estiment qu'il s'agit d'une fourchette basse puisqu'elle ne prend pas en compte les nouveaux animaux de compagnie et que les abandons sauvages restent difficiles à évaluer.

---

70. Maryrose Fison, « Quand les cornes de rhinocéros financent Al-Quaida », *Courrier international*, (d'après un article du *Independant on Sunday*), 2011.

71. Ariane Schwab, « Entretien. Abandons d'animaux : "On veut casser le *j'achète un animal donc c'est ma chose*", plaide le président de la SPA », France Info, 2023.

74. *« Beaucoup de moyens sont alloués aux animaux sauvages en détresse »*

En tout, en France, il y a environ 150 personnes salariées pour s'occuper de la faune sauvage en détresse. L'immense majorité des effectifs des centres de soins de la faune sauvage est constituée de bénévoles, soit 8 000 personnes, qu'on ne peut que, remercier et admirer.

Elles ne sont que rarement vues, entendues et encore moins écoutées. Elles ne font pas de politique, pas de militance mais elles se rendent disponibles toute l'année pour prendre en charge la faune blessée. Quand un arbre tombe sur une route, il est dégagé très rapidement par différents services (voirie, mairie, services techniques, pompiers) pour ne pas perturber nos activités. Quand c'est un chevreuil blessé, rien de concret n'est prévu. Les municipalités se défaussent bien souvent sur l'association du coin qui, par ailleurs, a généralement des moyens misérables[72].

Quelques chiffres qui montrent à quel point le sauvage blessé par nos modes de vie est la cinquième roue du SUV :
- Environ 100 000 animaux de 800 espèces sont traités chaque année (+20 % par an).
- 92 % des animaux blessés rapportés arrivent pour des causes anthropiques : des « problèmes de colocation ».
- En moyenne 50 % des animaux rapportés sont relâchés, les autres meurent ou sont euthanasiés.
- Le coût moyen d'un animal en soin est de 0,83 euro, par jour et par animal, contre 100 euros chez un vétérinaire et 1 300 à 3 000 euros dans un hôpital pour une personne. Ce 0,83 euro est quatre fois inférieur aux besoins réels minimums.

---

72. C'est que rapporte Manon Tissidre, la directrice du Réseau centres de soins de la faune sauvage, soit environ 25 centres dédiés à la faune sauvage en détresse (série « Les centres de soins faune sauvage », *Combats*, 2022, disponible en ligne sur : https://bit.ly/manon-tissidre1_CBT).

75. *« Les loups sont un super exemple de management, je l'ai appris sur les réseaux sociaux »*

« Il faut vraiment être une buse pour tomber dans le panneau. » Êtes-vous bien sûr·e ? Non seulement de ne jamais être tombé·e dans le panneau, mais surtout de ne jamais avoir partagé de *fake news* ?

Les *fake news* ou infox se partagent six fois plus vite que les vraies informations, et touchent au moins dix fois plus de monde, selon une étude de chercheurs du MIT Professional Education concernant Twitter (devenu X depuis)[73]. Il faut en outre infiniment plus de temps pour rétablir une vérité que pour diffuser une infox. Et cette rectification sera mille fois moins visible, partagée ou aimée...

« Quand le mensonge prend l'ascenseur, la vérité prend l'escalier »

La désinformation a toujours existé, mais Internet, et en particulier les réseaux sociaux l'ont largement accélérée. Les plus de 60 ans sont les plus touché·es par celle-ci : les boomers partageraient ainsi sept fois plus de *fake news* que les 18-29 ans. Nous sommes tous et toutes faillibles et concerné·es. Je reconnais avoir déjà partagé des infox, j'en ai honte aujourd'hui et je m'en veux. Il est possible que je retombe dans un de ces pièges, et il y a de fortes chances que vous aussi, sans même le savoir.

En 2022 je me suis fait attraper par le collectif « C'est vrai ça ? », sur LinkedIn, mon réseau social de prédilection[74]. Je venais de

---

73. Soroush Vosoughi, Deb Roy et Sinan Aral, « The spread of true and false news online », *Science*, vol. 359, 6380, 1146-1151, mars 2018.

74. LinkedIn est un réseau social professionnel créé en 2003. Il a conquis une frange intellectuelle/CSP+ de la population. Il a largement dépassé

partager un post qui racontait une histoire, celle d'un léopard qui venait tous les soirs faire des câlins à une vache, qui l'aurait recueilli et nourri au bon lait après que des braconniers ont tué sa mère... (Je précisais tout de même explicitement que cette histoire me paraissait un peu trop belle pour être vraie.) C'est à cette occasion que j'ai découvert « C'est vrai ça ? » qui a parfaitement analysé et démonté cette histoire. Peu après, j'ai décidé d'interviewer un des fondateurs du collectif, Guy Nagel, dans une série de *Combats*. Nous avons passé en revue des *fake news* mémorables, que vous avez peut-être vues passer... voire relayées à l'insu de votre plein esprit critique, comme moi. Voici les trois qui m'ont le plus marqué.

La meute de loups : un exemple de management ?

Sur les réseaux sociaux, une photo de 25 loups en train de marcher à la queue leu leu dans la neige a été virale. Ils semblent répartis en plusieurs groupes : 3 loups marchent ensemble à l'avant, suivi d'un groupe de 5, puis un autre de 11 loups, puis enfin encore 5 autres. À la fin de la file, un loup marche seul. Cette photo était accompagnée de la description suivante :

> « Les trois à l'avant sont vieux et malades, ils marchent en avant pour régler le rythme du groupe en cours de course, de sorte qu'ils ne restent pas derrière eux. Les cinq prochains sont les plus forts et les meilleurs, ils sont chargés de protéger le groupe en cas d'attaque. Le paquet au milieu est toujours protégé contre toute attaque. Les cinq derrière eux sont également parmi les plus forts et les meilleurs ; ils sont chargés de protéger l'arrière en cas d'attaque. Le dernier est LE LEADER. Il s'assure que personne ne soit laissé derrière. »

C'est une bien belle histoire de coopération et de solidarité... mais c'est 100 % faux ! Cette photographie a été prise par le photographe Chadden Hunter et présentée dans le

---

sa vocation de réseautage pour devenir un canal d'informations, victime lui aussi des *fake news*.

documentaire *Frozen Planet* de la BBC en 2011, avec pour description originale :

> « Une grande meute de 25 loups chassant des bisons dans le cercle arctique dans le nord du Canada. Au milieu de l'hiver, les températures du parc national Wood Buffalo oscillent autour de -40 degrés Celsius. La meute de loups, dirigée par la femelle alpha, voyage en une seule file à travers la neige profonde pour économiser de l'énergie. La taille de la meute est un signe de la richesse de leur base de proies pendant l'hiver où les bisons sont limités par une mauvaise alimentation et une neige profonde. Les meutes de loups de ce parc national sont les seuls loups du monde spécialisés dans la chasse des bisons, qui font dix fois leur taille. Ils sont devenus les loups les plus grands et les plus puissants de la terre. »

Pas grand-chose en commun entre les deux textes, comme vous constatez...

Mais au fait, une meute moyenne est en moyenne composée de 5 à 10 individus. Alors pourquoi voit-on une meute de 25 loups sur cette photographie ? Les meutes ont leurs territoires respectifs et le défendent jusqu'à la mort. Lorsque deux meutes entrent en contact, c'est souvent la bagarre. Toutefois, lors de circonstances exceptionnelles (comme lorsqu'il y a un large troupeau de proies dans les parages), plusieurs meutes peuvent coopérer pour former une méga meute temporaire. Les loups sur la photo sont donc en train de chasser les bisons !

Cette photographie est un des exemples types de ce qu'on appelle le « bullshit inspirationnel » et qui est bien souvent partagé sans aucune réflexion par la majorité d'entre nous. Notre naïveté, notre manque de prudence, saupoudrés d'une bonne dose de panurgisme et de paresse, nous rendent complices, certes involontaires mais pas complètement exempt·es de reproches. C'est à chacune et chacune de se faire son idée et de faire du ménage, ne serait-ce que par respect envers nous-même ou au moins envers nos contacts. Essayons d'acquérir des réflexes d'autodéfense intellectuelle et de vérifier les informations un minimum (quelle est la source ?

où la photo a-t-elle été publiée? à qui profite le buzz?). Une vérification de cinq secondes suffit très souvent à détecter l'arnaque. LinkedIn et les autres réseaux sociaux ne sont pas exempts de reproches. Leurs algorithmes favorisent l'exposition et la republication de ces contes de fées déguisés en fulgurances, de ces vérités alternatives sur lesquelles surfent les antivax, les climatosceptiques et les autres idéologues aussi rances que dangereux. Les réseaux sociaux le savent. Ils pourraient stopper ça, mais ne le font pas car tout buzz leur est profitable. Profitable à EUX, pas à NOUS.

La grenouille qui se laisse ébouillanter sans réagir

Cette *fake news* est une fable: une grenouille se laisse cuire à feu doux dans son eau sans s'échapper. L'idée c'est de dire que l'humain est en train de vivre la même chose avec le dérèglement climatique. Morale avancée: lorsqu'un changement s'effectue d'une manière suffisamment lente, il échappe à la conscience et ne suscite ni réaction ni opposition ni révolte.

La fable, elle-même issue d'une légende urbaine en vogue au siècle dernier, a été partagée comme étant le résultat d'une véritable expérience. On la retrouve aussi en 1979, dans *Mind and Nature* de Gregory Bateson, en 1997 dans le film catastrophe *Le Pic de Dante* de Roger Donaldson, en 2006 dans *Une vérité qui dérange* d'Al Gore. Elle est reprise dans des guides de management, de développement personnel, des publications sur Facebook, etc.

Des scientifiques ont essayé et, bien sûr, la grenouille fait tout pour s'échapper, sauf si on la jette directement dans l'eau bouillante. Là, elle périra directement, comme un homard.

Beaucoup d'entre vous seront peut-être étonné·es de se rendre compte qu'ils et elles sont tombé·es dans ce genre de panneaux. J'étais moi-même surpris de recevoir le 1er avril 2023, le message d'une amie (a priori pas sujette à ce genre d'erreurs) qui me pressait de faire une émission sur le premier animal pratiquant... la photosynthèse. Elle accompagnait son message d'un lien vers l'un des meilleurs poissons d'avril que j'ai pu voir, écrit par un professeur de biologie, qui présentait un être mi-salamandre, mi-géranium! Prenez soin de votre discernement (et de celui des autres)! Ouvrons nos chakras... mais aussi l'œil, et le (bon) sens critique.

En guise de transition, cette phrase qui fait toujours beaucoup rire ma maman Christiane:

> « Quand on voit ce qu'on voit, et qu'on entend ce qu'on entend, on a raison de penser ce qu'on pense ! »

« Et alors la marmotte, elle met le chocolat dans le papier d'alu »

L'expression provient d'une publicité pour les chocolats Milka, réalisée en 1998 par Chris Noonan, où l'on voit des animaux fabriquer du chocolat, dont une marmotte emballer des tablettes de chocolat dans du papier d'aluminium. Un homme, témoin de la scène, raconte à la caisse d'un magasin ce qu'il a vu à une autre cliente:

> « Et alors la marmotte, elle met le chocolat dans le papier d'alu. »

Et la cliente de répondre, l'air consterné:

> « Mais bien sûr ! »

Cette publicité iconique est devenue un mème. Le personnage de la marmotte est ensuite détourné dans une autre publicité culte avec JCVD, Jean-Claude van Damme, qui fait son grand écart entre deux camions. Tout cela est bien gentiment drôle et inoffensif, mais tous les jours, des publications virales mettent en scène de vrais animaux pour faire du clic: un crocodile en colocation avec un canard et ses petits ou avec un gibbon (espèce menacée), un escargot sur la tête d'une grenouille, etc.

En 2022, Frank « Canon » Deschandol (l'un des meilleurs photographes animaliers que je connaisse) a osé pousser dans un post sur Facebook un coup de gueule sur ce sujet, tabou chez les photographes professionnel·les dont une partie est prête à tout pour faire « la » belle photo... dont faire souffrir voire tuer des animaux ! Dans ce post, Frank Deschandol s'en prenait aussi aux magazines qui s'emparent de ces scènes cousues de câble blanc et – osons le dire – « putaclics », qui inondent ensuite les réseaux sociaux. Je le cite :

> « Ces photos publiées par certains grands magazines internationaux sont souvent accompagnées par des textes ridicules, anachroniques et anthropomorphiques. Pour mettre les choses au point, ces photos sont, bien sûr, mises en scène et n'ont rien de naturel. Il s'agit juste d'animaux posés et utilisés afin de réaliser une "belle" scène. Parfois, certaines bestioles sont tuées pour l'occasion, afin de les faire prendre des poses incongrues et artificielles, en utilisant du fil de fer, de la colle, etc. »

Ces techniques sont une offense au vivant et un affront aux véritables photographes animaliers qui travaillent dans la nature et qui essaient de limiter au maximum le dérangement.

Dans les exemples qui suivent, et pour des raisons évidentes, aucune référence et aucun lien ne seront indiqués. Sachez toutefois que le gecko viral avec un papillon sur le dos, est un phelsume, un genre de gecko qui vit surtout à Madagascar. Il est inconnu en Indonésie, là où le cliché aurait été pris, sinon en captivité. C'est le photographe qui a placé sur son dos le papillon, peut-être mort et collé ou préalablement estourbi au réfrigérateur afin qu'il reste en place le temps de la prise. De la même manière, les jeunes crocodiles capturés ouvrent souvent la gueule et restent immobiles, c'est l'un de leurs moyens de défense. Il est alors facile – et tentant – de leur placer une libellule sur le museau pour montrer l'harmonie de « Dame Nature » **(#1)**. Là encore on a affaire à un insecte estourbi. La cerise sur le gâteau est sans doute cette photographie de python vert avec une grenouille. Le serpent est, vu son apparence, une espèce d'élevage, et il ne vit pas à Java (où la photo aurait été prise) mais en Australie et en Papouasie.

Magazines, journaux, médias, arrêtez de mystifier vos lecteurs et lectrices en leur proposant de telles aberrations. Vous ne faites qu'encourager des comportements irresponsables et propager des idées reçues (voire fausses) sur le vivant. Rien à ajouter sinon merci Frank Deschandol !

Remerciements

Je remercie ma maman Christiane pour la curiosité qu'elle m'a transmise, mon père Jean et mon frère Pierre pour leur amour et leur bienveillance.

Je remercie aussi :

Mon éditrice Gaëlle Bidan,

Bérénice Toutant, rédactrice en chef de *Baleine sous Gravillon*, qui a méticuleusement vérifié toutes les informations, études, citations de ce livre, en un mot, le fond,

Charlotte Lebot, qui l'a mis en forme,

Pierre-Olivier Antoine, enseignant-chercheur en paléontologie, Pascal Combemorel, Nathalie Brasseur et Jacques Joyard, les professeur·es agrégé·es de SVT qui ont relu tout ou partie de ce livre,

Mon agent et néanmoins ami Victor Beauchef,

Les invité·es que je reçois dans *Baleine sous Gravillon* et *Mécaniques du vivant* sur France Culture,

Manon Tissidre, la directrice du Réseau des centres de soins de la faune sauvage, dont la vie, la mission et l'abnégation forcent le respect, ainsi que les milliers de bénévoles de ces centres,

Antoine Ménard, le DAF cracheur de feu (!) de Makesense qui nous a aidé·es sur le sommaire,

Toute l'équipe bénévole de l'association Baleine sous Gravillon, ainsi que les donateurs et donatrices, sans oublier son président et rédacteur en chef Guillaume Lassalle,

Merci aux amis, confrères et contacts qui m'ont partagé les principales idées reçues et fausses qu'ils ont rencontrées,

Merci à toutes les personnes qui m'ont dit oui.

Merci à toutes les personnes qui m'ont dit non, et qui ont fortifié ma résolution, in fine.

Merci à toi, cher lecteur, chère lectrice, d'avoir eu la patience et la curiosité d'arriver jusque-là !

Prenez soin de vous, et surtout, prenons soin de ce qu'il y a autour de NOUS !

Les podcasts du vivant

Pour en apprendre davantage sur tous les sujets abordés dans ce livre, vous pouvez écouter les cinq podcasts du vivant de la famille de *Baleine sous Gravillon*, en scannant le QR code suivant :

BALEINE
SOUS GRAVILLON

Les podcasts du Vivant.

Dans la même collection
« En finir avec les idées fausses »

ATD Quart Monde, *En finir avec les idées fausses sur les pauvres et la pauvreté*, 2020.

Benoit Teste, *En finir avec les idées fausses sur les retraites*, 2020.

Jean-Paul Guillot, *En finir avec les idées fausses sur les syndicats et le dialogue social*, 2020.

États Généraux des Migrations, *En finir avec les idées fausses sur les migrations*, 2021.

Omero Marongiu-Perria, *En finir avec les idées fausses sur l'islam et les musulmans*, 2022.

Astrid Chevance, *En finir avec les idées fausses sur la psychiatrie et la santé mentale*, 2022.

Catherine Sabbah, *En finir avec les idées fausses sur l'habitat – De la chambre au territoire*, 2023.

Médéric Gasquet-Cyrus, *En finir avec les idées fausses sur la langue française*, 2023.

Nicolas Cadène, *En finir avec les idées fausses sur la laïcité*, 2023.

Frédéric Amiel, *En finir avec les idées fausses sur l'écologie*, 2023.

Vincent Edin, *En finir avec les idées fausses propagées par l'extrême droite*, 2023.

Louise Tourret, *En finir avec les idées fausses sur l'école*, 2024.

Direction éditoriale : Gaëlle Bidan

Édition : Charlotte Lebot

Conception graphique de la couverture : Valérie Lagarde

Réalisation graphique de l'intérieur : Le vent se lève...

Achevé d'imprimer par Corlet Imprimeur
14110 Condé-sur-Noireau
N° fab. : 7112 – N° d'imprimeur : 23120015
Dépôt légal : avril 2024

Imprimé en France